北京文化书系
京味文化丛书

北京服饰文化

中共北京市委宣传部
北京市社会科学界联合会　　组织编写

宋卫忠　编　　著

北京出版集团
北京出版社

图书在版编目（CIP）数据

北京服饰文化 / 中共北京市委宣传部，北京市社会科学界联合会组织编写；宋卫忠编著. 一 北京：北京出版社，2024.4

（北京文化书系. 京味文化丛书）

ISBN 978-7-200-18161-6

Ⅰ. ①北… Ⅱ. ①中… ②北… ③宋… Ⅲ. ①服饰文化—介绍—北京 Ⅳ. ①TS941.12

中国国家版本馆CIP数据核字（2023）第150318号

北京文化书系　　京味文化丛书

北京服饰文化

BEIJING FUSHI WENHUA

中共北京市委宣传部
北京市社会科学界联合会　组织编写

宋卫忠　编著

*

北 京 出 版 集 团
北 京 出 版 社　出版

（北京北三环中路6号）

邮政编码：100120

网　　址：www.bph.com.cn

北 京 出 版 集 团 总 发 行

新 华 书 店 经 销

北京建宏印刷有限公司印刷

*

787毫米×1092毫米　　16开本　　20.5印张　　283千字

2024年4月第1版　　2024年4月第1次印刷

ISBN 978-7-200-18161-6

定价：85.00元

如有印装质量问题，由本社负责调换

质量监督电话：010-58572393；发行部电话：010-58572371

"京味文化丛书"编委会

主　　　编　刘铁梁

副　主　编　刘　勇　万建中　张　淼

执 行 主 编　李翠玲

执行副主编　陈　玲　刘亦文

编　　　委　王一川　萧　放　谭烈飞　李建平　马建农
　　　　　　张宝秀　石振怀

统　　　筹　王　玮　孔　莉　李海荣　李晓华

"北京文化书系"
序言

文化是一个国家、一个民族的灵魂。中华民族生生不息绵延发展、饱受挫折又不断浴火重生，都离不开中华文化的有力支撑。北京有着三千多年建城史、八百多年建都史，历史悠久、底蕴深厚，是中华文明源远流长的伟大见证。数千年风雨的洗礼，北京城市依旧辉煌；数千年历史的沉淀，北京文化历久弥新。研究北京文化、挖掘北京文化、传承北京文化、弘扬北京文化，让全市人民对博大精深的中华文化有高度的文化自信，从中华文化宝库中萃取精华、汲取能量，保持对文化理想、文化价值的高度信心，保持对文化生命力、创造力的高度信心，是历史交给我们的光荣职责，是新时代赋予我们的崇高使命。

党的十八大以来，以习近平同志为核心的党中央十分关心北京文化建设。习近平总书记作出重要指示，明确把全国文化中心建设作为首都城市战略定位之一，强调要抓实抓好文化中心建设，精心保护好历史文化金名片，提升文化软实力和国际影响力，凸显北京历史文化的整体价值，强化"首都风范、古都风韵、时代风貌"的城市特色。习近平总书记的重要论述和重要指示精神，深刻阐明了文化在首都的重要地位和作用，为建设全国文化中心、弘扬中华文化指明了方向。

2017年9月，党中央、国务院正式批复了《北京城市总体规划（2016年—2035年）》。新版北京城市总体规划明确了全国文化中心建设的时间表、路线图。这就是：到2035年成为彰显文化自信与多元包容魅力的世界文化名城；到2050年成为弘扬中华文明和引领时代潮流的世界文脉标志。这既需要修缮保护好故宫、长城、颐和园等享誉中外的名胜古迹，也需要传承利用好四合院、胡同、京腔京韵等具有老北京地域特色的文化遗产，还需要深入挖掘文物、遗迹、设施、景点、语言等背后蕴含的文化价值。

组织编撰"北京文化书系"，是贯彻落实中央关于全国文化中心建设决策部署的重要体现，是对北京文化进行深层次整理和内涵式挖掘的必然要求，恰逢其时、意义重大。在形式上，"北京文化书系"表现为"一个书系、四套丛书"，分别从古都、红色、京味和创新四个不同的角度全方位诠释北京文化这个内核。丛书共计47部。其中，"古都文化丛书"由20部书组成，着重系统梳理北京悠久灿烂的古都文脉，阐释古都文化的深刻内涵，整理皇城坛庙、历史街区等众多物质文化遗产，传承丰富的非物质文化遗产，彰显北京历史文化名城的独特韵味。"红色文化丛书"由12部书组成，主要以标志性的地理、人物、建筑、事件等为载体，提炼红色文化内涵，梳理北京波澜壮阔的革命历史，讲述京华大地的革命故事，阐释本地红色文化的历史内涵和政治意义，发扬无产阶级革命精神。"京味文化丛书"由10部书组成，内容涉及语言、戏剧、礼俗、工艺、节庆、服饰、饮食等百姓生活各个方面，以百姓生活为载体，从百姓日常生活习俗和衣食住行中提炼老北京文化的独特内涵，整理老北京文化的历史记忆，着重系统梳理具有地域特色的风土习俗文化。"创新文化丛书"由5部书组成，内容涉及科技、文化、教育、城市规划建设等领域，着重记述新中国成立以来特别是改革开放以来北京日新月异的社会变化，描写北京新时期科技创新和文化创新成就，展现北京人民勇于创新、开拓进取的时代风貌。

为加强对"北京文化书系"编撰工作的统筹协调，成立了以"北京文化书系"编委会为领导、四个子丛书编委会具体负责的运行架构。"北京文化书系"编委会由中共北京市委常委、宣传部部长莫高义同志和市人大常委会党组副书记、副主任杜飞进同志担任主任，市委宣传部分管日常工作的副部长赵卫东同志担任副主任，由相关文化领域权威专家担任顾问，相关单位主要领导担任编委会委员。原中共中央党史研究室副主任李忠杰、北京市社会科学院研究员阎崇年、北京师范大学教授刘铁梁、北京市社会科学院原副院长赵弘分别担任"红色文化""古都文化""京味文化""创新文化"丛书编委会主编。

在组织编撰出版过程中，我们始终坚持最高要求、最严标准，突出精品意识，把"非精品不出版"的理念贯穿在作者邀请、书稿创作、编辑出版各个方面各个环节，确保编撰成涵盖全面、内容权威的书系，体现首善标准、首都水准和首都贡献。

我们希望，"北京文化书系"能够为读者展示北京文化的根和魂，温润读者心灵，展现城市魅力，也希望能吸引更多北京文化的研究者、参与者、支持者，为共同推动全国文化中心建设贡献力量。

"北京文化书系"编委会

2021年12月

"京味文化丛书"
序言

京味文化,一般是指与北京城市的地域和历史相联系,由世世代代的北京居民大众所创造、传承,具有独特风范、韵味的生活文化传统。京味文化表现于北京人日常的生活环境中与行为的各个方面,比如街巷格局、民居建筑、衣食住行、劳作交易、礼仪交往、语言谈吐、娱乐情趣等,能够显露出北京人的集体性格,折射出北京这座城市的历史进程和发展轨迹。

京味文化的整体风貌受到北京的地理位置、自然环境和历史地位等条件的制约和影响。北京地处华北平原北端和燕山南麓,西东两侧有永定河和潮白河等,是农耕与游牧两种生产生活方式交会的地带,这里的风光、气候、资源、物产等都形成了京味文化地域性的底色和基调。

北京曾是古代中国最后几个朝代的国都,是当代中国的伟大首都,是中国最著名的教育与文化中心城市。因此,从古代的宫廷势力、贵族阶层、士人阶层到现代和当代的文化精英群体,都较多地介入了京城生活文化的建构,而且影响了一般市民的日常交往、休闲娱乐等行为模式。

北京居民大众在历史上与来自全国各地、各民族的人员有频密的交流,接受了各地区、各民族的一些生活习惯和文化形式,使得京味文化具有了比较明显的包容性特征。尤其是在北京的一些文化人、艺术家将各地区的文化、艺术精华加以荟萃,取得了一些具有文化中心城市地标式的创作成就——例如京戏这样的巅峰艺术。

近代以来，北京得风气之先，在与外来思想、文化的碰撞与交流中，现代的交通、邮政、教育、体育、医疗、卫生、报业、娱乐等领域的公共制度、市政设施和文化产业等相继进入北京市民的日常生活，京味文化中加入了许多工业文明的元素。与此同时，乡村的一些文艺表演、手工制作等也大量出现在北京城里，充实了京味文化中的乡土传统成分。

当今时代，北京成为凝聚国人和吸引全世界目光的现代化大都市，人们的生产生活方式发生了彻底性变革，京味文化传统由此而进入一个重新建构的过程。其中，城市建设中对老城风貌的保护、老北京人在各种媒体上讲述过往生活的故事等，都成为北京人自觉的文化行动，使得京味文化绵延不绝，历久弥新。

对于每一个北京人，包括在北京居住过一段岁月的人来说，京味文化都是伴随着生命历程，融入了身体记忆，具有强烈家乡感的文化。生活变化越快，人们越愿意交流和共享自己的北京故事，这是京味文化传统得以传承的根本动力。一些作家、艺术家所创作的京味文学和京味艺术，深刻影响了北京乃至全国人民对京味文化的关注与体悟，成为京味文化传统中不可缺少的组成部分。

我们相信，京味文化在向前发展的路上将保持其大众生活实践的本性，在北京全面发展的进程中发挥出加强城市记忆、凝聚城市精神和展现城市形象的重要而独特的功能。全面深入地整理、研究和弘扬京味文化，是摆在我们面前的一项迫切任务。"京味文化丛书"现在共有10部得以出版，分别是《文人笔下的北京》《绘画中的北京》《京味文学揽胜》《北京方言中的历史文化》《北京戏曲文化》《北京传统工艺》《北京礼俗文化》《北京节日文化》《北京服饰文化》《北京人的饮食生活》。这10部书，虽然还不能涵盖京味文化的所有内容，但是以一种整体书写的形式推出，对于京味文化的整理、记述和研究来说，应该具有一定工程性建设的意义。

"京味文化丛书"是在中共北京市委宣传部和北京市社会科学界联合会的有力领导和精心主持下完成的。有关负责同志在组织丛书编委会和作者队伍、召开会议、开展内部讨论、落实项目进行计划等方面都付出巨大心力。北京出版集团对本丛书的顺利编写提出了很多建议，许多专家学者都为本丛书的编写提供了宝贵的意见，特别是对书稿的修改和完善做出了无私奉献。我们希望"京味文化丛书"的出版能够在加强京味文化研究、促进城市文化建设上发挥出积极的作用，并由衷地期待能够得到专家和广大读者的批评、帮助。

刘铁梁

2021年9月

目 录

绪　言

　　服饰，按照《辞海》的解释，是"衣服和装饰"。《周礼·春官·典瑞》："辨其名物，与其用事，设其服饰。"服饰是服装与佩饰双重概念的统称，包括衣服、鞋、帽、袜、领带、围巾、拎包、眼镜、手套、手帕、手表、胸饰、纽扣、伞类，以及首饰等。

　　服饰，作为物质文明和精神文明的双重产物，是社会政治、经济文化、意识形态、科技发展等方面综合作用的产物，是一个国家、民族、区域文化的重要表现形式，也是文化的重要组成部分。通过服饰文化，我们可以获取当时人们的思想意识、审美观念、经济发展、科技进步等诸多信息。在一个世纪以前，法国著名作家、诺贝尔文学奖得主阿纳托尔·法朗士曾经说过："假如我死后百年，还能在书林中挑选，你猜我将选什么？……在未来的书林中，我既不选小说，也不选类似小说的史籍。朋友，我将毫不迟疑地只取一本时装杂志，看看我身后一世纪的妇女服饰，它能显示给我们的未来的人类文明，比一切哲学家、小说家、预言家和学者们能告诉我的都多。"的确，从某种意义上说，一部人类服饰史，其实就是一部感性化了的人类文化发展史。有人曾把建筑称为"石头的史书"，那么服饰也是无字的史书，它通过线条、色彩、味道甚至声音，将人类的历史的密码织入其中。

　　服饰文化既有人类发展的一般普遍性特点，也有不同国家、民族、区域丰富多彩的特殊性。正如我们常讲的"一方水土养一方人"一样，一个地区的文化在某种程度上也造就了这个地区的服饰，并通过服饰将本地区的文化对外展示出来。服饰文化在不同的时空内语言也不同，即使在相同时空范围内如21世纪的中国，服饰所表达的依然是不同的文化精神如京味、沪味、汉味……如同各地域有各自的方言，服饰文化的地域个性可能会因为世界发展的趋同而弱化，但是永远不会消失。

同样，北京服饰文化是北京文化最生动的外在展示，也是北京文化最具活力的组成部分。北京社会历史的发展，不断给服饰文化增加新的内容，而服饰文化又通过独特的影响方式，对历史文化的发展发挥自己的作用。北京的服饰文化是数千年来各民族特有的文化在此相互渗透交融的产物，具有浓郁的地方性，体现着典型的民族传统观念，是中华民族文化的重要组成部分。

（一）源远流长、积淀深厚的北京服饰文化

服饰文化往往是悠久历史文化的传承，是一种相沿成习的物质和精神现象，因此地区或城市的历史对民俗的发展具有重大影响作用。北京悠久而延绵不绝的历史，为北京服饰文化的发展创造了优越的条件。历经石器时代的原始聚落期、夏商周时期的古方国和诸侯国、秦汉隋唐五代的北方重镇、五朝帝都、近代国家的政治文化中心以及中华人民共和国首都，通过长期发展、积淀、凝聚、升华，具有鲜明特色的北京服饰文化也随之萌芽、发展、成熟与变化，最终形成了既有民族性又有时代性的盛世华章。

石器时代的原始聚落时期，是北京服饰文化的萌芽期。

从50多万年以前生活在房山周口店的"北京人"揭开北京人类历史的第一页开始，北京的服饰发展历史也随之开始了。考古工作者发现，"北京人"已经学会用火和保存火种，并在居住的岩洞之中形成了相关的居住习俗。距今1.8万年的山顶洞人，其习俗则比"北京人"有了很大进步。他们居住的岩洞分为上室、下室和下窨三个部分，其中上室为居住地，下室为墓地，说明他们已经将生活区和墓葬区加以分别。更让人感到惊奇的是，山顶洞人的墓地尸骨化石周围撒有赤铁矿红色粉末，头骨附近有穿孔石珠做殉葬，反映了他们开始具

有原始宗教信仰，可能存在"灵魂不死"的观念。在山顶洞人的文化遗址中还发现了一枚骨针以及相当数量的用兽牙、鱼骨、蚌壳磨制穿孔的装饰品，有的装饰品还涂了赤铁矿而呈红色。骨针和装饰品的发现，说明了山顶洞人已经开始缝制兽皮做衣服，裸露身体的时代一去不复返，他们开始运用原始的艺术美来装扮自己。

进入新石器时代，北京先民的服饰文化又有了较大的发展进化。1966年，考古学家在门头沟东胡林村发现了距今1万年、处于新石器时代早期的"东胡林人"的墓葬一座。墓葬中有一名约16岁的少女和两名成年男子的骨骸，少女颈部佩戴有由50多枚大小匀称的螺壳组成的项链，手腕上有一副用牛肋骨截断磨制而成的骨镯。"东胡林人"的发现表明，人们已经离开了寄居的山洞，到平原上生活，表明他们已经掌握了建筑房屋的技能。同时精致的装饰品既代表了他们审美和制作能力的进步，又说明了他们对妇女的尊重，体现了女权制的象征。在镇江营考古文化遗址，陶网坠和陶纺轮的出土，也表明北京的先民掌握了原始的编织技术。这些都属于远古先民的服饰文化内容，反映了北京地区社会的发展和服饰的演进。

新石器时代中后期，定居农业成为最主要的生产形式，与之相适应的各种物质、精神生活则进一步成熟、稳定。在平谷的上宅文化、北埝头文化、房山的镇江营一期文化、昌平雪山文化等处遗址中都出土了大量的生产工具、生活器具、装饰艺术品，表明北京的先民已经不再以原始狩猎、采集作为主要谋生手段，而是开始了定居的农业生产。定居农业使他们依靠血亲关系为纽带组成氏族公社集体，用木、石工具从事耕种，同时还畜养家畜，建筑房屋，纺织麻类纤维制成衣服，制作提水煮食的陶器。纺织业和蚕丝的出现，是这一时期北京地区服饰文化最重大的进步。随着丝麻葛布等纺织品的出现，人们逐渐告别短小的兽皮衣服，更多的将手工纺织制作的宽大艳丽的衣服作为自己的服装。尽管还有不同分期等争论，但是有一点我们完全可以肯定，那就是随着文明的光芒开始在北京大地上闪烁，北京先民在叩击文明时代的大门的同时，其服饰也渐渐产生。

北京服饰文化体系的形成，是进入阶级社会以后的城市时期，即从夏商时期的古燕国到秦汉以前。这一时期，北京完成了由原始聚落向城市过渡的历程，在城市的地位不断上升的同时，具有北京地方特色的服饰文化也逐步确立。

夏商时期是中国历史的奴隶社会的开端，北京地区也在这一时期进入了奴隶社会，在北京地区出现自然形成的古代方国古燕国。西周时期是北京地区奴隶社会的兴盛时期，燕国的都城蓟城即在今天的北京。伴随着生产力的发展、阶级的产生、城市的出现，北京服饰也有了较大的发展、丰富。在人们的生活中，除了原来的陶器、石器外，又增加了青铜器、玉器、漆器、金器等新器具，生活的内容更加丰富。这些新产品、新工艺不仅用于宗教祭祀，也在美化生活中起到重要作用。在平谷刘家河商代中期墓葬中出土了成套青铜器16件，其中有作为礼器的三羊铜罍和龟鱼纹鸟柱铜盘，还有金笄、金臂钏、金耳环等4件金器则属于首饰的范畴。西周时期，比较系统的服饰文化制度确立。温润细腻有如君子的玉石，被大量运用于服饰之中，体现美观的同时，也将西周的宗法等级制度文化显示无遗。春秋时期，诸侯兼并，民族交融，在服装上既有中原的传统服饰，又有流传于北方的胡服。

秦灭六国直至五代十国这1000多年间，北京由诸侯国都转变为北方重镇，在战争时期充当中原封建王朝北方军事重镇或是北方少数民族南下的据点，而在和平时期则是南北地区间商业贸易中心和文化交流中心。这一时期，北京以农业经济为主的多种经济形态并存的状况，使北京地区的居民的生活习俗表现出农耕文明的特点。同时，作为北京地方文化的幽蓟文化逐步发展成熟，服饰文化作为其重要组成部分也展示出浓郁的地方风格与文化特色。秦汉时期的服饰趋于华美；魏晋十六国北朝时代，社会崇尚清骨瘦相，服饰简约而清淡；盛唐时期，中国古代服饰文化达到了极其富丽的水平。北京的服饰发展，基本追随着中原文明的脚步不断发展进步。除了和中原农耕文化相同的风俗以外，由于频繁的战争和民族交融，这一时期北京服饰文化又具有独特的地方特点。当时幽州地区受北方少数民族影响而表现出与中原地区不同的民俗。战争与民族融合也造就了这一时期北京人豪爽彪悍、仗义任侠的民风。李白的《幽州胡马歌》将一个侠士的形象通过诗歌表现出来："幽州胡马客，绿眼虎皮冠。笑拂两只箭，万人不可干。"这是当时幽州侠士的写照，也是当时服饰文化的一种体现。

北京服饰的发展成熟，在辽南京建立直至清中叶的都市期。辽金到明清时期，北京由一座区域性城市逐步上升为全国政治文化中心，这一时期的北京文化被称为京师文化。京师为人文荟萃之地，有得天独厚的条件，汇集各地方的文化资源，使之释放出任何地方文化无可比拟的能量。在服饰文化方面，京师服饰文化无论是内在构成，还是特点地位均发生了重大变化，成为中国乃至东亚地区服饰的代表与象征。成为都城以后，北京地区的服饰成为王朝政治、经济、民族与宗教等各方面重要政策的外在体现，其发展变化，都会直接或间接映射出王朝兴衰、世事变迁以及民族文化交融互鉴。国都地位的确定，确立了北京具有京都韵味即"京味"的文化核心。因为"京味"只能在建都以后特殊的政治环境中孕育发展，起主导作用的因素是宫廷文化。宫廷文化以国家统一、政权稳固、经济繁荣和制度完备为发展前提，清代前期上述诸条件已完全具备，北京的宫廷文化发展到前所未有的高度。同时，近千年的国都的特殊地位，让宫廷、官绅与庶民之间的习俗得以相互影响与渗透，从而构成了北京与其他地域或城市文化的明显差异。这一时期，宫廷服饰文化成为北京地区服饰文化的主体和代表，直接影响和支配了缙绅服饰和下层庶民服饰。同时，北京地区的服饰文化也以其高贵、精致等特点，对中国其他地区乃至东亚和东南亚地区的服饰文化产生了深远的影响。

晚清民国时期的北京，经过了由传统帝都逐步向近代城市转变的过程。这一时期，北京服饰文化新旧并存、中西杂陈的状况，为北京服饰发展史的一个承上启下的阶段。辛亥革命推翻了封建帝制，却未消除京味文化生存的经济基础。民国建立后，京味文化依然适合北京民众的物质与精神方面的需要，长期受到人们的钟爱。另一方面，清王朝的覆灭对京味文化最终形成有着决定性的作用。这是因为京味文化是多种文化的结合物，封建专制时代等级森严，宫廷、缙绅、庶民三者之间是不能逾制的，势必会影响和制约这三种民俗的结合。辛亥革命结束了两千多年的封建王朝统治，以往朝廷的典章制度被废除了，皇室的种种禁忌、避讳也消除了，过去的皇家禁地"咸为市民宴乐之地"，宫廷的服饰制作大量流入民间。这些意味着独立存在的宫廷文化已走到尽头，它的一部分内容归于全社会共同享有，最终融入京味文化之中。同时，西方服饰与北京固有的宫廷、缙绅、庶民服饰之间交流互鉴，到民国中后期，有代表性的京味服饰文化最终发展成熟。

1949年10月1日，中华人民共和国成立。新中国的成立，既使北京城市的性质发生了重大改变，从一个半殖民地半封建城市转变为社会主义中国的首都，又使北京的服饰发生了重大变化。随着人民政权的建立，城市经济的发展，北京普通民众的生活得到了很大改善，现代服饰成为北京服饰的主流。作为政治中心，北京的服饰文化不断受到政治经济的作用与影响，发展出现了一些波折和起伏。随着改革开放，北京的服饰文化呈现出以往所未有的发展，在紧追世界科技文化发展脚步的同时，民族性、地方性的特点也得到了更充分的展示。

总之，经历了50多万年的历史发展，3000多年的城市发展史，800多年的都城史，北京服饰文化在深厚的历史背景下，在多民族、多阶层、多方位的民俗共同作用下，通过延绵不绝的进化与整合，形成了独特的、闪烁着璀璨华光的盛世华章。

（二）多民族文化锻造的北京服饰文化

北京背依燕山山脉，面向华北大平原，右临永定河渡口，是中原沿太行山东麓经华北平原，穿燕山山脉到达蒙古高原和东北平原的必经之地，地处华北、东北和蒙古高原三大地理单元交接地带，正处于中原农业文化与塞上游牧文化的交界点上。独特的地理位置使得北京很早就成为中原与北方少数民族经济联系与文化交流的桥梁，民族关系始终是北京历史发展的重要主题。在民族冲突和融合过程中各民族优秀的文化互相吸收，不断集中，形成了丰富多样和博大精深的北京文化，也形成了独具地方特色的民风民俗。

北京历来就是多民族的聚居之地。通过对有代表性的夏家店下层文化的考古分析证明，当时北京地区的民俗文化不是单一的部族文化，而是包含着几个族的民俗文化。从文献记载看，商周时期北京地区分布着肃慎、燕亳、孤竹、山戎等族和方国。春秋战国时期，燕都蓟城一带仍是各族杂居地区，周边是少数民族聚居地区。燕国疆土北接东胡、山戎，东有孤竹、秽貊、肃慎，西北与匈奴为邻。燕国还与东北地区的其他民族，如夫余、奚、池豆于、挹娄等贸易往来十分频繁。在汉代，北京的民俗当中仍带有相当浓郁的少数民族的色彩。

汉代至隋唐五代，北京地区是中原封建王朝的北方重镇和少数民族政权南下的据点，反复的政治和军事斗争，在加剧北京地区社会动荡的同时，也促进了北京地区各民族文化、经济的融合。据《汉书·地理志》记载，当时北京地方的风俗中有以妇女陪客人过宿和闹洞房的习俗，这些显然是受到北方少数民族影响的产物。唐代的幽州是一个北方诸民族共生共存的地区，天宝年间幽州的少数民族和汉族居民户口之比为1：6。在双方长期交往中，双方在政治、经济、文化乃至民族心理方面的距离进一步缩小，形成了尚武任侠、彪悍豪爽的民风民俗。辽代以后北京逐步从中国北方的政治中心上升到全国的政治中心，各个民族在此相互学习与交流，各民族的文化在北京服饰中也留下了鲜明的烙印，在服饰文化的各个方面都清晰地表现了出来。

辽金时期，北方服饰大量在燕京地区流行。在契丹族吸收汉族衣冠文化的同时，契丹扞腰等具民族特色的服饰，也被汉族所学习和采用。契丹女子的佛妆和牛鱼鱼鳔花钿，也是多彩的北京服饰文化的一部分。女真族的女真幞头、束带、盘领衣和乌皮靴等带有浓厚草原色彩的服饰，也被广泛使用。盘领衣的胸、肩部、衣袖等处的金绣纹饰还被后世沿用，作为品官服制的表现形式。至于，元代也为我们留下了质孙服和罟罟冠等具有浓厚蒙古族色彩的衣冠。明代服饰恢复汉制，追求庄重大方，重新显示了汉族服饰特有的魅力。但是元朝的服饰文化的影响仍然清晰可见。除蒙古族的钹笠帽、姑姑帽在京师宫廷民间仍大量存在外，元代盛行并被京师民众广泛采用的还有"只孙""比甲"等男女服饰，只是用途样式略有变化而已。另外，当时北京男子用貂皮或狐皮制成的高顶卷檐的"胡帽"，女子用貂皮裁制的尖顶覆额的披肩"昭君帽"，也是蒙古族服饰的遗俗。清代，满族皇帝多次穿汉服画像，而满族妇女的服饰始终与汉族妇女服饰有区别，西南、西北和东北的少数民族在北京始终可以保持他们自己的传统服饰。多民族的服饰在北京并存，少数民族可以在北京充分展示自己的服饰文化以显示自己民族的存在，这是服饰文化反映到北京文化的一大特色。北方民族喜欢穿的袍褂、喜欢戴的毡帽直到20世纪初还能在北京街头看到。即使近代西方文化的进入，也没有使北京服饰多民族的特点改变或消失。满族妇女的旗袍经过近代的改造，变得日益流行，并作为中国妇女的代表性服饰在世界产生影响即是明证。中华人民共和国成立以后，北京作为中国少数民族最多的城市，各族人民的服饰得到充分尊重和保护。每次两会召开的时候，各少数民族代表多姿多彩的服饰，也是会议的另一道美丽风景。

北京服饰文化除了各个民族的共同打造之外，也是中国各个地区优秀文化的荟萃。国内各个地区与北京的服饰文化交流，可以追溯到新石器时代，北京的文化就受到周边的仰韶文化、红山文化以及龙山文化的影响。北京成为都城，各地的官员、商人云集北京，他们将自己家乡的服饰习俗也带到了北京。明朝都城由南京迁移到北京，朝臣中有很多南方人，因此吴地的服饰打扮在宫廷和民间均有重大影响。"帝京妇人往悉高髻居顶，自一二年中，鸣蝉坠马，雅以南装自好。宫中尖鞋平底，行无履声，虽圣母亦概有吴风。"（史玄《旧京遗事》）

当然，北京服饰文化也包含了许多外来文化的影响。例如佛教文化的影响，辽金元时期，北京妇女以黄粉敷面的习惯，显然是受到了佛像金装的启发。元大都时期，通过陆上丝绸之路和海上丝绸之路，西域各国、欧洲、日本、朝鲜以及东南亚地区，甚至非洲国家的工匠、商人云集，将外国的服饰工艺和商品引进到大都。元明清三代，因宫中多高丽妃嫔、高丽使节的访问等原因，朝鲜的服饰一度流行。明朝中期，京师流行从朝鲜传入的马尾裙，"无贵无贱，服者日盛。至成化末年，朝臣多服之者矣"。至于近代，西方各种服饰产品在北京市场上销售，直接改变了北京市民的生活。在与西方服饰文化的交流碰撞的过程中，中国近代服饰以西方近代工艺为蓝本，成功推出了中山装、旗袍等中国特色服饰。改革开放以后，北京服饰文化与国外的交流更加频繁密切。来自国外的时装、服饰原料和工艺，不断为北京服饰文化丰富和发展发挥积极作用。

（三）与政治变化关系密切的北京服饰文化

在中国历史上，服饰与政治始终保持着极为密切的联系。"黄帝、尧、舜垂衣裳而天下治，盖取诸乾坤。"从先秦以来，服饰与政治的关系就十分密切。北京以其具有战略意义的地理位置，自古以来就是兵家必争之地，与王朝政治息息相关。到辽代以后逐步发展成为中国北方乃至全中国的政治中心，也是重要的文化中心和交通中心。历朝的政治都在北京服饰文化上留下了浓重的印记，使其变化的速度和力度远非一般城市或地区可以比拟。

政治对北京服饰文化的影响，首先表现在官服制度方面。从商周至清代，一直盛行严格的与各朝代政治体制相一致的服饰等级制度。从服装到鞋帽，从式样、质料到颜色。从帝王后妃、达官显贵到黎民百姓。不同等级，不同地位均有严格的区别。服饰成为历代帝王"严内外，辨亲疏"，治理天下的工具。在辽代以前，北京作为地方城市，尽管也受中央的官服制度约束，占据主体的还是地方服饰体系。历朝除清朝以外，均以衮冕制度作为礼服，以服饰来彰显天子受命于天的至高无上的地位。辽代以后，北京成为政治中心，以宫廷服饰文化为首的服饰文化体系确立，并不断向等级森严、制度精细严格的方向发展。各种服制的规定往往在北京率先执行，因此，北京地方服饰视中央而转移变化的状况十分明显。例如，辽代采取"因俗而治"实行南北分治的政策，"官分南、北，以国制治契丹，以汉制待汉人"。在辽南京便存在契丹官服与中原汉族官服并存的状况。清军入关后，把是否接受满洲服饰看作是否接受其统治的标志，强令汉民蓄发留辫，为了实现这一目的，采取了残酷镇压的做法，酿成了全国数十万人惨死的悲剧。

政治对北京服饰文化的影响还在于：不同朝代，不同政治制度，甚至同一朝代不同帝王的思想意识、统治风格，也影响着服饰的风格和走向。金代，统治阶级曾经制定了比较严格的服饰制度，防止女真人汉化，甚至强迫汉族人改变服饰。但由于金章宗等人追求汉化，许多规定自然而然无法得到有效贯彻。明朝，明太祖朱元璋、明成祖朱棣强调节俭，开国之初北京服饰端庄大气、朴实无华，而嘉靖年间以后，宫廷追求享乐，表现在服饰习尚则是追求新奇、奢侈与排场。

政治上的规定，最终在平民百姓的审美取向上实现了定格。龙纹、明黄色等是皇帝的专利，即使已经结束专制帝制一个多世纪，现在的北京服饰，很少采用龙纹，明黄色也很少有人作为服装的颜色。由于绿帻的历史耻辱，中国的男人至今不戴通体一色的绿帽子。

北京作为都城，受官场制度后礼仪的影响，北京人也十分注重服饰的礼仪。金受申认为，老北京"满俗注重排场，汉俗注重礼节；满俗似'官场派'，汉俗似'学者派'"。北京人好脸面，有的人虽家徒四壁，但只要一出门，必是珠翠满头，时装衣服，长短合宜，居然也是大家风范。平民妇女没有华丽的服装，然而即使旧布衫，也要洗得干干净净，叠得平平展展，出门时打扮得齐齐整整。北京人世代生活在天子脚下，自然产生一种潜在的自尊心和优越感，服饰力求庄重大气，上述内容正是这种潜在意识的体现。

1949年10月以后，在相当长的时间内，国内的政治环境以及思想观念直接对北京市民的穿着打扮产生重大影响，左右了服饰的发展方向。即使是进入20世纪80年代以后，服饰的多样化、个性化、追求绿色生态及高科技等发展特点，里面也有改革开放、思想解放等政策与思想指导的作用。

当然，与政治密切相关，受政治文化影响很深，对北京传统服饰文化的发展也存在着一定的影响。毕竟服饰本身也是一门独立的学科，有其自身发展的规律和要求。过多地受到政治变迁的影响，使北京服饰的变动十分快速剧烈，服饰文化比较难以按照自身规律发展成熟。我们在谈到北京服饰的时候，往往为其各色服饰的辉煌精妙而赞叹，但仔细观察，北京服饰中缺乏长久持续的地方风格。北京都城地位与政治变动关系密切，是其中无法忽略的因素之一。

（四）工艺先进、商业发达的北京服饰文化

服饰是形式美、艺术美、自然美、社会美的统一体。服饰是社会生活的一面橱窗，是流动的艺术品，是美化社会的花朵。在谈论到服饰的时候，人们往往更重视服饰的审美艺术、社会文化等功能与价值。其实，服饰还是最重要的经济部门，也是科技成果比较集中的一个部门。在人类的衣、食、住、行、用中，服饰是与人的日常生活关系最密切、最广泛、最深入的要素。服饰并不是仅仅具有保暖、蔽体等实用功能，还具有装饰等审美和社会功能。穿着者的审美、品位和社会地位的体现，不光是艺术设计的产物，也是技术工艺不断进步的结果。

北京的服饰文化也是北京经济发展、科技进步的重要见证。山顶洞人遗址那枚小小的骨针，是中国迄今为止发现最早的骨针，从某种意义可以讲，北京是中国服饰文化的发源地之一。在新石器时代，北京的纺织技术和蚕丝发现始终保持着与全国同步的水平。至唐代，已形成固定的手工业区和商业区，有绢行、布行、染行等。辽代以后，历代帝王为了满足自己的需要，将全国各地的能工巧匠集中到北京，成立了专门为皇家生产各种服饰产品的官营手工业，生产水平和工艺为全国之冠。同时，北京的私营服饰手工业部门也进一步发展，产品

遂有"京货"之称,享誉全国。《北京市志稿》载:"天下之良工集焉。一技之精,或以长子孙,为世守业,于是天下之人溢物之美者,不曰京式,则曰内造。"在全国各地都有销售北京出产的各种服饰产品和日用品,成为京货行。

20世纪初,近代北京纺织工业开始形成:北京出现了官办、商办、官商合办、外商兴办的纺织企业,包括丝织、棉织、染织、针织、毛纺织,服装、鞋帽等行业。1909年溥利呢革公司(现北京清河毛纺织厂)建成投产,不仅是北京毛纺织工业的开端,而且在生产规模上也居全国之首。中华人民共和国成立后,1953年至1957年,北京建成三大棉纺厂,开始了生产棉纱的历史。1958年至1960年,北京纺织业试制生产的新花色、新品种近4000种。60年代,建起大型维尼纶企业。1962年北京在国内首家研制投产出棉涤纶和毛涤纶。1965年北京生产的纺织品已有棉纺织品、毛纺织品、印染布、棉针织品、毛针织品、染织复制品、丝织品、麻织品、化学纤维、纺织机械器材等十大类产品。

北京服饰的销售与市场,也随着北京城市地位的上升,市场分布逐渐广泛规模扩大,服饰行业不断细分和专业化,形成了多种商业形式并存的经营形式。

北京的服饰市场的行业从唐代幽州的10余个行业,到明清发展到数十个行业,到民国达到近100个行业。新行业的不断出现,从另一个角度也反映了北京服饰文化的发展深化。北京早期服饰的销售是在城里的坊市中完成集中货物贸易,击鼓开市,鸣钟闭市。辽金以后出现热闹的街市,打破了旧式坊市的集中封闭的模式。元代在北京形成不少服饰专市,还出现了钟鼓楼、羊角市等集中的商业区。明朝商业进一步繁荣,前门内外的市场进一步发展。经营形式也包括坐商(店铺)、行商、专市、闹市、庙市等。其中,与寺庙活动结合,集宗教信仰、市场经营以及文化休闲功能于一体的庙市,对北京人的生活产生重大影响,令人流连忘返。庙市的形式延续至今,作为节日休闲的重要补充。

在长期发展过程中，北京还产生了许多服饰类的老字号。马聚元、盛锡福、内联升、瑞蚨祥、花汉冲等，一个个金字招牌，不仅生产供应优质产品，满足京城内外以及五湖四海的消费者的需要。他们的经营理念和营销方式也很好地诠释了北京的儒商文化的内涵。古朴的店堂门脸，名人书写的牌匾，柜台内摆放着精工细作的特色商品，老字号店员讲诚重信的经营作风，都洋溢着儒雅的气氛。近代各种专营服饰百货的新式商场的出现，也代表了北京服饰文化在经济层面上也开始了现代化。1949年至改革开放以前，随着国家制度的变革，北京的服饰商业一度过于强调集体所有制和全民所有制，以致北京服装市场的活力明显降低。改革开放以后，随着政策的转变，北京的服装市场重新恢复了活力，各种服饰批发市场陆续建立。秀水街、官园服装批发市场、动物园服装批发市场、大红门市场、浙江村等，还有服饰细分市场如女人街等，云集了各地的服饰产品，经常是人头攒动，热闹非凡。同时一些老字号也重新亮出了招牌，焕发了以往的荣光。与批发市场的扎堆经营，品牌专卖店、连锁店、单品专营店等新的营销方式也在城市各处落地生根，满足人们的个性化需求。21世纪以后，社会进入互联网时代，人们的消费方式也发生了改变，在网上购买服装成了许多人的选择。而由于北京城市的功能的重新定位，包括服饰批发市场在内的商业市场撤销或迁出。

　　北京服饰文化包含的内容博大精深，可以挖掘研究的领域众多，一本小书很难全面加以叙述和梳理。笔者才疏学浅，尽管努力行事，也难免挂一漏万，错讹之处一定不少，还望方家不吝赐教。

北京服饰文化溯源（先秦时期）

北京服饰文化源远流长，北京猿人拉开了北京服饰文化的序幕，山顶洞人则为北京也为中国服饰文化开端留下了清晰的印迹。以后，伴随着北京历史文化的发展变化，北京服饰文化也不断发展进步，并形成自己的特色，对后世产生了深远的影响。

（一）石器时代的萌芽

北京的石器时代历史悠久，发展延绵，内容丰富。在漫长的发展过程中，北京服饰文化也逐渐萌芽生长，通过不断与周边文化相互学习交流，得到了较大的发展。

1. 旧石器时代

关于服饰的起源，是出于御寒，还是羞耻感使然，抑或是崇拜与信仰的产物。这个问题，学者们从很早起就开始了争论，至今也没有达成一致的观点。这种争论，估计在未来相当长的时间内将继续延续。然而，越来越多的学者认为，伴随着人类的出现，服饰文化也随之诞生了。按照这种说法，北京地区的服饰文化可以一直追溯到距今70万年至20万年之间的北京猿人时期。

北京猿人在周口店点燃了人类文明的圣火，不仅告别了茹毛饮血的生活，而且逐步开创了人类新的生产生活方式。虽然没有关于北京猿人服饰的直接证据，但是通过对出土文物的分析，我们可以大致确定，北京猿人有御寒保暖的需求，也具备了利用兽皮羽毛、树皮草叶的能力。

专家们结合北京猿人遗址的哺乳动物、植物、孢粉、沉积环境等因素分析，当时北京猿人生活的自然环境具有大片的森林和广袤的草原，气候与现在相差不大，只是稍稍温暖湿润一些。冬季的寒冷气候，使御寒成为北京猿人需要解决的问题，除了借助山洞躲避风雪以及生火取暖外，利用兽皮、羽毛、草木等物御寒，也应该是一种本能的选择。北京猿人可利用刮削器、尖状器等打制石器，剥下兽皮或树皮，并切割成需要的形状，披在身上御寒。

目前，真正有迹可考的北京服饰文化，则是在周口店龙骨山山顶洞人遗址中发现的。

山顶洞人生活在距今2.7万年前，属于旧石器时代晚期，其体貌已经与现代人类基本一致。在山顶洞人生活的年代，当时气候非常干冷，比现在要低7～8℃，因此更加需要御寒保暖的衣物。山顶洞人的遗址出土的文物，除了有各种石制工具以外，还有百余件与服饰文化直接相关的骨器和装饰品。

骨针

在数量不多的骨器中，最引人注目的是一枚骨针。它发现于20世纪30年代，长82毫米，针身最粗处直径3.3毫米，针身经过细致刮磨，圆滑而略弯，针尖圆而锐利，针的尾端直径3.1毫米处有微小的针眼但已经残缺。与骨针一起出土的还有一件打磨过的赤鹿角和一件磨过的梅花鹿的下颌骨。骨针的发现，表明山顶洞人已经掌握了缝缀衣物的技能，能够利用兽皮等原料制作相对合体的衣物。这枚小小的骨针是我国最早发现的旧石器时代的缝纫编织工具，也是目前世界上所知最早的，开创了人类服饰史有据可查的最早的篇章。在《中国古代服饰研究》一书中，沈从文结合一些西南少数民族的实例，认为山顶洞人或许已经掌握了鞣制皮革的技能。用唾液浸润和牙齿咬嚼的方式鞣制或半鞣制兽皮，再用石片切割兽皮，用鹿角等作为锥子钻孔，用动物肠衣、韧带或植物纤维做成的线，再用骨针来连缀兽皮，从而完成衣服的加工。这样的做法，不仅可以缝制寻常御寒保暖的皮衣，也可用作防身护体的皮甲。

山顶洞人的装饰品

与数量十分有限的骨器相比，山顶洞人遗址出土的各种装饰品数量十分众多，共141件。其中，穿孔的兽牙为125件，其余则为海蚶壳、小石珠、小石坠、鲩鱼眼上骨和刻沟的骨管等。装饰品中，制作最精巧的是7颗小石珠。小石珠为白色石灰岩，形状不规则，大小相近，最大的直径为6.5毫米，孔眼由一面钻成，珠表面被染成红色。它们都散布在山顶洞人的头骨附近，可能为头饰。以红色来涂饰物品，在山顶洞人的兽牙、鱼骨等饰品中也有一定数量存在。这些表明，山顶洞人不仅能够制作服装，而且已经有了审美观念。此外，山顶洞人将死者埋葬在下室，并在尸体周围撒上红色的赤铁矿粉，有人认为尸体上及周围的赤铁矿粉象征血液，说明他们已经有了原始的宗教信仰。装饰品涂饰红色，与这种习惯存在着一定的相通性，除了强化审美效果以外，还应该具备某些原始宗教信仰、图腾崇拜等功能。

2. 新石器时代

在距今约1万年至4000年之间，北京历史进入了新石器时代。随着磨制石器、细石器等工具的使用，原始农业、畜牧业、手工业的产生，劳动效率大大提高，生产技艺水平进一步提高。特别是纺织业的产生，使人们不再满足于直接利用兽皮草木等自然材料，开始创造性地生产属于自己的服饰产品。

在距今1万年到7000年的新石器时代早期，通过相关出土的文物观察，北京先民的装饰品制作工艺有了明显的改进，一些服饰习惯也逐渐形成。

20世纪60年代，考古工作者发现了位于门头沟斋堂镇东胡林村距今1万年的新石器时代早期遗址东胡林人遗址。此后数十年间，他们先后对遗址开展了数次考古发掘，出土了大量有价值的文物。其中，与服饰文化相关的文物有锥、笄、手镯等骨器，还有各种蚌壳、螺壳制作的装饰品。赵朝洪在《北京市门头沟区东胡林史前遗址》中称："骨器的种类主要有锥、笄、鱼镖、骨柄石刃刀等，皆用动物肢骨制成，加工较精细，磨制光滑。"发笄的出现，表明了人们已经开始有意识地对头发进行梳理和修饰，将头发编成向上或向后盘结的发髻，不再像以往那样披头散发。这种骨笄在河北武安磁山文化遗址中也有发现，它们共同为古代华夏民族束发盘顶的结发形式上溯到新石器时代早期提供了有力证据，同时也说明了北京地区的服饰文化与周边地区存在着相互交流与影响。

蚬螺项链与牛骨镯

在东胡林人遗址中，还有两件文物经常被提及，即少女墓葬中的随葬品蚬螺项链以及牛骨手镯，它们是目前所发现的时间最早的新石器时代装饰品。蚬螺项链选择的螺壳大小匀称，顶部磨有小口，排列有序。牛骨镯选用牛的肋骨末端，切割均匀，磨制精细。相比山顶洞人的装饰品，其精致程度有了很大的提高。值得补充说明的是，墓葬中与少女合葬的两名男子却没有任何装饰品随葬。这种状况一方面说明东胡林人处于母系氏族社会初期，妇女在族群中的地位较高；另一方面多少也说明了当时装饰品可能在一定程度上已经是主人身份地位的象征了。

在北京另一个新石器时代早期遗址，距今9000多年的房山镇江营与塔照一期遗址中，也有一些与服饰相关的文物出土。这些文物包括，用动物角或肢骨制成的角锥和骨锥，还有陶制或石制的网坠。这些角锥和骨锥，长10到20厘米不等，磨制精细，形状或直或弯，更加便于使用。网坠属于捕鱼工具的一部分，与服饰虽没有直接关系，但结网与编织服装在技法上有较大的共通性。因材料质地等原因，当时的服装没有遗存下来，但根据渔网等物品，我们还是可以推测此时的北京先民已经初步掌握了编织服装的技能。《淮南子·氾语》中载："伯余之初作衣也，掞麻索缕，手经指挂，其成犹网罗。"也说明原始先民最初制作服装是采用手工编织的方法，成品和罗网相类似。

进入新石器时代的中后期，随着定居农业的出现，社会分工不断细化，氏族公社日益成熟，北京先民的服饰文化也随着进化发展。

这一时期，北京先民已经不满足于对贝壳、兽骨等原材料简单加工，开始有意识地进行艺术创作。出土的装饰品越来越多地采用石雕、陶塑等方式，装饰品的艺术性进一步加强。在距今6000年的平谷上宅文化遗址中，考古工作者发现了一些造型精致、形象生动的石雕或陶制可做挂饰或坠饰的物件，如小石猴、小石龟、小石鱼、小石羊以及陶猪头、陶熊头、陶羊头，还有石质耳铛形器物等。其中，小石龟在中国北方属于比较罕见的新石器时代文物，通长4.5厘米，体厚1.5厘米，以滑石雕成，龟背隆起，头部四肢突出，头部还雕刻出嘴形，龟首有一个穿孔，应该是供穿绳

小石猴

佩戴之用的。小石猴的头部则比较形象细致地雕刻出眼眉嘴耳鼻，整个身子却简化成蝉的样子。这些工艺品反映了先民敏锐的观察力和刻画动物的惊人才艺，说明已经有专门人员从事包括服饰在内的艺术品的生产了。

　　这一时期，北京地区服饰文化最重大的进步是纺织业和蚕丝的出现。据文献记载，新石器时代晚期纺织业出现，并成为社会文明的重要组成部分。《周易·系辞下》载："黄帝、尧、舜垂衣裳而天下治，盖取诸乾坤。"唐孔颖达疏："垂衣裳者，以前衣皮，其制短小，今衣丝麻布帛，所作衣裳其制长大，故云垂衣裳也。"从中我们也可以看到，随着丝麻葛布等纺织品的出现，人们逐渐告别短小的兽皮衣服，更多的将手工纺织制作的宽大艳丽的衣服作为自己的服装。将各种重要进步归之于三皇五帝等历史先哲，是中国古代常用的叙事方式，事实上，中国纺织的出现要早于传说中的黄帝时期千年以上，至少可以追溯到新石器时期中期。这一点，也可以得到北京地区考古发现的有力证实。

纺轮

在距今6000年到5000年间的昌平雪山文化一、二期及镇江营与塔照文化四期等多处新石器时代文化遗址中，均有数量众多的石制或陶制纺轮出土，且随时间往后推移，数量不断增加。纺轮的发现，表明真正意义上的纺织在北京地区开始出现。作为一种纺织工具，纺轮本身也包含一些工艺设计意义。纺轮的形状有饼形、算珠形、圆锥形等样式，直径5厘米左右，重50～150克，中间有孔，在纺轮的一面或两面有时会有些纹路或线条的装饰。纺轮通常与木质或竹质的拈杆组合，将拈杆插入纺轮中心圆孔之中，组合成纺锤。纺锤的结构虽然简单，但它巧妙地利用物体自身的重量及旋转时产生的作用力，使麻、葛、蚕茧、羊毛等纤维被牵伸加捻，撮合成线。纺轮外径和重量越大，纺成的纱线越粗，反之则越细。这样大量的纺线，绝不仅仅是为了缝纫皮毛和捆扎物品，纺出来的线已经用于纺织，自此纺织品成为服装重要的原料。北京地区纺轮的出现时间、形制，与中原仰韶文化、东北的红山文化比较接近，说明当时的服饰文化已经产生区域交流了。

丝绸是中华民族对世界服饰文化的独有贡献，在相当长的时间内，中国是世界上唯一拥有蚕丝的国家。相传，蚕丝是黄帝的夫人嫘祖发明的。刘恕《通鉴外记》称："西陵氏之女嫘祖，为黄帝元妃，制丝茧以供衣服，后世祀为先蚕。"但事实上，蚕丝的发现要远远早于传说中的黄帝时期。学者们根据新石器时代出土的陶蚕纹、陶蚕蛹推断，仰韶文化先民对蚕的认识距今约有7000年的历史；长江下游河姆渡文化、良渚文化对蚕的认识距今约有7000年至5000年的历史；而辽宁锦西（今葫芦岛）仰韶文化遗址，先民对蚕的认识距今约有6000年的历史。据考古报告记录，北京地区在上宅文化遗址出土了一件石蚕。石蚕的发现，说明至少在距今6000年的时候北京先民已经对蚕及蚕丝等知识有了认识，甚至开始了使用蚕丝制作衣服。

纺织技术的出现，以及蚕丝等制衣材料的使用，使北京先民开始以穿衣戴冠，佩戴各色装饰为主要服饰形式，逐渐脱离以往的蒙昧简陋，展现出越来越多的文明气息。

（二）青铜时代的礼与俗（夏商西周时期）

从公元前21世纪到公元前476年之间，中国社会进入了夏商周奴隶制时期，史称三代。这一时期，青铜冶炼铸造技术达到了相当高的水平，青铜器在人们的生产、生活中占据重要地位，因此，考古学上又称其为青铜时代。这一时期的有关北京服饰文化的文献记录很少，根据考古发现，我们仍然可以发现其中一些与石器时代明显的差别。

1. 金属饰品的诞生

大约与中原地区同时，北京地区也进入了青铜时代。考古资料表明，从公元前2200年前后的雪山文化二期起，北京地区就开始了向青铜文化演进的历史进程。与夏商时期有关的北京地区文化遗存有夏家店下层文化昌平雪山村遗址三期、昌平张营遗址、平谷刘家河遗址、平谷龙坡遗址、房山区镇江营与塔照遗址、房山琉璃河遗址等。从相关考古发现，结合甲骨、金文以及文献记载可见，夏商时期北京地区活跃着许多部族，包括肃慎、燕亳、孤竹、山戎等。一些部族经过自然生长，形成了奴隶制古方国如古燕国、古蓟国等，并与中原王朝保持着往来，有的还成为中原王朝的依附国。不同部族毗邻而居，北方文化与中原文化相互交融，创造出带有明显地方特色的青铜文化。武王灭商后，周王朝在北京地区分封了诸侯国燕国、蓟国，使之成为中原王朝的北方藩屏。后来，燕国力量不断壮大，将蓟国吞并，将其都城蓟城（今北京城西南）作为自己的都城。北京成为西周诸侯国国都以后，中原文化在逐步扩大影响的同时，与周边地区的文明交融也进一步加深了。

考古工作者在不同时期不同地区的夏商遗址中，均发现了铜制服饰品、工具等。如属于夏家店下层文化遗址的雪山文化三期的铜耳环，房山刘李店商代墓葬的铜指环、铜耳环，昌平张营遗址的铜耳环、梳妆器、铜锥等物，房山塔照遗址的铜耳环等。

在属于商朝中晚期的平谷刘家河遗址，出土的青铜制品数量众多，更令人惊奇的是黄金饰品的发现。在这座发现于1977年的墓葬中，共有40余件铜、金、玉等器物出土。其中有青铜礼器16件，铁刃铜钺1件，铜马具当卢1件。与服饰文化相关的则有，铜人面形饰品5件，铜泡9件，铜笄1件，金臂钏2件，金耳环发笄各1件，还有玉璜、绿松石珠等10余件。

5件青铜人面形饰品长10厘米，宽10.5厘米，饰品各有两个穿孔，均位于顶部。从尺寸和穿孔看，明显小于常人的面部，又不适于做盾饰。因此，有人推测它是穿系在衣带、腰带等质地柔软的物品上的装饰品，与玉钺等一同构成权力的象征。也有人认为，这些人面形装饰品尺寸太大，似乎不太适合做服饰，可能是人殉的代替品。

铜泡也是当时常见的一种装饰物，一般用在衣服、马具、盾牌或箱子器物之上。墓中出土了龟形（亦有称之为蟾蜍形的）铜泡，长7厘米，宽5厘米，大头、四爪、背微凸，有圆点脊骨纹；蛙形铜泡，长6厘米，宽3.5厘米。四爪已残缺，仅余尖首及背部。在一些铜泡碎片上发现平纹麻布的印痕，很可能也是系缚于盔甲衣服或织物上的物品。

两件金臂钏形制相同，为燕山地区所独有，用直径0.3厘米的金条制成，两端做扇面形，相对成环，直径12.5厘米，一件重93.7克，另一件重79.8克。

金臂钏与金发笄

金笄长27.7厘米，头宽2.9厘米，尾宽0.9厘米，尾端有长0.4厘米的榫状结构，更便于插入头发之中。金笄器身一面光平，一面有脊，截断面呈钝三角形，重108.7克。

金耳环一端为喇叭形，宽2.2厘米，底部有沟槽，疑原有宝石镶嵌，另一端为尖锥形，弯曲成直径1.5厘米的环形钩状，重6.8克。

上述三种金器的造型美观别致，制作工艺虽简洁，但比较精细，器面光洁，色泽金光闪闪，证明商代北京地区的黄金冶炼技术已达到相对较高的水平。

西周时期，北京地区青铜文化发展进入全盛时期。在琉璃河燕都遗址中冶铸青铜器用的陶模、陶范和铜渣的发现，表明当时燕地已经有了自己的铸铜业。青铜器生产技术水平较高，种类数量也不断增加。然而，或许是周人尚玉，喜爱温润细腻有如君子的玉石，远远超过了冰冷肃杀、性质刚烈如同武夫的金属；抑或是因墓葬大多被盗掘，陪葬的饰品丢失等原因。西周时期的遗址中，与服饰文化相关的金属器数量远远少于礼器、车马器和兵器，主要品种有铜面具、铜镜、铜衣带钩、铜泡、铜锥等。

2. 服饰文化由多元化逐渐转向融合

由于地理位置、自然环境以及历史发展等原因，北京历来就是多民族杂居之地。尽管考古学界对这一时期的北京考古文化族属存在各种不同的分类，对一些遗址的分属也有不同看法，但均认为这一时期北京地区的文化应包括自然生长的土著文化、来自中原的商周文化，以及来自北方草原等地区的其他文化。从西周中期开始，来自中原的周文化，在融合众多本地及外来文化以后，自身面貌发生了变化，逐步形成了以北京为中心，既属于中原文明类型又带有鲜明地方特色的西周燕文化。

当时，中国各地服饰差异明显，多元化色彩浓厚。《礼记·王制》载："中国戎夷，五方之民，皆有其性也，不可推移。东方曰夷，被发文身，有不火食者矣。南方曰蛮，雕题交趾，有不火食者矣。西方曰戎，被发衣皮，有不粒食者矣。北方曰狄，衣羽毛穴居，有不粒食者矣。"《列子·汤问》也称："南国之人祝发而裸，北国之人鞨巾而裘，中国之人冠冕而裳。九土所资，或农或商，或田或渔，如冬裘夏葛，水舟陆车，默而得之，性而成之。"足见因地理环境、生产方式、生活习俗等原因，造成各地区各民族服饰文化差别之大。当然，这种服饰文化的差别在北京地区也一样存在。北京地区的人们以麻葛丝等纺织品制作服装，多用玉石等物作为配饰，冬季虽也采用皮毛制衣但多用纺织品衬垫，结发带冠，衣服的形式多采用上衣下裳、宽带大袖。在琉璃河遗址中，有不少麻织品的残迹被发现，它们多粘附在青铜器表面，经纬痕十分清楚。该处还发现丝绢一类的织物残迹，经专门机构鉴定，质料为绢丝，平纹组织，密度为每平方厘米28根×27根。至于生活在这一区域的北方民族，如山戎、肃慎等，逐水草而居，以游牧作为主要经济形式，为与迁移不定的生活相适应，则更多保留了食肉寝皮、裘衣皮裤的传统生活方式。而东部以农业和渔业为生的孤竹等部族，生活区域接近海边，则难免要受到东夷部落服饰文化的影响。

尽管差异巨大，但各种服饰在长期杂居的过程中，相互学习吸收，逐渐走向融合，形成一种新型的服饰文化形态。以刘家河商代墓葬为例，其随葬有成套商代青铜礼器、铁刃铜钺、铜面具、玉器等物，在墓底还发现有红黑相间的泥状物，可能是有颜色的衣衾残存，说明墓主仿效了中原商王朝的丧葬礼俗，其生前衣冠也应与中原贵族相似。但墓中的黄金耳环、臂钏、发笄等物，则并非中原形制，属于夏家店下层文化，为北方草原民族常用的装饰。此外，1975年，北京昌平白浮村西周中期燕国贵族墓葬中，出土了铜、陶、石、玉、骨、牙器等600余件，在棺椁底部还发现了可能是衣衾残痕的红黑色污泥状物。随葬的物品及葬制与琉璃河西周墓葬基本一致，属西周初年的传统形式，但是墓中的青铜器中还有鹰首、马首、蘑菇首短剑，以及铃首刀、铜盔、镜形饰等物，无论是器型还是装饰，都具有浓厚的北方草原民族文化气息。这种状况表明，在北京地区土著学习包括服饰在内的中原文化的同时，来自中原的商周服饰文化也越来越多地融入了土著以及北方草原文化的元素，为北京地方特色服饰文化的产生奠定了基础。

3. 服饰等级礼法制度的确立

夏商周是等级制社会，人们的服饰必须要与其身份地位相符合。这是政治的需要，也是礼制的规定。早在夏商时期，服饰等级分层就已经渗透于世俗事务与宗教祭祀等社会生活的方方面面。伴随着夏商王朝对"衣服不贰"的"同衣服""禁异服"的强调，对服装款式用料、做工纹样、各种装饰的繁简以及与之相联系的履制等进行了规定，以实现明贵贱之别，序等级之分，逐渐形成一套等级制的服饰礼制。到了西周，分封制、宗法制度的完善，使社会等级更加严格区别，服饰作为政治和礼制的最有效的物化手段之一受到了空前的重视。在西周，商代本已存在的服饰等级差别被制度化，纳入到维护宗法制度的礼法规范之中，并为后世所沿用，直到君主专制体制灭亡。

周代将饮食、衣服、事为、异别、度、量、数、制等事宜，列为"八政"。按《周礼》的规定，不仅上下尊卑各个等级服饰不同，而且要根据不同场合礼节换用不同的服饰。在各种服制中，祭服最为贵重。据《周礼·春官·司服》载，周天子有祭服6种，即大裘冕、衮冕、鷩冕、毳冕、希冕、玄冕，合称"六服"，分别用于不同的祭祀对象。"王之服：祀昊天上帝，则服大裘而冕，祀五帝亦如之；享先王则衮冕；享先公飨射则鷩冕；祀四望山川则毳冕；祭社稷五祀则希冕；祭群小祀则玄冕。"同样，各级王公贵族、诸侯卿大夫以及他们的妻妾均有与各自身份相适应的规定礼服样式，不得自行更改，更不得穿用不属于自己等级的服饰。旒冕为王侯专用，卿大夫可用皮弁与爵弁，士人乐师只能戴爵弁，而庶人不能戴冠，只能用长巾包裹、覆盖头部。在服装质地上，丝织品是贵族专用，普通平民只能到50岁以后才可以，一如《孟子·梁惠王上》所言"五十者可以衣帛矣"。平民日常服装主要是麻布制品，因而平民有"布衣"之代称。最穷困的平民及奴隶，平日衣不蔽体，冬日以粗毛编织的短"褐"御寒，故穷人有"褐夫"之谓。裘皮类制品，狐裘、豹裘等上品为贵族专用，劣质羊裘、鹿裘为穷人冬日所用。

对于敢于违背服饰礼制者，周王室制定了强硬的应对措施。《周礼》规定，"变礼易乐者，为不从；不从者，君流。革制度衣服者，为畔；畔者，君讨"，"作淫声、异服、奇技、奇器以疑众，杀"，将不遵从服饰制度视为背叛与煽惑变乱，要武力讨伐，处以流放、杀头等刑罚，还规定"有圭璧金璋，不粥于市；命服命车，不粥于市；宗庙之器，不粥于市；牺牲不粥于市；戎器不粥于市。用器不中度，不粥于市。兵车不中度，不粥于市。布帛精粗不中数、幅广狭不中量，不粥于市。奸色乱正色，不粥于市。锦文珠玉成器，不粥于市。衣服饮食，不粥于市"。

为了维系这样庞大而烦琐的服饰体系，周王室专门设立了掌管服饰事务的职官如司服、内司服、玉府、司裘等，同时还有专门负责各种服饰材料收集、加工的部门如角人、羽人、掌葛等。除了王室有服饰职官外，一些诸侯国也有服饰职官设立，如晋国有掌衣之官称复陶，楚国有掌玉之官称玉尹，等等。

具体到北京地区，服饰的等级礼法制度限于文献与考古资料的不足，不能十分直接清晰地呈现，但仍然可以借助已有的发现加以推测。西周早期，燕国作为捍卫周王室北方边鄙的重要诸侯国，又是当时三公之一召公奭的封地，与中原王畿来往较多。加之，西周初年王室的强大，对各诸侯国控制很有力，要求在礼法制度上也保持一致性。燕地经常派人到朝歌看望召公奭，召公奭也曾到燕地视察，两者关系十分密切。从琉璃河出土青铜器上的纹饰看，燕和宗周在统一性方面十分突出。燕地社会不可逾越的等级差别，在琉璃河遗址等处的墓葬以及随葬品中也得到了清晰显示。大型墓是燕侯墓，长度超过10米，宽度、深度也数倍于中小型墓葬，往往随葬有车马坑，大量成套青铜礼器等，体现了墓主人身份之高，地位之贵，为第一等级；属于显贵阶层的稍大的中型墓中，一般长3～5米，宽2～3.5米，一棺一椁或一棺二椁，又以燕侯的宗亲者的墓室最大，随葬的青铜礼器也是配套的，并且图案华贵，等级高于异族贵族；小型墓一般长1.6～2.5米，宽0.6～2.35米，燕侯墓附近的小型墓墓室较大，随葬品多为简单陶器和生活用具，几乎没有青铜制品。

服饰在燕地也是燕侯赏赐属下贵族的重要内容之一。在琉璃河遗址一个中型贵族墓葬中，不仅有体现商人葬俗的人殉，还出土了复尊、复鼎等青铜器。复尊腹部有17字铭文，"匽侯赏复冂、衣、臣、

复尊

妾、贝用作父乙宝尊彝㸌"。"冂"曾有人作"冕"解，唐兰在《西周青铜器铭文分代史徵》认为应作"幎"解，是指覆盖在衣服上的大巾，现多采用这一说法。"㸌"原是氏族名，为殷商时的大族，此处用作青铜器徽号。据琉璃河遗址出土的克盉、克罍铭文显示，西周初年首任燕侯克赴燕地就封，周天子命马羌部族、殷商遗民等扈从，这一殷商大族应是其中一员。复尊铭文的大意是，燕侯赏赐给复盖巾、上衣、男女奴隶和贝（钱），用来做父乙的宝器。这段铭文既说明了当时奴隶制人身依附的等级社会，奴隶属于贵族的私产，可以任意赏赐，又说明了服饰是身份的象征，也是荣誉的表示，印证了当时"服以旌礼""旌之以衣服"的说法。

（三）深衣与胡服二重奏（春秋战国时期）

春秋战国时期，周天子的统治名存实亡，传统的礼乐制度受到很大冲击，出现了所谓"礼崩乐坏"的局面。政治上，诸侯割据称雄，战争不断；科技上，铁器制作的出现，带来生产力迅速发展；思想文化上，各种思想流派百家争鸣，价值取向愈发多样化。在各种因素的合力作用下，服饰文化发生了重大改变，燕国也不例外。

1. 深衣兴起

春秋战国时期，各地服饰差异显著，各有特点。《墨子·公孟》载："昔者齐桓公高冠博带，金剑木盾，以治其国，其国治。昔者晋文公大布之衣，牂羊之裘，韦以带剑，以治其国，其国治。昔者楚庄王鲜冠组缨，绛衣博袍，以治其国，其国治。昔者越王勾践剪发文身，以治其国，其国治。此四君者，其服不同，其行犹一也。"从中可以看到，即使是最讲究服饰礼制的诸侯王公的服饰也大不相同，虽然其中有诸侯国君个人爱好不同的原因，但是总体上仍反映了当时齐、晋、楚、越等地的服饰习俗。

陈高华主编的《中国服饰通史》将春秋战国时期的各国服饰按照地域分为七个文化区：中原、齐鲁、北方、楚、吴越、巴蜀滇、秦。其中，北方服饰文化区包括燕、赵、中山国，今天的北京属于这一区域。"北方地区的服饰，按文化风格划分，基本可以分为三种文化类型：一种属于原中原华夏类型的衣服，见于文献记载的有长袂之衣、狐白裘、羯羊裘、端委、褐衣和宫中卫士所穿之黑衣；……另一种则属于胡服，见于文献记载的有貉服。至于胡服之冠，则有惠文冠和鹖冠。第三种为鲜虞族文化类型的衣服。"中山国为鲜虞族诸侯国，鲜虞族文化类型的服饰当以中山国为中心。燕国服饰则以原中原华夏服饰及胡服为主要服饰，间或受到鲜虞族服饰等周边服饰的影响。

宋镇豪在《中国春秋战国习俗史》中写道："北方地区如中山国和燕国，服饰矜夸而有三晋冠带及齐鲁衣履的错综风格。"说明燕地的服饰不仅与胡人文化存在交流借鉴，也受到中原地区齐晋等诸侯国的影响。这一点，从其他方面的材料也可以得到印证。《礼记·檀弓上》载："孔子之丧，有自燕来观者，舍于子夏氏。子夏曰：'圣人之葬人与？人之葬圣人也。子何观焉？'"从燕地不辞辛苦到鲁国观摩孔子葬礼，说明当时燕地士人比较重视学习其他地区的礼仪、服饰等文化。

深衣

尽管春秋战国时期各地服饰差异很大，但是深衣却是这一时期兴起并发展成为代表性服式的。深衣服式为各国广泛采用，是贵族士人的仅次于冕服的常服，也是庶人唯一的礼服。

夏商时期，人们的服装主要是上衣、下裳，上衣右衽，其长及膝，下裳形似后世的裙子，系在上衣之外，分为两片，一片蔽前，一片遮后，两侧有可开合的缝隙。衣用正色，而裳用间色。腰间束宽带称大带或绅带，可将朝笏插入其中，因而士大夫又有"搢绅"或"缙绅"代称。商周人席地而坐，当时短裤、裤子等并未发明，为了遮蔽下体，在腰带正中悬一布或革带，上窄下宽，称蔽膝。蔽膝后来发展为礼服的一部分，用于冕服成为芾，祭服称黻或韨，其他之用则称韦韠。

深衣则与夏商衣裳不同，是将上衣下裳分开裁但是上下缝合，因为"被体深邃"，因而得名。《礼记·深衣篇》："古者深衣，盖有制度，以应规、矩、绳、权、衡。短毋见肤，长毋被土。续衽钩边，要缝半下；袼之高下，可以运肘；袂之长短，反诎之及肘。带下毋厌髀，上毋厌胁，当无骨者。……故可以为文，可以为武，可以摈相，可以治军旅，完且弗费，善衣之次也。"东汉郑玄注："深衣，连衣裳而纯之以采者。"唐代孔颖达《正义》曰："所以称深衣者，以余服则上衣下裳不相连，此深衣衣裳相连，被体深邃，故谓之深衣。"简而言之，深衣就是上衣和下裳相连，用不同色彩的布料作为缘饰，既可以将身体深藏不露，又便于穿着行动。

对于深衣的文化意义，在其诞生之后就不断被发掘与附会。《礼记·深衣篇》认为，"制：十有二幅以应十有二月；袂圜以应规；曲袷如矩以应方；负绳及踝以应直；下齐如权衡以应平。故规者，行举手以为容；负绳抱方者，以直其政，方其义也。故《易》曰：坤，'六二之动，直以方'也。下齐如权衡者，以安志而平心也。五法已施，故圣人服之。故规矩取其无私，绳取其直，权衡取其平，故先王贵之"。后世通过引申发挥，认为深衣可以象征天人合一、恢宏大度、公平正直、包容万物的美德。衣袂圆转宽大，象征天道圆融；衣衽直角相交，象征地道方正；背后一条直缝贯通上下，象征人道正直；腰间束系宽带，象征权衡；上衣、下裳分别裁剪，象征两仪；上衣用布四幅，象征一年四季；下裳用布十二幅，象征一年十二月。身穿深衣，就能体天道圆融，合人间正道，行动进退合乎权衡规矩，起居兴作顺应四时之序。故而深衣被列入"善衣"，贵族士人、平民百姓、须眉巾帼均可穿着。深衣到两汉时期依然流行，直到魏晋南北朝时期，袍、衫的出现使人体行动更加自由，深衣才逐渐衰微。但作为祭祀冠服，深衣的影响一直延续到唐宋时期。

对深衣的形制，历史上曾经有不少学者进行了考察，如朱熹、吴澄、朱右、黄润玉、王廷相、黄宗羲、江永、任大椿等，均对其样式以及剪裁方法等提出了自己的看法。20世纪50年代以后，随着考古发现的日益丰富，通过对春秋战国时期各地的陶俑、木俑、玉人、铜人、帛画以及青铜器陶器上的绘画的考察，基本掌握了深衣的相关情况。深衣最基本的特征是交领、右衽、系带、宽袖，又以盘领、直领等为其有益补充。深衣不再在下摆开衩，而将左面衣襟前后片缝合，后面衣襟加长，加长后的衣襟形成三角，穿时绕至背后，再使用腰带系扎。沈从文在《中国古代服饰史》一书中认为，深衣最巧妙的设计是"在两腋下腰缝与袖缝交界处各嵌入一片矩形面料,据研究可能就是《礼记》提到的'续衽钩边''衽当旁'的'衽',其作用能使平面剪裁立体化,可以完美地表现人的体形,两袖也获得更大的展转运肘功能"。春秋战国时的深衣用柔软材料制成,用挺括的锦缎材料制缘边,大袖大底摆,缘边较宽,窄袖口,袖口衣缘用重锦边,衣面多为大花纹龙凤彩绣,也有几何纹小花锦装饰,整体飘逸洒脱。

在发展过程中,深衣也产生了不同的形制,不仅男女有别,各个地区也将本地的生活及审美习惯加入其中,地区也有差别,深衣服式变得更加丰富多彩。从出土文物观察,当时的男子深衣下身曲裾比较短,只能向身后斜掩一层。而女子的深衣曲裾很长,往往是掩到身后又绕到身前,有的甚至在身体上缠绕三四层。在具体样式上,深衣的差别主要表现在衣服的衣袖和下裾上。在衣袖上,有肥大下垂但在袖口处收紧的垂胡式;有由肩部开始逐渐收缩变窄的细长瘦窄衣袖;衣身宽松,衣袖上下粗细一样如同圆筒。垂胡式是比较华贵的样式,多为贵族男女使用,而窄袖、筒袖便于劳作,多为社会下层及北方居民所使用。由衣裾下裾区分,当时的深衣可分为曲裾和直裾两类。曲裾长衣比较常见,在春秋战国时期多为此类,直到东汉时才慢慢淡出。直裾深衣,又称襜褕,其形制是衣长较曲裾深衣为短,从领部曲斜至腋下的前襟直通于衣摆,无须绕来绕去,袖子也比较紧窄。直裾样式出现也很早,春秋时期的木俑已有发现,但由于内裤的限制,最初属于便服,不能当作礼服在祭礼、朝见等重要正式场合穿用。史料记载,西汉时期武安侯田恬就因"衣襜褕入宫"觐见,被汉武帝视为"不敬"而受到夺爵除国的处分。直到东汉时期,内衣的改进,直裾长衣开始盛行,后逐渐演化为袍服。

这一时期,北京地区有关深衣的考古发现或文献记载尚付阙如,但同属燕国都城的燕下都武阳城(今河北易县)却有考古发现,可以作为参考,在一定程度上帮助我们了解北京地区大致的服饰状况。

在燕下都高陌村东，考古工作者采集到铜人一件，沈从文称之为"战国佩带钩青铜烛奴"。河北省文物研究所编写的《燕下都》对其进行了比较细致的介绍：铜人通高25.8厘米，最宽13.05厘米，前后宽11.9厘米，重4.9千克。"脸面丰满，颧骨较高，修目宽鼻，头发在前额左右向后梳理，发纹清晰可辨。发中前窄后宽，垂于脑后，中带自耳前左右两侧下垂系于颏下，有朱色八字形带结。身着右衽窄袖长袍，衣纹生动自然。双足不露。方口后颈袒露。领边、衣边、腰带均涂朱色，腰带有长棒形圆头带钩系连"。铜人服式为直裾长衣，上衣紧贴

燕下都出土铜人

身体，衣袖细窄修长，下身的衣裾则相对宽松，比较适于运动劳作。

在燕下都还采集到一件战国人物鸟兽阙状方形饰，通高21.5厘米，方座边长2.6厘米。盝顶，顶部正中前后各有一只头向外作振翅欲飞状的鸟形装饰，四脊有虎形动物装饰，四坡有双龙、凤纹、夔纹。顶下有四方形阙室。阙室正中有一个坐在矮凳上的人物，束高冠，右衽彩绘深衣，腰间束宽带，双手拱于胸前。其前部及左右两侧均有跪立人像，盘发插笄，右衽短衫，或调鼎，或奏乐。阙室下部的方形柱四面均有人物活动场面的纹样。这些人物或备酒，或抱持禽鸟麋鹿，显然属于服役下人。他们的装束，有盘发插笄，或头戴扁平圆冠，衣着有右衽短衫，还有形似赤身裸体，与阙室中坐矮凳的人物存在很大差异。

此外，还有文献记载，在燕下都武阳城出土的战国跪坐铜人，头戴皮弁，身穿交襟右衽窄长袖衣袍，腰带较宽，上有带钩，典型的胡汉风格的交织。

2. 胡服流变

春秋战国时期的燕国与北方的草原民族的接触更加频繁，活动在燕国北部的山戎势力对燕国产生了相当大的影响。以山戎为主的北方少数民族的侵扰对燕国构成极大威胁，文献中"山戎越燕伐齐""山戎病燕"等记载屡见不鲜。燕国为了躲避威胁，曾多次将都城南迁。公元前664年，燕桓侯时发生了"桓侯徙临易"之政治事件，被迫将都城南迁到河北的临易（今河北雄县，或疑为易县燕下都武阳城），国力日衰。因此《史记·燕召公世家》称："燕外迫蛮貊，内措齐晋，崎岖强国之间，最为弱小，几灭者数矣。"直到公元前657年燕襄公即位前后，在齐桓公的帮助下打退了山戎，燕国才又将都城北迁回蓟城。战国时期，凭借优越的地理条件，特别是燕昭王改革，燕国逐渐强盛起来，成为北方一大强国，列入战国七雄。燕国通过秦开击东胡，修筑燕北长城，将不少北方民族纳入自己的治理之下。《战国策·燕策》记载："燕东有朝鲜、辽东，北有林胡、楼烦，西有云中、九原，南有呼沱、易水，地方二千余里，带甲数十万，车六百乘，骑六千匹，粟支十年。"尽管疆域扩大很多，但依然没有改变与北方少数民族杂处的状况。在不断的冲突与交往中，燕国与北方少数民族的文化交往也越来越多，在服饰文化上的相互影响也越发明显。

胡服，中国古代对西方和北方各族的服装的总称，后亦泛称外族的服装，并不是某种特定服饰，也不是某个民族的服饰的专指。胡服一般形式为：窄袖短上衣、合裆长裤子、皮弁配高筒靴，衣服偏窄瘦，方便活动。与中原地区普遍结发右衽不同，当时的戎、狄等西、北少数民族多为披发左衽。故而孔子在《论语·宪问》中赞扬管仲驱除夷狄的功绩时，有"微管仲，吾其披发左衽矣"的慨叹。

胡服形式的服饰，在中国古代中原华夏族中并非没有，有人甚至认为是古代中原的原创。在《中国古代服饰研究》一书中，沈从文认为："这种服式是我国古代阶级形成初期，统治阶层人物尚未完全脱离劳动，为便于行动的衣式。由商到东周末春秋、战国，沿用已约一千年，社会中下层始终还穿用到。有关胡服，若仅指衣式而言，这种小短袖衣可能是古代中原所固有，影响及羌戎的。"进入青铜时代，中原地区上层社会席地踞跪而坐，车乘出行的生活方式，以及对社会身份地位的强调，使得贵族士人的服饰总体呈现出宽大、繁复的特点。在车战为主的西周春秋时期，这种服饰尚能勉强适应战争的需要。战国时期，大规模的新式骑兵出现，替代了春秋以来的战车，成为战场最机动灵活、左右战局的主力。这种宽衣大袖、襦裙围裳，不利于策马驰骋和奔跑格斗，面临着不可避免的改变。公元前307年，赵武灵王开始实行"胡服骑射"，开启了国家层面的服制改革。《后汉书·舆服志》载："赵武灵王效胡服，以黄金铛饰首，前插貂尾，为贵职。秦灭赵，以其君冠赐近臣。"《竹书纪年》有"命吏大夫奴迁于九原，又命将军、大夫、嫡子、代吏皆貂服"。胡服骑射从上层进行服饰变革，进而流风遍及社会各个阶层，在改变服式的同时也对传统的贵族礼制形成强大冲击，为民族融合创造了有利条件。胡服骑射不仅让赵国强大起来，而且随着改革的成功，北方游牧民族的服饰在中原华夏大地的传播更加迅速，引起了中国古代服饰制度特别是军服形式的重大变革。葛剑雄称赵武灵王胡服骑射，"改革的重点还是易服，是中国历史上第一场服装革命"。华梅的《中国服装史》认为，"胡服的款式及穿着方式对汉族兵服产生了巨大的影响。成都出土的采桑宴乐水陆攻战纹壶上，即以简约的形式，勾画出中原武士短衣紧裤披挂利落的具体形象。从军服影响到民服，这种服装成为战国时期的典型服装"。赵武灵王胡服骑射对燕地也产生了重大影响，胡服成为燕地重要的服式。《史记·货殖列传》称燕地"大与赵、代俗相类，而民雕捍少虑"，这些相类似的风俗当然也应该包括服饰习俗在内。

当然，燕地对胡服的吸收并不仅仅是因为受到赵武灵王胡服骑射的影响。在此之前，燕地一直存在不同民族间的文化交流，胡服骑射只是在一定程度上加速对胡服的吸收进度而已。作为周室正宗姬姓诸侯国，在大量吸收少数民族文化之后，无论是国君燕王，还是一般士民往往也将自身视为蛮夷了。《战国策·燕策》记载，燕王与张仪谈话时自称"寡人蛮夷僻处,虽大男子裁如婴儿";荆轲见秦王时,也称燕国的秦舞阳为"北夷之鄙人"。《汉书·地理志》载:"蓟,南通齐、赵,勃、碣之间一都会也。初,太子丹宾养勇士,不爱后宫美女,民化以为俗,至今犹然。宾客相过,以妇侍宿,嫁取之夕,男女无别,反以为荣。后稍颇止,然终未改。"足见北方胡人的习俗已经深深影响了燕地生活的各个方面。

就服饰而言,由于文献记载的匮乏,这一时期的考古发现给我们提供了一些佐证。以带钩为例:带钩是服饰革带上的钩,既有实际功能,又有很强的装饰性。沈从文认为,带钩来自少数民族,相传为赵武灵王从西北部游牧民族处习得,初期只限于甲服上,加以发展,才代替了丝绦的地位,转用到一般贵族王公的袍服之上。还有学者认为,它是在西周晚期至春秋早期由北方游牧民族传入中原的,到春秋中期已经普遍使用。当时的文献也常提到带钩的名称。《管子·小匡》有"管夷吾亲射寡人,中钩"。然而,考古发现表明,在新石器时期的良渚文化遗址中,就已经发现了最早的玉带钩,是古玉带钩制作的初始状态。北京地区夏商时期并未有带钩发现,但在琉璃河遗址墓葬中出土了一些青铜带钩,至少说明西周初年带钩已经率先传入与草原民族杂处的燕国。此后的燕国墓葬中,带钩的数量种类越来越多,说明燕国能与北方少数民族相互学习,随时更新自己的服饰。

另外,燕下都出土的一些金饰品,也能让我们感受到胡风的浸染。20世纪80年代,考古工作者在位于燕下都西城中部的辛庄头墓区30号墓出土了大量陶器、铁器、铜器、金器、银器、玉器、石器、骨器等,其中尤以80余件金器最为耀眼。这批金器多为饰件,有长方形饰5件、带孔半球形饰6件、半球形浮雕饰2件、圆形饰1件、熊羊浮雕饰6件、扁圆形饰6件、桃形饰4件、人头像饰9件、熊头饰1件、鹰首鸟喙形饰2件、钟形饰6件、扣饰11件、金箔片20件,耳坠两对4件等。胡人头像金饰件上面的纹饰为典型的胡人模样,头戴毡帽,弯眉凸目,高鼻阔口,口鼻处有胡须。鹰首形金饰件,中部一卷角羊头造型最为突出，构成鹰的眼睛，与鹰首的形象巧妙融合，鸟喙上部弯曲尖锐，下面有锋利的牙齿，仿佛随时捕食、叼住、撕咬猎物。龙噬马纹金牌饰，纹饰形象为典型的草原装饰风格，而其对称的布局又明显带有中原艺术特色，集中体现了不同文化的交汇与创新。嵌绿松石金耳坠，上端有金丝弯成的耳环，下面有三层用金丝编缀绿松石串联而成的坠子，其中上两层金丝上镶嵌着绿松石，最下层绿松石呈枣形，是北方少数民族常用的形式。与西周燕国青铜器多以动物

胡人头像金饰

为创作题材一样，这些金器的造型和纹饰多以动物题材为主，如虎、马、牛、羊、骆驼、熊等，还有鸟首、人头像等，显然属于草原民族的风格，甚至有可能就是直接出自北方少数民族之手。无论这些金器的来源如何，能用它们随葬，同样也能说明战国时期燕国贵族对华丽精致的北方胡族装饰的偏好。

值得强调的是，春秋战国时期，胡服本身就是燕地服饰的重要组成部分，并非由外输入。如前所述，春秋战国时期今天的北京境内始终有少数民族生存、活动，他们也吸收中原文化的先进内容，并结合自身情况，形成了非常有特色的服饰文化。其中，以玉皇庙文化最具代表性。

玉皇庙文化是考古学上的东周时期分布于军都山及冀北山地一带的文化存在，因延庆玉皇庙最为典型，故名。其分布区域从河北西北部的张家口地区到东部的滦平和隆化，以直刃匕首式青铜短剑为主要特征之一。考古工作者在这一区域发现600余座墓葬，出土文物6万余件。通过分析研究，专家们认为玉皇庙文化"是一个自具若干鲜明个性特点，具备自身历史发展过程和规律性特点，又有自身相对

稳定的一片分布地域的独立的考古学文化"。（宋大川主编《北京考古史·东周卷》）它与中原文化和燕文化为代表的农耕文明迥然不同，也与时代相近分布于辽西地区的东胡文化和时代略晚分布于蒙古高原地区的匈奴文化有明显区别。玉皇庙文化的具体族属，目前还存在争论。最初学者认为此处属于春秋时期对燕国产生过巨大威胁的山戎，后来人们对此不断进行质疑，认为其为文献上常常提到的被赵国所灭的诸侯国代国（代戎），与中山国同祖的白狄，属于北狄族的无终戎等。在玉皇庙文化的来源方面，也存在自然生长和西来的争论。

玉皇庙文化属于青铜文化，青铜器很发达，包括土著和中原两大

卧虎纹牌饰

系统。土著系统的器类主要有：直刃匕首式短剑、镞等兵器，削刀、锛、斧、凿、锥、针、锥（针）管具等工具，前方后圆孔的衔及一侧或两侧有兽头的镳等马具，耳环、各种动物纹样的牌饰等装饰品，带钩、带卡等服饰用品。中原系统的青铜器有鼎、鬲、甗、敦、盘、匜、匕、斗等容器，戈、刀、剑等兵器，以及车軎等车马具。属于中原系统的青铜容器，并不是当作礼器使用，器物多见使用磨蚀痕迹，基本都是当作实用器加以使用。青铜器中90%以上都是饰品，耳环、带钩、带卡、铜扣等数量十分众多。金器则全部属于装饰品，有金丝耳环、卧虎纹牌饰、卧马纹牌饰、璜形项饰、金丝串珠、金钗、金贝、金管状饰等。

考古发现表明，当时男女均佩戴耳环和项链，耳环以铜丝或金丝缠绕数圈的弹簧式耳环为主，有的耳环下面还缀有绿松石耳坠。项链则有珠状、管状、贝状等，由铜、石、骨、蚌、竹等各种质料制成。带饰、带钩、带卡的佩戴者为上层社会男子，女子几乎不用。牌饰和带饰基本都有浮雕动物形纹饰，其中以虎、马为主，还有犬、鹿、羊、野猪等动物，卧立行奔各种姿态均有。青铜带钩和带卡基本为武士所用，造型具有强烈的草原气息，带钩的形式有盘角羊、马、龙、

瑞兽、鸟、几何形等样式,早期多横向构图双钮,晚期则纵向构图单钮。另外,在葬俗方面,无论男女老幼普遍存在覆面葬俗,以麻布为覆面巾,表面用小铜扣连缀。在服饰的材料方面,主要以麻布、裘皮为主,在墓葬均有发现。丝织品在墓葬中有少量发现,来自燕地,多为贵族人士专用。

幽蓟服饰文化（汉唐时期）

在秦汉至隋唐五代1000余年的时间内，北京或作为中原王朝经略北方的重镇，或是少数民族南下的据点，在中原与北方少数民族文化的不断冲突交融中，逐渐发展成为北方多民族共居的大都市。作为北京地方文化幽蓟文化的组成部分，北京服饰文化也逐渐成熟定型，展示出浓郁的地方风格与文化特色。

（一）两汉气象

随着公元前222年秦灭燕，北京由诸侯国国都转变为中原王朝的北方重镇。秦统一六国之后，即兼采六国典章之长，统一度量衡，书同文，车同轨，改变了战国以来的因政治壁垒导致的车途殊轨、衣冠异制的杂乱景象，在"礼崩乐坏"后最终实现了"大一统"。秦代还修建了驰道、长城，强化了燕地与其他地区的交往，减轻了游牧民族的袭扰，为燕地的发展创造了有利条件。两汉时期，国力强盛，北京地区也迎来了历史上第一个快速发展的时期，虽然仍落后于发达的中原地区，但两者之间的差距已经大大缩小了。就服饰而言，西汉时期基本沿袭了秦朝制度，只在少数地方进行改动。东汉时期，汉明帝永平二年（59年）大臣根据《周官》《礼记》等典籍，对冠服与乘舆制度进行了一次全面改革。史书列有皇帝与群臣的礼服、朝服、常服等20余种，服饰上的等级差别更加明显，官服制度走向规范完善。

1. 汉官威仪

随着燕国的灭亡，北京地区自西周以来延续千年的诸侯国王侯服色中断，代之而起的是秦地方官服。

秦始皇笃信战国时期邹衍的五德终始说，以为周属于火德，尚红，而秦代周应为水德，尚黑，数六。因此，秦朝"衣服旄旌节旗皆上黑，数以六为纪，符、法冠皆六寸，而舆六尺，六尺为步，乘六马"（《史记·秦始皇本纪第六》）。秦始皇还废除了西周的六冕之制、郊祀之服，只保留了一套黑色的玄冕作为祭祀时的礼服。官员的袍服仍沿用战国时期的深衣制，秦始皇还规定高级官员服绢制绿袍深衣，而庶民只准穿白袍。

冠制方面，袁宏在《后汉记》中称："自三代，服章皆有典礼，周衰而其制渐微。至战国时，各为靡丽之服。秦有天下，收而用之，上以供至尊，下以赐百官，而先王服章于是残毁矣。"秦始皇本人服通天冠，百官之冠多取法于东方六国，于今可考者有高山冠、獬豸冠和鹖冠三种。高山冠，一名侧注，出自齐国齐王之冠，相传桓公好高冠大带。其形制"高九寸，铁为卷梁，制似通天，顶直竖，不斜却，无山述展筒"（《晋书·舆服志》）。秦灭齐，以其君冠赐谒者近臣，服用此冠者为中外官、谒者、谒者仆射等。獬豸冠，一名法冠，原为楚国国王的冠服，高五寸，以纵为展筒，铁为柱卷，取其不曲挠。秦灭楚后，以楚君冠服赐执法近臣御史服之。鹖冠，又名武冠，本是赵国的冠服，秦汉时为武将所服用。此冠多加双鹖尾，"赵武灵王以表显壮士。至秦汉犹施之武人"（《晋书·舆服志》）。当时的武官不仅有冠，而且有红色的头袍，以显现其身份地位。此外，皇帝的内宫近臣如侍中、中常侍也服武冠，并"加黄金珰，附蝉为文，貂尾为饰"（《续汉书·舆服志》）以示区别，被称作赵惠文冠。这种赵惠文冠作为皇帝近臣的专用，一直延续到汉代。《汉书·武五子传》有，广阳王刘旦"建旌旗鼓车，旄头先驱，郎中侍从者着貂羽，黄金附蝉，皆号侍中"。旄头先驱仿效天子禁军羽林军，而"郎中侍从者着貂羽，黄金附蝉"则是仿效天子近臣的装束，属于僭越谋反的行径。

结合各种冠服的使用对象，秦代广阳郡的官员的官服应该是服青绿或黑色的深衣，佩戴高山冠、鹖冠以下的各色冠式。只是，由于秦代国祚较短，在北京地区的可资佐证相关的文字及考古遗存数量有限，难以对当时的服饰情形进行有效的钩沉。

西汉建立以后，汉高祖刘邦鉴于秦速亡，改郡县制为行郡国并行制。在北京地区，西汉初年为广阳国（燕国）治下，并经历了从异姓王臧荼、卢绾，到刘姓诸侯王的变动。西汉一代，广阳国也曾因各种原因几度国除，但旋即又复国，作为王国的时间远远多于郡县。东汉时期，北京境内不复有王国存在，郡县制成为地方制度。

西汉初年的封国国君，权力很大，其政权与中央基本相同，除太傅和丞相由中央任命外，自御史大夫以下的各级官吏，都由诸侯王自己任命，并具有一定的军权、财权。《汉书》有"藩国大者，夸州兼郡，连城数十，宫室百官，同制京师，可谓矫枉过其正矣"。按照西汉的官服制度，"一承秦制，故虽少改，所用尚多"的说法，诸侯国国君的袍服应该为深衣制。王公官员袍服的颜色，虽然西汉也曾要求根据四时变换来改变服装颜色，如春季青色，夏季红色，夏末黄色，秋季白色，冬季黑色，但实际上要求并不严格。不少中央官员仍一年四季都穿着黑色的袍服，一如史籍所言"虽有五时服，至朝皆着皂衣"，远离都城长安的蓟城受到的约束就更少。由于深衣的样式比较接近，其等级区别主要在衣冠组绶等材料的精粗和色彩配合上。按沈从文的说法，当时"红衣为上服，青绿较次。隶卒衣黑，平民衣白，罪犯衣赭"（《中国古代服饰研究》）。此外，汉代还有一种特殊的官服——绣衣。汉武帝时期，为了镇压国内骚乱，设置了专管巡视、处理各地政事的"直指使者"。"直指使者"，又称"绣衣御史""绣衣直指"，他们身着绣衣，持节及虎符，用军兴之法即战时制度，可对不听从命令的二千石以下官吏直接诛杀。

在冠制方面，根据秦汉制度推断，能体现广阳国国君王侯身份的冠式，应为冕冠、委貌冠、远游冠等。冕冠是与天子、诸侯、卿大夫等行祭祀大典的礼冠，初为秦所定玄冕的样式，珠、旒的质地、颜色、数量各有等差。东汉明帝时，对冕冠制度进行了重新规定，但幽州已经不设诸侯王了。委貌冠是一种古老的冠式，与古代皮弁形制相同，以黑色丝绢缝制，像一个倒扣的杯子，"长七寸，高四寸，制如覆杯，前高广，后卑锐……委貌以皂绢为之，皮弁以鹿皮为之"（《后汉书·舆服志》），是诸侯公卿在辟雍行大射礼之冠。诸侯国君的常冠，则是远游冠，从秦国亲王冠式沿袭而来，与皇帝所服之通天冠类似，高九寸，正竖，顶微弯，直下为铁卷梁，有展筒横之于前，但无山形、水鸟装饰。

广阳王以下的官员的冠式，种类较多，形式各异，是汉代区分官僚等级地位的基本标志之一。其中，长冠、高山冠、进贤冠、法冠、武冠等则为文武官员所冠；却非冠、却敌冠、樊哙冠等，多为宫廷、王国卫士所冠；爵弁（冕）、建华冠、方山冠等，则为各种大典乐人所冠。

在诸多冠式中，长冠影响最大，也是官员使用最多的。长冠，又名斋冠、刘氏冠。《晋书·舆服志》称："长冠，一名斋冠。高七寸，广三寸，漆缅为之，制如版，以竹为里"。《史记·高祖纪》载："高祖为亭长，乃竹皮为冠，令求盗之薛治之，时时冠之，及贵常冠，所谓'刘氏冠'乃是也。"此冠侧面以竹皮包裹，纵向前为冠托，上有高七寸（约17厘米）、宽三寸（约7厘米）的冠板，用竹板制作，向后倾斜。包裹整个竹冠的是用丝线编织而成方孔的平纹纱，汉代称之为"缅"，冠表面髹涂以红黑色的漆，冠托上两侧有丝线系绳，紧系于颏。这种冠帽，并非刘邦发明的，而是源于战国时期的楚国，为世家子弟以及低级官衔的人所佩戴。楚汉战争中，随着刘邦声望日隆，刘氏冠也盛极一时，官民均以此为尚。高帝八年（公元前199年），刘邦下令，"爵非公乘以上，毋得冠刘氏冠"。按照当时秦汉二十等爵的规定，公乘属第八级，是民爵与吏爵的分野，这样，刘氏冠转而成为官吏身份的象征。东汉明帝时，刘氏冠又被用作公卿大夫祭祀五岳山川的冠式，故又有斋冠之名。

另一种比较通行的冠式是进贤冠，为文官所冠，也是我国服装史上影响深远的一种冠式。孙机在《华夏衣冠——中国古代服饰文化》一文中指出，"在汉代，上自'公侯'，下至'小史'，都戴这种冠。而且这时皇帝戴的通天冠，诸侯王戴的远游冠，也都是在进贤冠的基础上演变出来的。汉以后，自南北朝迄唐、宋，进贤冠在法服中始终居重要地位"。据《续汉书·舆服志》记载，"进贤冠，古缁布冠也，文儒者之服也。前高七寸，后高三寸，长八寸。公侯三梁，中二千石以上至博士两梁，自博士以下至小史、私学弟子皆一梁。宗室刘氏亦两梁冠，示加服也"。进贤冠的样式，在两汉时期有所不同。西汉时的进贤冠单着，而东汉时则在冠下加巾帻，构造和作用都有所改变。

秦汉时期，表明官员身份在服饰上的一个重要表现是印绶与佩刀。印、绶分别指官印和拴系官印的丝带，是秦王朝的发明创造，汉代继承并加以细分与规范。印绶是官吏权力身份的象征，由朝廷统一颁发。绶带以尺寸、颜色、织法和式样的不同代表官阶级别，官阶高的绶可长达6米至7米且质地细密做工精细，而官阶低的绶只有2米到3米长，工料粗疏。官印以制作材料不同分成高下等级，与绶带组合在一起标识职位的高低。秦和西汉时期，官员绶分五级，印有三等。诸侯王、丞相绿绶，公侯师傅保等紫绶，御史大夫及二千石以上官员青绶，六百石以上黑绶，比二百石以上黄绶，光禄大夫、大夫、博士、御史、谒者和郎没有绶带。东汉在此基础上有所变化，色彩由高到低依次是黄赤、赤、绿、紫、青、黑、黄、青绀，包括皇帝及所有百官均有对应色彩的绶带。印主要以质地区别等级，分为三等。秦及西汉时期为：诸侯王、丞相、太尉、师傅保、将军列侯等金印，御史大夫及二千石以上官员银印，比二百石以上官员铜印。东汉时期，印仍分三等，材质则改为白玉、黑犀角、象牙。

由于印绶是身份识别的标志，起初官员卸任或亡故均要由朝廷收回，因此需随身携带并格外珍护。汉代官员通常将官印装在鞶囊里，并用金银钩挂在衣带之上。鞶囊多见绣以虎头纹样，故亦称"虎头鞶囊"。绶带的佩戴方式，通常是将绶打成数圈回环后再在腰带上自然垂下，可以放在身体前面或者侧面。如果收起来，就要装在鞶囊里。据《汉书·武五子传》记载，刘旦谋反暴露后，朝廷下旨令其自杀。"旦得书，以符玺属医工长，谢相二千石：'奉事不谨，死矣。'即以绶自绞。"身死之前交代后事，先嘱托符印，再以绶带自缢身亡，既说明印绶为随身佩戴，又说明其重要性。

佩刀也是等级的一种象征，以刀鞘质地、色彩、纹饰以及刀柄上的装饰来区分。秦与西汉没有明确的佩刀文献记载，东汉时期则将佩刀分为8类，其中除了皇帝以外，5类属于大内侍卫的佩刀级别，属于外朝的是，"诸侯王黄金错，环挟半鲛，黑室。公卿百官皆纯黑，不半鲛"。秦代有"收天下之兵"的政策，对布衣百姓佩刀也加以限制，但似乎并没有严格执行。据《史记·淮阴侯列传》记载，韩信初时身为布衣，却不屑从事生计，最终贫困到从人寄食。市井的少年屠夫嘲讽韩信称，"若虽长大，好带刀剑，中情怯耳"，企图挑衅韩信用刀剑刺死自己，而韩信则宁受胯下之辱也不做鲁莽匹夫。韩信身为平民百姓，却好带刀剑，可见佩刀并非官吏士人的专利。

2. 常服妆饰

秦汉时期，幽蓟地区远离中原王朝统治中心，又与胡地相交接，虽然也受到中原文化的影响，但土著服饰文化以及北方草原民族的影响依旧比较强烈。相较于官员服饰较为严格的约束，幽蓟地区的日常服饰则呈现出更多的自由与开放，不同地域、不同民族的服饰文化在此得到更加全面深入的融合。

秦汉时期，贫富贵贱之间、区域民族间服饰的差别依然明显。西汉时期，史游《急就篇》中有"袍襦表里曲领帬，襜褕袷复褶裤裈。禅衣蔽膝布母缚，针缕补缝绽紩缘。履舄鞜裒绒缎纠，鞮鞭印角褐袜巾。裳韦不借为牧人，完坚耐事逾比伦。屦屏絜粗羸窭贫，旃裘鞻鞻蛮夷民。去俗归义来附亲，译槌赞拜称妾臣。戎貊总阅什伍邻，廪食县官带金银"。这段文字涉及内外衣服、冠巾、鞋履等20余种，包括不同阶层、地域、职业及民族等装束。《急就篇》本是为了便于少儿识字而编写的，其列举各种物事理应属于习见之列，故而能比较真实地反映当时社会的服饰状况。

这一时期，北京地区上层社会男女的日常服饰仍延续战国时期的深衣制度，并在此基础上有所发展变化。西汉初年，刘邦及其功臣大多起于战国楚地，他们将楚地的峨冠大袖的风尚带到长安，进而对全国产生一定的影响。但通过对大葆台汉墓、老山汉墓等一些西汉墓葬出土的人俑观察，其衣着风格虽受楚风影响，但总体上仍保留了战国时期上身合体、下身宽松的风格，与楚风存在很大差别。

据《北京考古史·汉代卷》记载，在大葆台汉墓一号墓，"出土陶俑约240个，主要出土于外回廊和题凑门西侧。部分残缺，皆为立俑。上身扁平，下身椭圆，又分实心与空心两种。俑衣纹刻画简练，造型简单古朴。有脸涂白粉，墨绘眉耳口鼻和胡须者。背部阴刻简练的衣纹、腰带。泥质灰陶，模手合制。高38～40厘米"。另外，在老山汉墓也发现木俑数件，其中一件漆木男俑，高29.5厘米，木刻髹漆，头戴弁冠，黑色交领曲裾深衣，衣袖瘦窄，拱手而立。通过对已发表的人俑图像进行观察，这些人俑大多体型修长，衣长及地，袖口为直口或收口，很少有马王堆汉墓帛画中贵族士人、贵妇及侍女那种带宽大垂胡式衣袖的深衣。

在大葆台汉墓二号墓，出土了一件玉舞人。这件玉舞人为墨玉质，长5.5厘米，扁平长方形，两面镂雕舞俑人像，交领右衽长袖襦裙，甩袖折腰，形象生动。上下端各有一个小孔，便于穿系。玉舞人应是广阳王后所佩玉串饰的一部分，反映了贵族妇女有佩玉的喜好。同时，玉舞人的细腰、长袖，也在一定程度上体现了楚风的影响。

东汉以后，随着褶裤、合裆裈等内衣裤的完善，原本为强化蔽体效果而设计的曲裾绕襟显得没那么重要了。加之，曲裾深衣比较耗费缯帛，有人曾按马王堆汉墓出土的深衣样式进行裁剪，结果发现，曲裾深衣至少比其他长衣要多费料40％以上。于是，东汉时期深衣逐渐淡出，取而代之的是袍服和襜褕。

袍服的名称在先秦时期就已出现，当时是作一种纳有丝棉絮的内衣解。如《诗经·秦风·无衣》有，"岂

漆木男俑

玉舞人

37

曰无衣？与子同袍""岂曰无衣？与子同泽"等句。后世遂有袍泽之情、袍泽之谊、袍泽故旧等成语，代表患难之交、同仇敌忾的战友情谊等。《周礼·玉府》郑玄注："燕衣服者，巾絮、寝衣、袍泽之属。"东汉末年刘熙的《释名·释衣服》有，"袍，丈夫着，下至跗者也。袍，苞也。苞，内衣也。妇人以绛作衣裳，上下连，四起施缘，亦曰袍"。秦代袍服多为军人及庶民穿着，秦始皇曾令庶人着白袍，秦俑中有穿加罩外衣的袍服者多是将军俑及武士俑。东汉时期，袍服逐渐变成一种长至脚踝、袖子肥大、衬有丝棉絮外穿的秋冬季服装。还有与袍相近的襦，是夏季窄袖的袍式服装。

与袍服相近，但更加宽大的是襜褕。襜褕，一些学者也称之为直裾深衣、直裾禅衣。颜师古在注释《急就篇》之"襜褕袷复褶裤裈"时称，"直裾禅衣也。谓其襜褕者，取其襜褕而宽裕也"。其形制是衣长较曲裾深衣为短，从领部曲斜至腋下的前襟直通于衣摆，无须绕来绕去，袖子也比较紧窄。襜褕出现时间比较早，在春秋时期的木俑身上已有发现，但由于当时内衣遮蔽的不足，只能作为便服，在祭礼、朝见等重要正式场合禁用。到了西汉末年，情况发生了变化，襜褕成为男女寻常通用之物。这一时期，下层平民的服饰则多以短襦、褶裤为主，衣服的质地也用麻葛。衣服的色彩也比较单一，多为白色、黑色、青色和绿色。

由深衣向袍服过渡以及贵贱贫富的服饰分野，在这一时期的北京地区文物中得到了比较清楚的显现。石景山秦君墓石刻、顺义临河东汉墓、房山岩上汉代遗址、平谷杜辛庄汉代遗址、丰台区三台子汉墓等地，一些石刻、陶俑、陶灯、陶楼等均有与服饰相关的内容，反映了东汉时期的北京服饰风貌。

在石景山区八宝山侧出土的秦君墓石刻，建于东汉元兴元年（105年），现存有5处石刻人像，其中之一为持戟卒画像。尽管石刻图像已经比较漫漶模糊，但仍可以看出该士卒头上戴高冠，身着长袍，袖口肥大下垂。（《北京市石景山区历代碑志选》第6页）在顺义临河东汉墓中，出土了4件绿釉陶立俑，其中一件高约20厘米，身着袍服，双手拱于腹部。房山岩上东汉遗址出土人物陶俑1件，"为泥质灰陶。俑站立，头戴冠，面部模糊，身着右衽长襦。小臂向上弯曲，置于胸前。腰间系带，袍衣下部饰三道纹饰犹如枝叶。模制而成，通高13.3厘米"。（《北京考古史·汉代卷》第97页）海淀区上地出土的东汉捧物灰陶立俑，头戴圆帻，身着右衽袍服，袖口肥大，捧物于胸前。这些立俑的身份大多为低级武士、随侍、家仆，穿着相对讲究，故而以长衣为主，着冠或帻。除了立俑以外，北京地区还出土了一些生活俑，如厨俑、伎乐俑、踏碓俑等。以顺义临河墓葬出土的厨

东汉厨俑

俑为例，其造型为圆帻，短襦大袖，衣袖高高挽起，屈膝而坐，前置短俎，作剖鱼状。而几件踏碓俑中的人物造型则是带巾帻，着过膝长襦。

　　在有些北京地区出土东汉陶灯上，也有人物形的装饰，虽然比较小且简陋，我们仍然可以从中获得一些当时的大众日常服饰的信息。在顺义临河东汉墓中出土了一盏精美的彩绘陶灯，通高52厘米，分为三节，最上为平盘，中间有尖状突起的灯扦，第二层有三龙首及火焰花饰。在最下层的喇叭形灯座上，上面贴塑了三层百戏杂技人物，上层有双人吹乐、倒立、跳丸、长袖舞者各一，中层有双人吹乐、打击乐俑各一，下层有骑马俑一组。人物均涂以红彩，造型生动。从图像上观察，吹乐、打击乐俑等皆身穿肥大袍服，与西汉时期已大不相同。倒立、跳丸等杂技人俑则贴身短襦，衣长及腹，下着褶裤。在平谷杜辛庄东汉墓中也有类似的陶灯出土，各种乐俑、杂技俑为陶塑，其中多为短襦褶裤，少数吹乐俑貌似着袍。

此外，据文献记载，秦汉时期贵族妇女中还流行袿衣、诸于等服饰，只是目前在北京尚未找到相关实物或文献加以证明。

民间服饰与官场服饰的最大区别在于冠式，在秦汉时期冠冕是贵族官员专用的头衣，普通百姓只能用布帛将头发包裹起来。西周至东汉还流行一种刑罚"髡刑"，属于上古五刑之一，将罪犯的头发胡须部分或全部剃掉，再用金属圈系在脖颈之上，以示羞辱。秦国规定，剃发以后以黑巾包头，故而秦国的罪犯和奴隶有"黔首"之称，以后泛指身份低微的百姓。

秦汉时期平民百姓用于包裹头部的主要有巾、帻两种。头巾的普通用法是将布或丝巾覆盖在发髻之上，然后用带子扎住。另外还有一种较流行的包头巾的样式，被称为"帩头"，又称"络头""帞头"。其包束方式与过去西北农民用羊肚毛巾包头的方式比较相似，即用一块长方形的头巾从脑后向前额包拢，再在前额打结。四川成都天回山出土的著名的东汉说唱俑，其头部就是这种帩头。下层社会男子如此，一些女子也使用头巾包头。

帻是巾演变而成的一种头衣，男子用来包裹髻，使用时绕发髻一周，至额顶朝上翻卷，下齐于眉。帻起初为平民服饰，西汉以后贵贱通用。东汉蔡邕《独断》载："帻，古者卑贱执事，不冠者之所服也。"说明帻是不能戴冠的下层百姓所用，是身份低下的标志。《后汉书·舆服志》比较细致地叙述了巾帻在秦汉的变化，"古者有冠无帻，……（秦加）武将首饰为绛袙，以表贵贱。其后稍稍作颜题。汉兴，续其颜，却摞之，施巾连题；却覆之，今丧帻是其制也，名之曰帻。……至孝文乃高颜题，续之为耳，崇其巾为屋，合后施收，上下群臣贵贱皆服之"。说明巾帻先是秦代武将的红色头巾装饰，后来逐步发展成有类似今天帽檐，包裹整个头部的头巾。文中"颜题"是指在头巾覆额面部分增加的一圈介壁，是帻脱离"韬发之巾"的第一步。帻成为贵贱皆用的头衣，先是汉元帝因额前有硬发不想让人看见，臣下给他戴上巾帻加以遮掩，大臣于是纷纷仿效。西汉末年，王莽因为秃顶，又在帻上加巾，如同房屋一般，将整个头部包裹得更加严实。故而当时有"王莽秃，帻始屋"的谚语。尽管当时文献资料认为帻起于战国或西汉，但根据出土的商代玉人观察，商代可能已经有类似巾帻的头衣形式了。

东汉以后，巾帻更加流行，形成了介帻和平上帻两大类。介帻就是屋状帻，平上帻有类平顶圆帽。平上帻到了东汉中期以后，后部不断增高，演变成前低后高被后世长期沿用的平巾帻。东汉时期巾帻开始和冠相结合，文官在进贤冠下衬介帻，而武官则在武冠下衬平上帻，而身份低的士卒不可戴武冠，只能戴平上帻。帻的颜色，汉制规定武官为红色，文官为青色，小吏衙役为白色，地位最卑贱者只能着绿色。东汉末年，儒生名人好用幅巾包头，以为风雅之举，连王公大臣、豪门望族也纷纷仿效。《三国志·武帝曹操纪》引《傅子》："汉末王公，多委王服，以幅巾为雅，是以袁绍、崔钧之徒，虽为将帅，皆着缣巾。"手持羽扇，头戴纶巾，原为文人墨客的习用装扮，后来很多文武官员均做此装束。苏东坡的《念奴娇·赤壁怀古》中有"遥想公瑾当年，雄姿英发，羽扇纶巾"之语，小说戏曲中的诸葛亮也多是头戴青巾，手摇羽扇的形象。巾帻流行不仅见之于文献记载，从上面介绍的北京地区出土东汉文物中也能得到比较充分的证明。

在服装面料方面，秦汉北京地区的蚕桑与纺织较战国时期有了很大进步。加之蓟城作为南北方贸易中心，来自各地的服饰原料、产品汇集于此，使其内容更加丰富，工艺水平不断提高。北京很早就有种桑养蚕的记录，秦汉时期依然比较发达。东汉初年，张堪在北京地区兴修水利，发展农业。燕地百姓感其恩德，作歌谣曰"桑无附枝，麦穗两歧。张君为政，乐不可支"（《后汉书·张堪列传》）。可见，蚕桑仍然是非常重要的生产内容，老百姓非常重视。除了本地生产蚕丝麻布以外，中原齐鲁、塞外漠北等地的服饰产品也通过贸易源源不断输入北京。秦汉时期，蓟城以地区性的贸易中心而闻名天下，蓟城内的贸易场所"市"有了固定的位置，还出现了专门与少数民族进行贸易的"胡市"。市场上的交易物品，大部分是产自当地的农产品和手工业品，还有中原各地的布帛、漆器，从乌桓、夫余、秽貉、朝鲜、真番贩运来的皮毛、牲畜等土特商品。

自身的生产以及外来输入，使北京地区成为一个重要的丝绸布匹的交易中心。丝绸布匹的数量虽然没有具体统计数字，但通过一些史料还是可以略见一二的。东汉初年，彭宠叛汉，为取得匈奴的支持，以美女及大量丝绸锦绣赠送，"遣使以美女缯彩赂遗匈奴，要结和亲"（《后汉书·彭宠列传》）。东汉末年，公孙瓒占据蓟城的时候，"所宠遇骄恣者，类多庸儿，若卜数师刘纬台，贩缯李移子，贾人乐何当等三人，与之定兄弟之誓，自号为伯，谓三人者为仲叔季，富皆巨亿"（《三国志·魏书·公孙瓒传》注引《英雄传》）。李移子贩卖丝绸富至巨亿，也说明纺织品贸易的数量之大。

在纺织品的工艺与质量方面，也有了比较大的进步。大葆台汉墓就出土了12件丝织品，有绢类、刺绣、漆纱和组带等，由于年代久远破碎粘连严重，但从残存标本仍可看出当时的纺织水平。绢类现呈驼色、棕黄至深褐色，平滑光洁细薄如纸，织得极为紧密，经纬密度每平方厘米主要有三种类型，即88根×58根、142根×72根、185根×75根，在低倍显微镜下可以看到，织物表面几乎全为均匀的轻浮点组成，织得极为紧密，其密度仅次于满城刘胜墓出土的细绢（每平方厘米200根×90根），是当时被称作纨素的高级平纹丝织物。绛紫绢地刺绣色调沉着艳丽，应是战国时期名贵一时的"齐紫"传统染法染成的，绣工精致，图案是典型的汉代式藤本植物，按菱形格排列组成面饰。

丝织棺盖

漆纱和组带，编织精细，加工难度大，工艺水平高，是当时具有代表性的产品。2000年发掘的老山汉墓，出土的中棺棺盖上的丝织品，是一件特别设计绣制的珍品，其图案独特、精美，面积之大且保存完好，也是在北方地区首次发现，堪称国宝。其刺绣工艺是属于一种名为"单凤绣"的技法，是以前发掘的汉墓中所未见过的。从工艺上它属于锁绣，分析设色中可以辨别出至少使用了红、黄、蓝三种颜色，绣上还敷有一层厚厚的朱砂。

在化妆用品和化妆工具方面，也出现了一些新的变化。随着金属冶炼、雕琢镶嵌等技艺的提升，用于装饰的各种饰物、佩件、脂粉、用具等越来越丰富多彩，一些装饰品逐渐被定型并被后世所沿用。

梳理装饰头发，修饰涂抹容颜等，是这一时期男女日常生活的重要内容。史游《急就篇》中有"冠帻簪簧结发纽""镜籨疏比各异工""芬薰脂粉膏泽筩"等相关记述。其中，"簧"是附在簪钗上的一种首饰，又名步摇，"纽"则是将头发盘成髻。"镜籨"为存放铜镜的盒子，在长沙马王堆的帛画中就有侍女手捧镜籨的场景。"疏比"则是梳子和篦子的合称。齿疏而长者为梳子，用以理顺头发；齿密而细小者为篦子，用以去除虱虫。"脂粉"，唐颜师古注："脂谓面脂及唇脂，皆以柔滑腻理也。粉谓铅粉及米粉皆以傅面取光洁也。"春秋战国时期女性讲究的"粉白黛黑"，到秦汉时期依然作为主流延续，女性的化妆品主要有铅粉、米粉、胭脂、朱砂等。"芬薰"则是指香薰，包括香粉、香包、焚香、香汤浴等，当时中上层社会男女就有随身佩戴香囊的习惯。甚至香囊还被用来作为定情之物，《玉台新咏》引繁钦《定情诗》"何以致叩叩，香囊系肘后"，即是一证。"膏泽"为洗发护发用油膏，"筩"同筒，是装膏泽的容器，起初为竹筒，后来改为金属器具。

这些化妆修饰的文字记载在北京地区并不多见，但考古发现则提供了相对充分的例证。大葆台汉墓出土了铜镜4件：星云纹铜镜1件，四螭纹铜镜1件，昭明铜镜2件。其中，昭明铜镜直径15厘米，圆纽，连弧纹座，座外环以8个内向连弧纹，连弧纹之间或填以斜"田"纹和涡纹，分别镌有"内清质以昭明，光辉象夫乎兮一日月，心忽而愿忠，然雍塞不泄"与"内清质以昭明，光辉象夫日月，心忽而扬愿忠，然雍塞而不泄"的铭文，十分精美。不仅是王侯墓葬，豪强地主墓中也有为数众多的铜镜出土。这些铜镜有精致的龙凤、花草、瑞兽团，有的还带有"位至三公""百子千孙""长乐未央""长宜子孙"等吉祥文字，冶炼雕刻水平极高。一般中小墓穴中也有铜镜出土，做工则比较粗陋。铜镜的大量出土，说明这一时期，大多社会中上阶层的人比较重视形象装饰了。大葆台汉墓的木俑有"脸涂白粉者"，一些汉墓的陶俑有以白色云母粉修饰的，应该是"粉白黛黑"化妆习惯的体现。在汉墓中也有不少木质、骨质、牙质、角质的梳子、篦子以及盛放化妆品的金属或陶制的粉盒出土，有些在里面还有白粉残存。如在平谷的西柏店、唐庄子汉墓中，出土了东汉时期"鎏金铜粉盒3个，圆形，内盛白粉，已残破不能复原。1号墓出土一件舌形骨梳，长齿，梳背面有变形雷纹"（《考古》1962年合订本，第245页）。至于用于香薰的博山炉，在不少墓葬中也是时有所见。

此外，妇女身体其他部位的装饰也比较丰富。《急就篇》有"系臂琅玕虎魄龙。璧碧珠玑玫瑰罋，玉玦环佩靡从容"，描写的都是以火齐珠（琅玕）、琥珀（虎魄）、美玉（玫瑰）等材料制作的珠串玉佩等物。此外，还有一些装饰品如指环、臂钏、跳脱（手镯）等在秦汉也比较流行。如最初用于汉宫妃嫔的金银戒指，逐渐走入民间，成为男女定情信物之一。在北京地区的汉墓中就有银环、铜环等出土，说明也为流风所被。

（二）胡汉同风（魏晋十六国北朝）

　　魏晋十六国北朝时期是北京历史发展过程中一个充满战争、动荡、王朝更迭的时期，也是经济发展的一个低潮停滞时期。中原板荡，北方少数民族匈奴、鲜卑、羯、氐、羌等乘机南下，占领中原并建立了大大小小的政权，史称"十六国"。其中羯族的后赵、鲜卑慕容部的前燕、氐族的前秦、鲜卑慕容部的后燕，都相继占据过蓟城，前燕还曾短暂在此建都。北魏统一中国北方以后，蓟城地区经历了一个较长的相对安定时期。北魏分裂后，蓟城又陆续被东魏、北齐、北周所统治。频繁的攻伐征战，人口大量流失，经济的发展受到极大的阻抑，使得蓟城这个往日的繁华都市失去了其在北方都会的地位。同时，战争和民族大迁徙促使胡、汉杂居，南北交流，北方的游牧民族文化、汉族文化以及西域国家的异质文化之间相互碰撞与相互影响，促使北京地区服饰文化进入了一个新的发展时期。不论在服饰、发式、造型、图案上都具有明显的时代风貌，其新的风格又是唐代风格的基因，具有承上启下的明显特色。

1. 相向而行的胡汉服饰

　　北京历来是多民族杂居之地，秦汉时期又是中原经略北方的据点，与少数民族的关系更加密切。当时有大量少数民族从各地征调到北京，还有一些北方内附的少数民族被安顿于此。刘旦在被封为燕王时，汉武帝赐予他的训策中有，"朕命将率，徂征厥罪。万夫长，千夫长，三十有二帅，降旗奔师。薰鬻徙域，北州以妥（绥）"（《汉书·武五子传》）。其中"三十有二帅"的32帅是指归附汉朝的各个少数民族军事领袖；"薰鬻"为匈奴旧称，说明分封的目的就在于抵御匈奴的入侵。西汉、曹魏在北京地区设立护乌桓校尉、护鲜卑校尉等职，在渔阳、上谷、右北平等地安置乌桓、鲜卑等少数民族。西部等地的少数民族实边，北方少数民族内附，进一步强化了北京地区多民族杂处的状况，有利于服饰文化的交流。

随着丝绸之路的开通，佛教文化以及西域情调的各种宗教、文化、工艺、生活用品源源不断地输入到中原地区，得到越来越多人的喜爱。东汉末年，全国各地"胡风"更盛。汉灵帝刘宏对胡风情有独钟，在他的影响下，长安乃至各地的勋贵官员纷纷效仿。《后汉书·五行志》称："灵帝好胡服、胡帐、胡床、胡坐、胡饭、胡箜篌、胡笛、胡舞，京都贵戚皆竞为之。"虽然只是汉灵帝个人嗜好，甚至也可以说是他荒淫恣肆生活的一部分，但与汉服相比，胡服的确在方便实用方面具有突出的优势，皇帝的喜好就更加推进了其传播到各地。相似的例子还有，东汉末年，曹操之子曹丕在邺城"仍出田猎，变易服乘，志在驱逐"。他的老师崔琰对他进行劝谏时说："深惟储副，以身为宝。而猥袭虞旅之贱服，忽驰骛而陵险，志雉兔之小娱，忘社稷之为重，斯诚有识所以恻心也。唯世子燔翳捐褶，以塞众望，不令老臣获罪于天。"（《三国志·魏书·崔琰列传》）从这则材料中可以看到，曹丕"变易服乘"是效仿胡人的穿着。在幽州地区，刘虞为幽州刺史，"民夷感其德化，自鲜卑、乌桓、夫余、秽貊之辈，皆随时朝贡，无敢扰边者，百姓歌悦之"（《后汉书·刘虞公孙瓒陶谦列传》）。他还开上谷胡市，用燕地的盐铁丝帛换取少数民族的裘皮畜产，还常服乌桓、鲜卑人的毡裘，因此深得胡人敬佩与信任。在幽州百姓生活中也大量渗入胡人生活因素，胡饼、胡羹、胡椒酒、胡衫、胡袄、胡靴均颇为流行。

西晋时期，在少数民族的生活影响下，各种少数民族常用的器具、饮食、服饰等被中原人士所采用，甚至在正式场合也不避讳。《晋书·五行志》记载有："泰始之后，中国相尚用胡床貊槃，及为羌煮貊炙，贵人富室，必畜其器，吉享嘉会，皆以为先。太康中，又以毡为绖头及络带裤口"，"至元康末，妇人出两裆，加乎交领之上"。毛毡、两裆等均为北方少数民族常用的服装材料及衣服形式，在中原男女皆采用，说明胡风浸淫之深。

在汉族不断学习吸收少数民族的服饰文化，走向"胡化"的同时，各少数民族也逐渐走向"汉化"。在占领幽州蓟城之后，少数民族统治者将大批少数民族迁徙到蓟城。例如，350年，鲜卑慕容儁攻陷蓟城；352年，慕容氏的前燕政权正式定都于蓟城。慕容儁在蓟城修宫室、建太庙，并且不断地"徙军中文武兵民家属于蓟"，"徙鲜卑胡羯三千余户于蓟"。由于蓟城战略地位十分突出，此后各政权也有移民进驻的记录。各族官民聚集于蓟城，为彼此文化交流创造了有利条件。同时，为缓和不同文化之间的冲突，不少少数民族自称是"炎帝之后""黄帝之后""颛顼之后"等，并仿效中原衣冠制度，促进了服饰文化的相互借鉴融合。

少数民族服饰的汉化，首先表现在统治阶级上层对汉族传统服饰的采用。一些少数民族首领初建政权后，便改穿汉族统治者所制定的华贵服装，醉心于高冠博带式的汉族章服制度。《资治通鉴·晋纪》记载，前燕定都蓟城之初，慕容儁征召幽州刺史乙逸为左光禄大夫到蓟城，"逸夫妇共载鹿车；子璋从数十骑，服饰甚丽，奉迎于道。……璋不治节俭，专为奢纵，而更居清显"。《晋书·慕容晖载记》载，在前燕慕容晖统治时期，"后宫四千有余，僮侍厮养通兼十倍，日费之重，价盈万金，绮縠罗纨，岁增常调，戎器弗营，奢玩是务。今帑藏虚竭，军士无襜褕之赏，宰相侯王迭以侈丽相尚，风靡之化，积习成俗，卧薪之谕，未足甚焉"。通过上述材料可以看到，宫室豪门的生活浮华侈靡，各种丝绸制品取代游牧民族旧式的裘衣革带成为宫内新宠之物，而秦汉时期中原宽大的襜褕也被鲜卑军士用作军服。同样，前秦统一北方后，生活也趋于奢侈，以玉石珠宝为衣物器具装饰，也是汉化的一种表现。《晋书·苻坚载记》载："坚自平诸国之后，国内殷实，遂示人以侈，悬珠帘于正殿，以朝群臣，宫宇车乘，器物服御，悉以珠玑、琅玕、奇宝、珍怪饰之。"

除了对中原丝绸珠玉的喜好外，这一时期的少数民族统治者还纷纷仿效代表等级制度的中原衣冠制度。以前燕慕容儁为例，他在称帝以前，自称"吾本幽漠射猎之乡，被发左衽之俗"，经过与汉族长期交往，仰慕华夏服饰冠戴，逐渐改变旧俗。称帝以后，他与臣下讨论衣冠制度，认为"其剑舄不趋，事下太常参议。太子服衮冕，冠九旒，超级逼上，未可行也。冠服何容一施一废，皆可详定"。在日常生活中，他也是"性严重，慎威仪，未曾以慢服临朝，虽闲居宴处亦无懈怠之色云"（《晋书·慕容皝载记》）。从礼制相对疏忽的游牧民族首领，摇身一变为重视礼仪规范、强调等级制度的传统专制君主。同样，苻坚针对一些商人"家累千金，车服之盛，拟则王侯"，一方面将与富商勾连的贵族大臣予以处置，另一方面重申秦汉以来抑制商贾、辨别贵贱的服饰制度，下令"非命士以上，不得乘车马于都城百里之内。金银锦绣，工商、皂隶、妇女不得服之，犯者弃市"（《晋书·苻坚载记》）。这种举措，同样也是对中原衣冠制度继承的一种表现。

当然，对汉族衣冠制度学习脚步迈得最大的，还是北魏孝文帝改革。太和十八年（494年），继改革官制、迁都洛阳后，孝文帝拓跋宏下令"革服装之制"，令鲜卑人不再穿本族衣服而仿照汉人着汉装。《资治通鉴》卷140记载，太和十九年（495年），孝文帝"引见群臣于光极堂，颁赐冠服"。这里的冠服即指中原汉式百官服式，由在朝的汉族官员花费6年时间设计而成，说明其变革服饰也是深思熟虑的举措。《隋书·礼仪志六》对孝文帝确定的官服制度做如下记载："百官朝服公服，皆执手板。尚书录令、仆射、吏部尚书，手板头复有白笔，以紫皮裹之，名曰笏。朝服缀紫荷，录令、左仆射左荷，右仆射、吏部尚书右荷。七品以上文官朝服，皆簪白笔。正王公侯伯子男、卿尹及武职，并不簪。朝服，冠、帻各一，绛纱单衣，白纱中单，皂领袖，皂襈，革带，曲领，方心，蔽膝，白笔、舄、袜，两绶，剑佩，簪导，钩䚢，为具服。七品以上服也。公服，冠、帻，纱单衣，深衣，革带，假带，履袜，钩䚢，谓之从省服。八品已下，流外四品以上服也。"

变革官服以后，太子元恂因体型肥大，十分不喜欢河南的炎热气候，总希望回归凉爽的北方草原。他还违背禁令私自穿着胡服，孝文帝"赐之衣冠，恂常私着胡服"，并亲手将劝谏他的官员杀害。事发之后，孝文帝痛斥太子并亲自对其施以杖责。史载孝文帝"引见恂，数其罪，亲与咸阳王禧更代杖之百余下，扶曳出外，囚于城西，月余乃能起"（《资治通鉴》卷140）。孝文帝的坚持，到太和二十一年（497年），"朝臣皆变衣冠，朱衣满坐"。服饰的改革并不仅仅限于官员服饰，还包括妇女在内的民间服饰。史书记载，有一次孝文帝南巡归来，看到洛阳一些鲜卑妇女仍戴着小帽，穿夹领小袖的鲜卑旧装。为此，他非常生气，对有关官员进行严厉责备，直到所有留守官员一致谢罪，方才作罢。

孝文帝改革促进了南北风俗的交融，不仅对北魏辖境产生巨大影响，甚至对衣冠东渡的南朝也产生不小冲击。孝文帝改革后，北朝的"羽仪服式""褒衣博带"一时成为江南官员百姓热捧之物。南朝梁武帝派陈庆之到洛阳，陈到洛阳后，"始知衣冠士族，并在中原。礼仪富盛，人物殷阜，目所不识，口不能传"。回到南朝后，他"羽仪服式，悉如魏法。江表士庶，竞相模楷，褒衣博带，被及秣陵"（杨衒之《洛阳伽蓝记》）。虽然其中有杨衒之作为北朝人的修饰成分，但绝非凭空杜撰，说明南北方在服饰汉化方面存在共同性。

至于幽州地区的服饰状况，虽然没有太多的文献资料可以说明，借助一些出土文物可以略见端倪。在延庆东王化营、顺义大营村等地的魏晋十六国墓葬出土的文物中，既有代表中原汉文化的"长宜子孙"铜镜，又有具有明显鲜卑族文化特征的陶壶，可见汉族与鲜卑等族的文化融合共存的现象。另外，在北魏初年有不少幽州地区的寒族士人如上谷张氏、幽州贾氏等幽州士人在进入北魏之后，受到重用。他们在北魏积极进行文化传播，促进了不同地域间文化的交流，推动了北魏汉化。在北魏汉化的过程中，幽州地区扮演了重要角色，幽州地区的服饰文化应该也是胡汉交融的代表。特别是经过孝文帝改革，属于北魏治下的幽州蓟城，其服饰风格也一定会发生变化。

北齐、北周时，北魏的服饰汉化政策发生了一些改变，胡服在不同程度上又重新盛行。《旧唐书·舆服志》道："北朝则杂以戎狄之制。爰至北齐，有长帽短靴、合裤袄子，朱紫玄黄，各任所好。高氏诸帝，常服绯袍。"《北齐书·文宣帝纪》载：北齐文宣帝高洋"袒露形体，涂傅粉黛，散发胡服，杂衣锦彩"。北齐墓葬壁画中的人物以及随葬陶俑也多为鲜卑族传统服饰，说明当时反对汉化力度还是较大的。尽管如此，北齐的朝廷服饰制度仍基本沿袭了北魏的传统。北周则采取胡汉并举的政策，在朝堂会典之时仍采用汉魏衣冠，而日常生活中则以鲜卑服饰为常服。《隋书·礼仪志》记载，北周宣帝宇文赟即位，"受朝于路门，初服通天冠，绛纱袍。群臣皆服汉魏衣冠。大象元年，制冕二十四旒，衣服以二十四章为准。二年下诏，天台近侍及宿卫之官，皆着五色衣，以锦绮缬绣为缘，名曰品色衣"。可见，北周在官服方面又恢复了孝文帝的汉化制度。

总之，在这一时期，民族之间的文化交流使胡服成为时尚服装，出现汉服、胡服并存和胡服逐渐汉化的现象。适用于马上生活、便于迁徙劳作的戎装，即直领、对襟、窄袖、（开衩的）襦、袄、衫、披肩、斗篷、裙、裤、靴、大裘等款式流行起来。随着丝绸之路的兴盛以及佛教文化的深入传播，缠枝纹、忍冬纹、桃形纹、生命树等带有明显佛国色彩的装饰纹样有所发展，对马、对羊、对狮、"兽王锦""串花纹毛织物""胡王牵骆"等直接吸取了波斯萨桑朝及其他国家与民族的装饰风格的织绣图案也流行起来。一些域外的服装服饰工艺，如蜡缬、夹缬、绞缬等，也在中国服饰制作中被采用。经过长期发展融合，原本差别较大的中原与北方少数民族的服饰差异也逐渐缩小，而北方不同少数民族之间的服饰基本趋同。

这一时期的服饰文化，对后期的中国服饰产生了重大影响，中国民间上衣下裤的传统就此奠定，官服形制也多受此影响。北宋沈括《梦溪笔谈》载："中国衣冠，自北齐以来，乃全用胡服。窄袖、绯绿短衣、长靿靴、有蹀躞带，皆胡服也。窄袖利于驰射，短衣、长靿皆便于涉草。"南宋朱熹在《朱子语类》中指出："今世之服，大抵皆胡服，如上领衫、靴、鞋之属。先王冠服，扫地尽矣。中国衣冠之乱，自晋五胡，后来遂相承袭，唐接隋，隋接周，周接元魏，大抵皆胡服。"均说明中原汉民族与北方少数民族服饰的交流对后世产生的巨大影响。

需要指出的是，这一时期正处于近5000年以来气候变迁中的第二寒冷期，气候由湿润转为干寒，年平均气温比现在至少低2～4℃。这个寒冷期在公元4世纪前半期达到顶点。《资治通鉴》记载，东晋成帝（325—342年在位）初年，渤海湾从昌黎到营口连续3年全部结冰，冰层很厚，车马及几千人的大部队均可往来。寒冷的气候使北京地区原本较为发达的蚕丝业逐渐衰退，开始以麻布生产为主。东汉末年，曹植的《艳歌》"出自蓟北门，遥望湖池桑。枝枝自相值，叶叶自相当"说明在幽州地区还种植大量的桑树。但到了北魏时期，据《魏书·食货志》记载，当时包括幽州在内的华北北部地区，"皆以麻布充税"，"诸麻布之土，男夫及课，别给麻田十亩，妇人五亩，奴婢依良。皆从还受之法"。除寒冷的气候之外，频繁的战事不仅影响了蚕桑业的生产环境，甚至有些事件还直接对其造成冲击。例如，在十六国时期，后燕与前秦之间"相持经年，幽、冀大饥……邑落萧条。燕之军士多饿死；燕王垂禁民养蚕，以桑椹为军粮"（《资治通鉴》卷一百六晋孝武帝太元十年）。类似的记录还有很多，长期战争造成的粮食短缺，最终影响到了蚕桑业。北魏的统治者曾多次将北方各地的手工业者强行迁徙到平城，也是幽州地区包括纺织业在内的手工业走向衰落的重要原因之一。

2. 绚烂多变的衣冠时尚

魏晋十六国北朝时期，包括北京地区在内的中国服饰发生了迅速而巨大的变化。东晋葛洪《抱朴子·讥惑篇》载："丧乱以来，事物屡变，冠履衣服，袖袂财（裁）制，日月改易，无复一定，乍长乍短，一广一狭，忽高忽卑，或粗或细，所饰无常，以同为快。其好事者，朝夕仿效，所谓'京辇贵大眉，远方皆半额'也。"说明了这一时期服饰变化剧烈、形式不定，流行与时尚成为朝野共同追捧效仿的对象，人们的审美方式随着朝代的更迭而不断改变。

魏晋男子服装以长衫为尚，衫与袍的区别在于袍有祛（袖口），而衫为宽大敞袖。这种宽衫一般有单、夹两种形制，通常为对襟，两襟之间或用襟带相连，或不用襟带，任衣襟敞开。由于不受衣祛限制，魏晋服装日趋宽博。《晋书·五行志》云："晋末皆冠小而衣裳博大，风流相仿，舆台成俗。"褒衣博带成为上层社会的主要服饰风格，其中文人雅士对之尤为偏好。在东晋顾恺之创作的《洛神赋图》中，曹植头戴远游冠，身着宽大的衫子，他的随从皆宽衣博带，头戴笼冠。魏晋时期的竹林七贤，他们蔑视朝廷、不入仕途，在生活上不拘礼法，清净无为。表现在装束上，他们都穿着宽大的衣衫，但或袒胸露臂，或披发跣足。竹林七贤等人的举止被不少人所模仿，成为一时之风尚。葛洪在《抱朴子》中有："世人闻戴叔鸾（戴良）阮嗣宗（阮籍）傲俗自放，见谓大度，而不量其材力非傲生之匹，而慕学之，或乱项科头，或裸袒蹲夷……此盖左衽之所为，非诸夏之快事也。"对学识人品不逮，却盲目模仿的浅薄之人进行讥讽。

对于魏晋名士多宽衣博带，甚至多有袒露，世人多认为是不拘俗礼、追求风度的结果。但是鲁迅却提出了一种很有新意的看法，认为是与当时名士喜欢服用一种"五石散"药有关。在《而已集·魏晋风度及文章与药及酒之关系》一文中，他认为，名士们吃了五石散以后，身体发热需要"行散"，为防止猝死又不能用冷水浇体，只能少穿衣服或穿宽大衣服。"因为皮肉发烧之故，不能穿窄衣。为豫防皮肤被衣服擦伤，就非穿宽大的衣服不可。现在有许多人以为晋人轻裘缓带，宽衣，在当时是人们高逸的表现，其实不知他们是吃药的缘故。一班名人都吃药，穿的衣都宽大，于是不吃药的也跟着名人，把衣服宽大起来了！"说明宽衣博带一方面是名士服药以后的需要，另一方面也是世人跟风效仿的结果。

与竹林七贤任性随意、不拘小节的"不讲究"相反，魏晋时期的不少名士则过于精致讲究，从而走向了另一个极端。和当时的选拔制度有关，魏晋社会讲求男子的"美姿容"。如果在风姿上取得优势或受到品评者的赏识，那就为他在仕途上的成功奠定了一定的基础。这种"以貌取人"，导致一些人崇尚近乎女性的美态，追求体态柔和，强调"面如凝脂，眼如点漆"。为了增加姿容之美，许多世家子弟不惜作出诸如敷粉、熏香、剃面、服妇人衣等举动。史载，曹魏时期官至尚书的何晏出身名门，有"敷粉何郎"之称，是当时有名的美男子。其容貌俊美，面容细腻洁白，无与伦比。南朝刘义庆《世说新语》记载，由于面色过于洁白，魏明帝曹叡疑心他在脸上抹了一层厚厚的白粉。一次，乘着暑热，魏明帝赏赐何晏吃热汤面。大汗淋漓之下，何晏只好用自己的朱红色衣服擦汗。可他擦完汗之后，脸色显得更白了，魏明帝这才相信他天生肤白。魏明帝的疑心也可以间接说明，当时往脸上敷粉并非女子专利，有不少男子也同样有此爱好，只是没有女子那样常见而已。事实上，何晏虽然肤色白皙细腻，但也并非不好敷粉，而是近乎病态地喜欢修饰打扮。《晋书·舆服志》《资治通鉴》《抱朴子》等史籍分别有何晏"好服妇人之服"，"性自喜，粉白不去手，行步顾影"等记录。即便何晏妖娆自恋如此，但是"天下士大夫争慕效之，遂成风流"。可见，大乱将至的魏晋时期审美与国风强悍的秦汉已经迥然不同。

除大袖衫以外，魏晋男子也着袍、襦、裤、裙等衣物。男子首服有各种幅巾、小冠、高冠、漆纱笼冠等。东汉末年开始流行的幅巾，在这一时期更加普遍地流行于士庶之间。小冠的形式前低后高，中空如桥，因形小而得名，是不分等级皆可服用的冠式。高冠则是继小冠流行之后兴起，常用来配合宽衣大袖。在魏晋时期最为流行的还是漆纱笼冠，它是集巾、冠之长而形成的一种首服。形式是在小冠上罩以经纬稀疏而轻薄的黑色丝纱，丝纱上再涂漆水，使之可以高高直立，丝纱内的冠顶仍隐约可见。在服装颜色方面，除了传统的红色、黑色以外，淡雅的颜色成为流行色，其中尤以白色最受欢迎。白色原本为平民百姓、商贾所服用，三国时期吕蒙袭取荆州时，就是让兵士身穿白衣乔装成商人躲过关羽的监视的。白色也是丧服的传统颜色，西周以来即是如此。但魏晋时期，贵族官员也多用白色衣物，特别是经过曹操提倡节俭，以不加染色的缣巾裹头之后，官僚士大夫阶层多用白布裹头。风气流播之强劲，以至于即使在非常讲究礼仪规制的宫廷，

石景山魏晋墓壁画局部临摹图

东宫太子的喜庆婚礼等场合也有白色的礼服，这显然是和传统相悖的。

魏晋男装的风气变化，在北京地区出土的文物中也有所显示。1973年3月，考古工作者在石景山八角村西北发现一座魏晋壁画墓。墓主的身份不明，有人推测可能是与祖逖一起闻鸡起舞的西晋名士刘琨，还有人认为是蓟城一带的文人名士。壁画墓墓门两扇，每扇门正面有浮雕2幅，上幅刻执戟武士，下幅刻三角纹。在墓葬前室的石龛内绘有壁画4幅，分别位于后壁、西壁、东壁和顶部。位于石龛后壁的是家居图，"男性墓主端坐榻上，穿着合衽袍式上衣，宽袖，束腰带。头戴护耳平顶冠，蓄须，红唇。右手执一饰有兽面的麈尾"（石景山区文物管理所《北京市石景山区八角村魏晋墓》，《文物》2001年第4期）。这幅壁画中，墓主宽袍大袖，系宽带，与魏晋社会上层衣冠风尚一致。手执的麈尾，是魏晋名流雅器，清谈时必执麈尾，不谈时也常执手中，代表思想界领袖的地位，是玄学名士追求风神的表现。墓主修眉、朗目、红唇、修饰精致的八字须，也是当时士族上流审美偏好的反映。同时，秦汉时期常见的随葬的衣服带钩，到了这一时期数量锐减，类型单调，并随着时间向后推移越来越少，从一个侧面也说明了男子服饰的变化。

魏晋时期，不仅风流名士衣着宽松，上层女子服装也以宽博为主。汉代的袿衣这一时期依然流行，在传世的晋代绘画以及文学作品中仍然可以看到人们对这种飘逸动人的衣饰的喜爱。顾恺之在其《列女仁智图》等作品中，画笔下的仕女大多仍穿着袿衣。曹植的《七启》中也将袿衣视为体现女子丰姿的华服："姣人乃被文縠之华袿，振轻绮之飘飘，戴金摇之熠耀，扬翠羽之双翘。"除了袿衣，汉代深衣的变化而成杂裾垂髾在魏晋也是贵族妇女流行的服装。此衣袖宽大，束腰很高，巧用了肥大与瘦长的对比关系，给人一种修长和轻盈感。同时，交叠的燕尾形下摆（杂裾）形成的曲线十分优美挺拔，再加上飘带（垂髾）的使用，配以高髻发式，使着装者显得十分端庄、华贵。到了南北朝时期，吸收了西域文化以及佛教文化的相关元素，将长可曳地的飘带去掉，将下摆的燕尾尖角大大加长，使两者合为一体。顾恺之的《洛神赋图》中的洛神以及其他仙子所服即是杂裾垂髾，显得十分浪漫飘逸。

　　除了上述的袿衣与杂裾垂髾，衫、襦、裙等也是魏晋女子的日常服饰。妇女所穿之衫衣起初大多为对襟，衣袖宽大，并且在袖口缝缀一块颜色不同的贴袖。穿着衫衣（裙）的时候，腰间用帛带系扎，有的还在腰间缠一条围裳，用来束腰。上身着衫、襦，下身穿长裙的女子装束，从魏晋到南北朝时期的壁画、陶俑、画像石中都可以见到。在顾恺之等人的绘画作品中，一些随侍女子穿的就是长衫。北京石景山八角村西晋壁画墓中墓主人两侧各有一个侍女，她们身上穿的就是长衫，一个对襟，另一个左衽，衣袖均十分肥大。这一时期女子的衣裙的穿着方式也有了一些新的变化。一方面，妇女们把裙腰束在上衣之外，上衣的外摆朝上翻出，再覆压在裙腰之上，称为"压腰"。另一方面，北方女子受胡服影响，上身为紧身小袄，下身宽大长裙。《晋书·舆服志》载："武帝泰始初，衣服上俭下丰，着衣者皆压腰。"《宋书·五行志》称："晋兴后，衣服上俭下丰，着衣者皆压腰盖裙。"同样也是在石景山魏晋壁画墓中，出土了一件彩绘陶俑。这件陶俑高22厘米，"黑发高髻，目稍凹，高鼻，朱唇"，其上身为曲领贴身小袄，下身着宽大裙装，与文献所述的"上俭下丰"十分契合。肥大的衫衣与合体的小袄在同一处出现，说明这一时期衣饰风格流变剧烈，衣饰样式种类较前期大大丰富。

　　这一时期，原本属于北方少数民族衣式的裤褶和裲裆，逐渐被汉族接受，经过改造以后成为各阶层流行的服饰。

　　裤褶是北方游牧民族的传统服装，实际上属于一种上衣下裤的组合，也称为裤褶服。裤、褶在秦汉时期在服饰中已分别出现，但两者连用则始见于三国时期的吴国。《释名》释裤即为"绔也，两股各跨别也"，以区别于两腿穿在一处的裙或袍。褶，在《急就篇》中就已出现，颜师古注为："褶为重衣之最，在上者也，其形若袍，短身而广袖，一曰左衽人之袍也。"其样式与汉族的长袄类似，但汉族习惯右衽，它则是对襟或左衽，腰间束革带，显得方便利落。裤褶的引进可以一直追溯到赵武灵王胡服骑射之时，引入之后多为军队和下层百姓所用。中原社会上层人士因忌讳裤子直接暴露在外，习惯在襦裤外加穿袍裳，因此比较排斥这样的穿着。汉魏年间，战事频繁，适合骑行与迁徙的裤褶被越来越多的人使用。曹丕等人穿裤褶驰骋田猎，说明它在社会上层也已经通行。而在崔琰的劝谏后，曹丕"燔翳捐褶"，又说明在传统礼制下裤褶要得到接纳尚需时日。晋代以后，裤褶逐渐进入官员戎服行列，而且也作为官员平日私居的常服和急装。《晋书·舆服志》载："裤褶之制，未详所起，近世凡车驾亲戎、中外戒严服之。服无定色，冠黑帽，缀紫摽，摽以缯为之，长四寸，广一寸，腰有络带以代鞶。"裤褶本来就是下层百姓的常用衣服，上层社会的使用进一步促使其流行，不仅男子穿着，女子也有服之者。刘义庆《世说新语》载：晋武帝司马炎"降王武子（王济）家，武子供馔并用琉器，婢子百余人，皆绫罗裤褶"；陆翙《邺中记》载：后赵"石虎皇后出，女骑一千为卤簿。冬月皆着紫纶巾，蜀锦裤褶，腰中着金环参镂带，皆着五彩织成靴"。

由于轻便实用，裤褶很受汉人喜爱，但其短小精悍的造型与汉族的传统审美情趣以及礼制存在一定的偏差。传入以后，人们对其进行了一些改造，以满足不同场合与阶层的需要。南北朝时期，褶衣的样式更加多样化了，衣袖的宽窄长短各不相同，衣襟除大襟之外，更多采用对襟，有的还将衣襟的下摆裁成两道斜线，两襟交叉后，在中间形成一个小小的燕尾，非常生动。褶衣的领口也有诸多变化，曲领、方领之外，还出现了西域色彩极浓的翻领。同时，裤有大口裤和小口裤，以大口裤为时髦。宽阔的袖口、裤脚，使裤褶在朝堂站立时一样显示出传统的裙服的翩翩之风，行动起来又不失便捷。但随着裤脚不断放宽，遇到紧急事务时，行动仍会有所不便，于是就出现了缚裤，即用三尺锦带在膝盖以下将裤管缚住。这样就做到了两者兼顾。

裤褶在这一时期的北京出土文物中比较多见，服用者男女均有。1990年9月，考古工作者在房山区小十三里村发掘了一座西晋墓。墓中出土了两件陶俑，其中一件为黄釉陶俑，高21.3厘米，高髻，曲领小袄，桶状裙，与石景山八角壁画墓陶俑类似。另一件则是酱黄釉武士俑，高21.1厘米，锥顶小冠，服裤褶，褶衣及腰，短小合体，下身着小口裤。1962年10月，在北京西郊景王坟西北部的西晋墓葬中，也有两件车夫俑出土。车夫俑高约20厘米，通体施青黄色釉，颈部以上涂白粉，上着紧身短衣，下着瘦腿长裤，右手似执鞭，做驱车前行状。1963年在怀柔韦里村发现的北齐傅隆显墓中出土的陶女俑，则是"梳高髻，长服有彩绘，为河南、山东、河北、山西等地东魏、北齐墓葬中所常见"（胡传耸：《北京地区魏晋北朝墓葬述论》，《文物春秋》2010年第3期）。通过观察相关图片资料可见，陶女俑上衣修长过膝，袖口宽大，下着大口裤。这些随葬陶俑一定程度上反映了北京地区相关人群的着装情况，也可以看到裤褶的一些变化。

黄釉陶俑

裲裆，又作"襕裆""两裆"，先秦已有此物，相传是山戎军服中的裲裆甲演变而来。《释名·释衣服》称："裲裆，其一当胸，其一当背也。"清王先谦《释名疏证补》曰："今俗谓之背心，当背当心，亦两当之义也。"其形式为无领无袖，前后两片，腋下与肩上以襻扣之。其材质以布或丝织品制成，多为夹服，以丝绸为之或纳入棉絮。裲裆可保身躯温度，而不使衣袖厚度增加，以使手臂行动方便。裲裆男女均可穿着，最初女性将其作为内衣穿在里面，后来逐渐将裲裆穿在外面，这也可以说是古代的内衣外穿的实例了。《晋书·舆服志》载，西晋惠帝元康（280—289）末年"妇人衣出裲裆，加乎交领之上"。南北朝时期，裲裆衫通行南北，内外兼有。在河南邓县（今邓州市）南朝墓出土的贵妇出游图画像砖中，贵妇与侍女的长裙外着裲裆衫，对襟，胸部用带系束。现收藏于美国波士顿美术馆的由北齐杨子华创作的《北齐校书图》中，"坐大榻上的着纱披衫子，内露出有襻带的'两当''袙腹'，都是当时南北通行衣着"（沈从文《中国古代服饰研究》）。与裤褶进入正服出入朝堂不同，裲裆服是便服，不能在礼仪场合穿着。根据历史记载，东晋山阴令谢沈因服丧未期满而常着裲裆衫，被弹劾免官。裲裆虽然在南北朝时期比较流行，但在北京地区因有关资料文献比较罕见，仍无法确定其具体情形。

在发型冠笄与装饰方面，受到汉族习俗以及少数民族统治者汉化政策的影响，北方少数民族旧式的编发、髡发、披发等发式逐渐减少，代之而起的是汉族的束发巾冠。在墓砖画、石刻造像、人俑、壁画以及绘画作品中，北朝人物多采用汉族发式与头衣。即使是反对汉化比较激烈的北齐一朝，这一状况也未发生太大改变。在山西太原的徐显秀墓、娄叡墓中，虽然也有编发武士的形象，但绝大多数胡服装扮的人物还是梳发髻戴巾冠。在《北齐校书图》中，我们还发现一些文人名士裸发无巾冠，梳原本属于儿童和少女的双丫髻，可能是名士不屑传统的一种表现。这种发式，不由得让人想起21世纪初年一些以口衔安慰奶嘴为时尚的少男少女，看来"我不想长大"并非今人独有的想法，千年以前的古人亦是如此。

当然，在发式方面，最具代表性和观赏性的仍然是女子。与相对单调低矮的秦汉女子发式相比，魏晋南北朝时期的女子追捧飞仙式的高髻，喜欢高而危斜的形式，这样既增加了身高，也强化了人体美。灵蛇髻、反绾髻、百花髻、芙蓉归云髻、涵烟髻、缬子髻、坠马髻、流苏髻、蛾眉惊鹄髻、芙蓉髻、飞天髻、回心髻、归真髻、凌云髻、随云髻、叉手髻、偏髻等，数不胜数，样式繁多，争奇斗艳，盛极一时。其中，以灵蛇髻最为著名。灵蛇髻髻式变化无常态，随时随形而梳绕之，相传此种发式由曹魏文帝妻甄后视蛇之盘形而得到启发，仿之为髻所创。宋无名氏《采兰杂志》载："甄后既入魏宫，宫廷有一绿蛇，口中恒吐赤珠，若梧子大，不伤人，人欲害之，则不见矣。每日后梳妆，则盘结一髻形于后前，后异之，因效而为髻，巧夺天工，故后髻每日不同，号为灵蛇髻。宫人拟之，十不得一二也。"除了将自身的头发绾成各种发髻样式外，也有戴假髻的。当时上至后妃，下至贫女，莫不戴之以为美，这在历史上确属罕见。《晋书·五行志》载："公主妇女必缓鬓倾髻，以为盛饰。用爱既多，不可恒戴，乃先于木及笼上装之，名曰假髻，或名假头。至于贫家，不能自办，自号无头，就人借头。遂布天下。"魏晋流行的一种假髻"蔽髻"，上镶有金饰，有严格的制度，非命妇不得使用，且不同等级的命妇之间亦不可僭越。对发髻的装饰也越来越趋向华丽，步摇簪、花钿、钗镊子、鲜花等都是常见的装饰物。

这一时期的妇女装饰，还能够清晰地透露出佛教文化的影响。妇女多在发顶正中分成髻鬟，做成上竖的环式，称为"飞天髻"，在全国各地均有发现，显然是受佛教影响的结果。另外，还有一些妇女模仿佛像的螺髻，将额前的发式做成卷螺纹。南北朝时期，妇女有一种装扮，以黄色颜料染画或粘贴于额间，称"额黄"，又叫"鸦黄""约黄""贴黄""花黄"等。《木兰辞》中的"当窗理云鬓，对镜贴花黄"，就是这种化妆形式。这种装扮是一些妇女从涂金的佛像上受到启发，将额头涂成黄色，渐成风习，一直盛行到唐朝，在一些少数民族妇女中延续了更长时间。在《北齐校书图》中，几乎所有侍女都是双螺髻或单螺髻配上卷螺纹佛装额前发式，满额涂黄，甚至鼻子也是如此。

在北京地区，无论是壁画、人俑，其发式几乎都是高髻，形式也十分多样。在石景山西晋墓壁画中，在墓主左右两侧的侍女皆为高耸的形式复杂的发髻，扎以红色的丝带，并有首饰修饰。在北京世界园艺博览会工地上，考古工作者发现了一对精美的黄金头饰，制作精巧，工艺复杂，让我们也可以想象出当年妇女发式之精致，装饰之华丽。北京出土的这一时期墓葬中，各类金属制作的发簪、发钗、发饰、铜镜等与头发梳理装饰的文物数量显著增加，也许能说明这一时期偏好高髻对梳理、固定、装饰头发的各类器物的需求进一步增加。另外，各类金银戒指、手镯、臂钏、指环也逐渐增多，也说明人们的服饰趋于华美。以顺义大营村西晋墓为例，墓地发现数量众多的与服饰相关的金属器。其中铜器有镜8件，发钗、发饰、带钩、手镯、熨斗各1件；铁镜1件；金银器有金手镯1对，金指环3件，银手镯5件，银臂钏1对，银发钗3件，银指环2件。这些墓葬的级别都不甚高已经如此，顶层的豪门贵族就更有过之而无不及了。

（三）盛世风韵（隋唐五代时期）

隋开皇九年（589年），隋灭南陈，结束了自东汉末年以来中国近四百年的动乱与分裂，重新实现了国家的统一。伴随着国家的统一，到唐代，中国传统社会经济达到了极盛。和全国一样，幽州地区也迅速走出低谷，进入了北京历史上第二个高速发展时期，逐步形成了比较完整的地方经济体系。这一时期，幽州城作为中原王朝的前进基地和控制北方少数民族的战略要地，是显赫一时的军事重镇。同时，幽州也是整个华北的政治中心、经济贸易中心，是中国北方著名的多民族聚居的大都市。然而，经历安史之乱以后，唐末及五代时期，幽州成为藩镇割据的中心，又成为多方争夺的战场，发展受到了严重阻碍。唐代的幽州文化既保留了苦寒文化的基本特征，又透露出大唐盛世的繁荣景象；既延续了边地文化的战乱背景，又浸染了重镇特区的色彩；既是民族融和的重要区域，又是民族对抗、内乱纷争的战场。这种对立而多元的景象，也直接赋予了北京地区的服饰文化既有与当时社会普遍状况存在一致性的一面，又有自己鲜明的地方个性的另一面。

1. 官服与戎服

北周大定元年（581年）二月，杨坚废周静帝，建立隋朝，定都长安，改元开皇。隋朝存在时间虽然短暂，但却是北京历史发展的一个重要阶段，北京未来的历史走向均与隋朝息息相关。

为了加强中央政府对地方控制和对东北高句丽用兵，文帝、炀帝时，都委任亲信重臣、名将为幽州总管和涿郡太守。特别是在炀帝时期，兴建了三项重大的工程：一是开凿南达黄河北至涿郡的永济渠；二是修筑驰道；三是营建行宫临朔宫。永济渠、驰道的修建，使幽州成为隋朝大运河的北部终点和多条干道的交汇点，与中原的统治中心东都洛阳以及中国经济中心江南地区的联系更加紧密，促进了经济贸易发展与文化交流进步，为幽州地区的社会发展注入了新的活力。运河的产生，是北京经济的发展中浓墨重彩的一笔，也是北京城市发展史上的一个重要里程碑，对于以后的北京都市繁荣起到了举足轻重的作用。临朔宫的修建进一步提高了幽州的城市地位，成为黄河以北最重要的政治中心。据《隋书》记载，临朔宫由阎毗主持修建，其建筑宏伟壮丽，内积许多珍宝，有怀荒殿等宫室，常屯兵数万，规模十分宏大。隋炀帝在这里规划经略辽东事宜，并接见北方少数民族首领。幽州也是各级官员聚集的地方，大量官员在幽州安家落户。《资治通鉴》记载："车驾至涿郡之临朔宫，文武从官九品以上，并令给宅安置。"隋炀帝急于求成、穷兵黩武，这些举措最终招致了其亡国灭身。然而，后来的唐朝，正是凭借着隋炀帝的这些遗产，最终完成了征辽，稳定了北方局势。

唐王朝时，幽州城依然是北方军事重镇，且军事、政治地位进一步上升。唐初，北方东突厥复兴，东北方契丹逐渐强大，高句丽也经常侵扰辽西地区，幽州地区都首当其冲，故唐朝在此设重兵防守。幽州地方长官拥有强大军事实力，并被中央赋予很大的政治权力。高祖李渊甚至曾派太子李建成亲至幽州，督军抵御突厥进攻。唐太宗时，贞观三年（629年）冬，乘突厥内乱发兵北伐，次年擒颉利可汗，解除了突厥的威胁。后来又经过苦战，最终讨平高句丽，于平壤置安东都护府。唐高宗末年至玄宗时期，由于东突厥复兴，东北地区的奚与契丹也日益强盛，幽州防御边敌、屏蔽中原的职能更加突出，唐政府不敢忽视，一方面选派文武重臣如狄仁杰、薛讷（薛仁贵之子）等任官镇守，另一方面则加重幽州地方长官权限。在玄宗时期初设的全国十个节度使中，幽州节度使统兵最多，权力最大，幽州的政治地位越发凸显。安史之乱时期，幽州地区是安禄山、史思明的大本营，安禄山还在城内修建了皇宫。安史之乱以后，幽州成为藩镇割据的中心，各路藩镇之间以及幽州与北方的契丹势力间，进行了往复不断的争夺，战火连绵。到了五代十国时期，由于幽州具有重要的战略地位，遂成为各路军阀和一些武装势力觊觎和争夺的目标。

幽州长期处于动荡的状态之中，在隋唐五代近四百年的岁月里，有超过一半的时间被控制在藩镇和地方势力手中，还长时间的受到北部游牧民族的袭扰，战争的环境与气氛始终没有远离这块土地。政治中心、军事重镇，还有数量众多的战争与冲突，对这一时期北京地区的服饰文化产生了重大影响，官服、戎服，成为这一时期幽州服饰的重要组成部分。

隋代的官服制度，在隋文帝时曾颁布"衣服令"，放弃北周的服制，改用东齐之法，灭南陈后，衣冠制度趋于齐备。由于隋文帝厉行节俭，衣着简朴，虽有各种服制，但"皆藏御府，弗服用焉"。官员上朝的常服，都是黄色的袍服，和普通老百姓没有什么差别。隋文帝的服饰也和百官一样，只是腰带上加十三环，以示区别而已。大业元年（605年），隋炀帝即位之初，"诏吏部尚书牛弘、工部尚书宇文恺、兼内史侍郎虞世基、给事郎许善心、仪曹郎袁朗等，宪章古制，创造衣冠，自天子逮于胥皂，服章皆有等差"（《隋书·礼仪志》）。此次服饰制度的建立，恢复了秦汉章服制度，从服饰上表现了不同等级的严格区别。以朝服为例，"自一品以下，五品以上，衣服尽同，而绶依其品。陪祭朝飨拜表，凡大事皆服之。六品、七品，去剑、佩、绶。八品、九品，去白笔、内单，而用履代舄。其五品以上，一品以下，又有公服，亦名从省服。并乌皮履，去曲领、内单、白笔、蔽膝。开皇故事，亦去鞶囊、佩、绶"（《隋书·礼仪志》）。在冠制方面，虽比隋初丰富许多，但比秦汉却简化许多。隋文帝在位时平时只戴乌纱帽，隋炀帝则根据不同场合戴通天冠、远游冠、武冠、皮弁等。秦汉时期的建华、鵔鸃、鹖冠、委貌、长冠、樊哙、却敌、巧士、术氏、却非等名目繁多的烦琐服饰被废除，服饰制度进一步规范化、简便化。隋炀帝定制后，由于服饰规定仍然十分繁缛，加之频繁出巡亲征，因此大多只能作为一种形式，备而不用。从大业六年（610年）开始，隋炀帝因"百官行从，唯服裤褶，而军旅间不便"，"诏从驾涉远者，文武官等皆戎衣。贵贱异等，杂用五色。五品以上，通着紫袍，六品以下，兼用绯绿，胥吏以青，庶人以白，屠商以皂，士卒以黄"（《隋书·礼仪志》）。由相对肥大的裤褶转向窄身细袖的戎衣，隋代官服的风格发生了显著变化。同时，与以往用烦琐复杂的冠服制度来区分高低贵贱不同，隋代官服由此转而用不同颜色的袍服来区分。官阶高者衣朱紫，官阶低者服青绿，高卑上下，一望而知，简洁明了。这一做法对后世产生了十分重大的影响，被沿用到明朝灭亡。朱熹的《朱子语类》载："今之朝服乃戎服，盖自隋炀帝数游幸，令百官以戎服从，二品紫，五品朱，六品青，皂靴乃上马鞋也。后世循袭，遂为朝服。"隋代官服和戎服，由于王朝存在的时间较短等原因，可资印证的出土文物在北京地区比较罕见。

唐朝建立以后，在冠服制度方面也在隋代的基础上不断进行变通完善。武德四年（621年），唐高祖李渊发布《衣服令》，规定天子之服有12等。从唐高宗开始，赤黄色被规定为皇帝服装的专用色，官员与百姓均不得使用。从此，"黄袍加身"遂成后世皇帝即位的代指。当然，皇帝冠冕服制并不属于幽州服饰的组成部分，与北京地区关系并不大。与幽州关系密切的是官员的服饰，以及与官服相关的规定。

在官员服制方面，唐朝有一个发展变通过程。唐初，百官服制分为10等、20余种，如衮冕（一品服）、鷩冕（二品服）、毳冕（三品服）、绣冕（四品服）、玄冕（五品服）等。其中属于文武官吏的礼服是进贤冠，三品以上三梁，五品以上两梁，九品以上一梁。北京地区出土的唐墓墓志盒不少都是四角刻花卉，十二生肖分布四周围绕中心的文字。这些十二生肖或人身兽首，或作人形手握生肖动物，其装扮多为宽袍大袖，与敦煌壁画、西安唐墓壁画中的文官礼服服饰十分接近。例如在石景山古城村出土的唐代墓志，"中间刻有'张氏墓铭'四个篆字，周边环以十二生肖图，十二名官员身着宽袍大袖、戴冠，双手分别握着鼠、牛、虎、兔等动物，栩栩如生"（关续文：《石景山出土唐代墓志》，《北京文物报》1996年第10期）。除了墓志所刻，一些随葬陶俑也可以在一定程度上帮助我们还原唐代幽州地区的官服状况。如1952年11月，在北京外城姚家井发现了唐代薛府君墓，墓中出土"有五个高一尺上下不等，汉白玉石刻的兽首人身龙、鸡、羊、猪的精美雕像，为不可多得的古代艺术品"……"墓中出土的兽首人身十二辰像为隋唐墓中习见的殉葬俑，不过以前所见的都是瓦制，塑制粗陋，雕刻得如此精美的石俑尚属初次发现"（董坤玉：《北京考古史·魏晋南北朝隋唐卷》，第78页）。

在官员常服方面，唐代官员的常服由圆领袍衫、幞头、鞢鞢带和乌皮靴等构成，中国传统官服的基本样式就此奠定。

圆领袍衫，也称"袍衫""上领袍"，袍为夹衣，衫则为单衣，后来被统称为袍，通常用有暗花的细麻布制成，领、袖、襟加缘边。其制始于北周，左右襟在胸前交叠掩合后，以衣带或纽扣将衣襟上提至颈部，固定在颈一侧，配合适当的裁剪形成一个圆形领口。其衣袖最初为直袖或者箭袖，后来也有有类魏晋时期的肥阔的袍袖。唐代圆领袍衫因其于衫下施横襕为裳，故又称"襕衫"。据记载，这道横襕是唐太宗时中书令马周建议加上的，以示不忘上衣下裳的上古遗制。《新唐书·车服志》载："中书令马周上议：'《礼》无服衫之文，三代之制有深衣。请加襕、袖、褾、襈，为士人上服。开骻者名曰缺骻衫，庶人服之。'……太尉长孙无忌又议：'服袍者下加襕，绯、紫、绿皆视其品，庶人以白。'"可见，唐代的圆领袍衫可以分为两类：两侧开衩者为缺骻衫，多为黑白两色，为平民百姓所服。两侧不开衩者，在下摆处横加一条者为襕衫，是唐代官员士人上服。襕衫为后世沿袭，明清时为秀才举人公服。

在官员常服的服色方面，唐朝在隋代的基础上，经过一些调整最终定型。贞观四年（630年），唐太宗李世民下诏规定，"三品以上服紫，四品、五品服绯，六品、七品服绿，八品服青，妇人从其夫色"。后来，官员服色及与之配套的腰带的规定更加细致。"以紫为三品之服，金玉带銙十三；绯为四品之服，金带銙十一；浅绯为五品之服，金带銙十；深绿为六品之服，浅绿为七品之服，皆银带銙九；深青为八品之服，浅青为九品之服，皆瑜石带銙八；黄为流外官及庶人之服，铜铁带銙七"（《新唐书·车服志》）。后因"深青乱紫"，唐高宗李治龙朔二年（662年）改八品九品着青为碧。圆领袍衫之内还需穿圆领中衣，中衣的颜色原先没有具体规定，一些人穿着朱紫青绿等官服颜色的内衣，并故意暴露，冒犯了等级制度。唐高宗咸亨五年（674年）还进一步对内衣做了限定，在颜色上不得仿照官服。"在外官人百姓，有不依令式，遂于袍衫之内，着朱紫青绿等色短衫袄子，或于闾野，公然露服，贵贱莫辨，有蠹彝伦。自今已后，衣服下上，各依品秩，上得通下，下不得僭上，仍令所司严加禁断"（《唐会要》卷三十一）。"上得通下，下不得僭上"，改变了以往礼制规定的上下各安其位的做法，给予上流阶层更多的自由，成为传统服饰等级制度的原则，为后世所沿用，直至等级社会被终结。至于北朝流行的裤褶服，唐初也可穿朱衣、大口裤入朝，后因裤褶非古礼而被禁止，但戎服、乘马之时仍可使用。

幞头，亦名"折上巾"，可用来代替冠服，属于官员常服不可缺少的组成部分，也可以作为普通男子的首服。幞头一般认为起源于北周，但到唐初才定型，以后样式不断有所变化。《唐会要》载："折上巾，军旅所服，即今幞头是也。自后纱帽渐废，贵贱用之。故事全复皂而向后幂发，俗谓之幞头。周武建德中裁为四脚。"幞头两脚左右伸出，称"展脚幞头"，为文官所戴；两脚脑后交叉，称"交脚幞头"，为武官所戴。此外，还可以根据幞头两脚的样子分为硬脚幞头、长脚罗幞头、翘脚幞头、直角幞头等。幞头一般都是用黑纱罗制成，其下有衬，称为"巾子"。古人束发后，先戴上巾子，再以幅巾裹头。巾子是用苎葛、藤草、篾竹或马尾在桐木模具上编织而成，上漆后用来罩住发髻。早期以软胎、微向前倾为常见，以后则渐渐变高、变圆、变尖。杜佑《通典》载："巾子，大唐武德初始用之，初尚平头小样者，天授二年，武太后内宴赐群臣高头巾子，呼为武家诸王样。景龙四年三月，中宗内宴赐宰臣以下内样巾子，其样高而踣，皇帝在藩时所服，人号为英王踣样。开元十九年十月，赐供奉及诸司长官罗巾及官样圆头巾子。永泰元年，裴冕为左仆射，自创巾，号曰仆射样。"晚唐以后，为了增加幞头的高度，便于脱戴，开始在幞头内衬用桐木做骨子的木山子。《朱子语类》载："唐人幞头，初止以纱为之，后以软，遂斫木作一山子，在前衬起，名曰'军容头'，其说以为起于鱼朝恩。一时人争效之。其先幞头四角有脚。两脚系向前。两脚系向后。后来遂横两脚。以铁线张之，然惟人主得裹此。世所画唐明皇已裹两脚者，但比今甚短，后来藩镇遂亦僭用。"

　　唐朝官员的常服，在北京唐代壁画墓中有多处出现，在一定程度上可以反映当时的服饰状况。1991年，在距当时的延庆县城东南约2.5公里的铝箔厂院内发现一座保存完好的唐代壁画墓，墓主为卒于开元二十二年（734年）的侯臣。"在棺床后面的北壁上，绘有屏风式的六幅画，每幅画都有红色边框，框内绘人物一个、大树一株和山石两块。六幅画中人物皆为男性，体形肥胖，身穿相同的圆领宽袖红袍衫，裤腿肥大，头戴方冠，脚穿翘头履，展示的墓主人生前饮酒、吟诗的生活场景"（董坤玉著：《北京考古史》魏晋南北朝隋唐卷，第80页）。红色官袍应该是四品或五品官员的服色，所配带銙应该为金质。但是在墓室中只发现了两件属于低级官员的铜带饰，墓室并未被盗，说明当时幽州地区存在着僭越风气，似乎可以为日后的安史之乱做一个小小的注脚。

　　另外，1988年在陶然亭发现的何府君墓，墓主卒于乾元二年（759年），正处于安史之乱期间。墓室西壁北侧和北壁西侧各有一幅壁画，其中西壁有墓主人和侍女形象。通过对图像的观察可见，墓主身着圆领袍衫，所戴幞头顶部圆大，俯向前额，长脚罗幞头，属于唐玄宗"开元内样"巾子风格。从何府君的官服幞头样式看，当时幽州的服饰时尚还是与长安紧密相连的。

　　鞢䪣带，又称蹀躞带，据记载，最早出现在战国时代，是由胡

何府君墓壁画

人骑士传入内地的。沈括《梦溪笔谈》载："所垂鞢𮢶盖欲佩带弓、剑、帉帨、算囊、刀砺之类。自后虽去鞢𮢶，而犹存其环，环所以衔鞢𮢶，如马之鞦根，即今之带铐也。天子必以三环为节，唐武德贞观时犹尔。开元之后，虽仍旧俗，而稍褒博矣。"鞢𮢶带的形制，大抵由带头、带鞓、带铐及铊尾等组成。唐代的革带不用带钩，而用带头的扣板扣结。带鞓，就是皮带。带铐也叫带板，是从鞢𮢶带上的牌饰演变而来的一种装饰，其造型有方形、圆形、椭圆形及鸡心形等。传统带铐其下有小环连接垂下狭窄的皮带条即鞢𮢶，皮带条可以拴物后在小环中系紧。铊尾即带尾，是钉在鞓头用以保护革带的一种装置，以后发展成一种装饰。到唐代，鞢𮢶带曾一度被定为文武官员必佩之物，以悬挂算袋、刀子、砺石、契苾真、哕厥、针筒、火石袋等七件物品，俗称"七事"。开元年间以后，一般官吏不再佩挂七事，带铐下的皮带条也不再保留。自此，鞢𮢶带在史籍中也逐渐被"金带""玉带"等取代成为区别官员品阶的标志物。但在民间，特别在妇女中间，鞢𮢶带却更为流行，只是省去了原来的"七事"，保留下狭窄的皮条，作为一种装饰。鞢𮢶带是官员身份的标志，在北京地区唐墓中出土了不少银或铜制的带扣、带饰，可以验证这一制度。另外，它也是下属进贡朝廷以及唐朝皇帝赏赐臣下的重要物品。《新唐书》记载有安禄山的堂兄弟安思顺在天宝初年"进五色玉带"。天宝九年（750年），唐玄宗"召禄山男庆绪及女婿归义王李献诚，禄山养儿王守忠、安忠臣等赴阙，到日并赐衣服、玉腰带、锦彩等，仍令尚食供食"（姚汝能《安禄山事迹》上）。

在穿鞋方面，唐朝文武官员的常服都穿乌皮靴。靴子一般被认为是从中亚地区传入，属于胡服。但辽宁、江西、青海等地的考古发现表明，在新石器时代就有穿靴陶人像和短靴形陶器存在，商周遗址中也发现过靴及与靴相关的文物，说明中国国内上古时期也有靴的存在。尽管如此，华夏族起初并不常穿，穿靴因便于骑乘，成为游牧民族的风习，故而靴也被视为胡服。乌皮靴，又称乌皮六合靴、六合靴，一般用6块黑色皮革缝缀而成，看上去有六条缝，故名。《旧唐书·舆服志》载："隋代帝王贵臣，多服黄文绫袍、乌纱帽、九环带、乌皮六合靴。""武德初，因隋旧制。……其折上巾、乌皮六合靴，贵贱通用。"靴子虽然成为官员常服，但直到唐初仍不许官员着靴入朝。贞观年间，经过马周的改造，靴子终于可以出入殿堂了。马缟《中华古今注》记载："靴者，仿古西胡也。赵武灵王好胡服，常服之，其制短靿黄皮，闲居之服。至马周改制，长靿以杀之，加之以毡及绦，得着入殿省敷奏，取便乘骑也，文武百僚咸服之。至贞观三年，安西国进绯韦短靿靴，诏内侍省分给诸司。"除了皮靴以外，唐时的靴子还有毡靴、锦靴以及麻布靴等。

幽州地区的官员着靴的情况，限于史料难以具体叙述。观察北京地区墓葬壁画或墓志盒的相关图像，可以发现绝大多数人物形象均着礼服需要的高头方舄，只有少数图像武士俑及家居图中人物穿着靴子。1992年9月，考古工作者在海淀区八里庄发现唐平州刺史王公淑的夫妇合葬墓。墓中有壁画，"南壁壁画东侧画一人物，仅存腿部，粉长裤外套长裙，脚穿长靴，从脚摆放的姿势来看，此人微侧身面向西。南壁西侧对称位，也有一人物，残存腿部，脚着一双麻鞋，脚尖向东，其脚后有一凤头扁壶状器物置于地面"（北京市海淀区文物管理所：《北京市海淀区八里庄唐墓》，《文物》1995年第11期）。不仅是男子穿靴子，女子也穿靴。另外，据房山云居寺石经记载，当时幽州市场有专门的靴行，说明靴子是官方民间比较普遍穿着之物。

唐代官员还有一种特殊的佩戴物鱼袋。鱼袋，顾名思义就是盛鱼符的口袋，它是高官与荣誉的象征。鱼符和战国秦汉的虎符一样，是调兵遣将的凭证，也是确认官员身份防止召命时出现诈伪之物。佩戴鱼符在隋代即已开始，《隋书·高祖纪》记载有，开皇十五年（595年），隋文帝下令，"京官五品以上佩铜鱼符"。当时只是直接佩戴于腰间，并无鱼袋。唐朝沿袭了这一制度，并将鲤鱼与唐的国姓李附会成瑞应之说。因此，当时的文献就有，唐"以鲤为符瑞，为铜鱼符以佩之"的说法（［唐］张鷟《耳目记》）。唐代的鱼符开始用袋子盛放，以金装饰者为金鱼袋，以银装饰者为银鱼袋。鱼袋的样式，孙机在《中国古舆服论丛》一书中说："鱼袋则是在木胎上包皮革制成，所谓金、银鱼袋，只不过是说袋上镶有金、银薄片所制鱼形小饰件而已。"

唐高宗时规定，"五品以上随身鱼、银袋，以防召命之诈，出内必合之。三品以上金饰袋"（《新唐书·车服志》）。当时鱼袋主要还是官员出入宫禁的凭符，在本人离职或亡故的时候要收缴回去。到唐高宗永徽五年（654年）时又规定，五品以上官员去世后，其随身鱼袋不须追收，鱼符、鱼袋的身份验证功能逐渐丧失。武则天统治时期，鱼符被更换成龟符。《耳目记》做如此解释："武姓也；玄武，龟也。又以铜为龟符。"同时，原本只有京官才佩戴的符袋扩充到地方都督、刺史、外官使用此物，说明其宫禁防诈伪的功能基本消失，成为对高官的一种褒奖的标志了。天授二年（691年）以后，品阶不足以穿紫色袍服的官员可以借紫，同时一并借鱼袋，进一步放宽了限制。武则天去世后，龟符又改回了鱼符。

自唐玄宗朝以后，鱼袋进一步泛滥。《新唐书·车服志》："百官赏绯紫必兼鱼袋，谓之章服。当时服朱紫佩鱼者众矣。"同时，鱼袋开始成为褒奖军功的物品，前方的将领可以先赏后奏。开元二年（714年），朝廷有令："承前诸军人多有借绯及鱼袋者，军中流品此色甚多，无功邀赏，深非道理。宜敕诸军镇但是从京借并军中权借者，并委敕到收取。待立功日，据功合得郎将以上者，委先借后奏。"包括幽州在内的前线诸军，"既临贼冲，事藉悬赏，量军大小各付金鱼袋一二十枚、银鱼袋五十枚，并委军将临时行赏"。安禄山在安史之乱爆发之前，"遂令群胡于诸道潜市罗帛，及造绯紫袍、金银鱼袋、腰带等百万计，将为叛逆之资，已八九年矣"（姚汝能：《安禄山事迹》卷上）。百万之多的鱼袋等物，说明鱼袋在幽州已经异常泛滥，几乎成为徒具形式的装饰之物了。

在戎服方面，唐代幽州一直是北方最重要的军事重镇，驻扎了大量的军队，戎装自然是当地比较常见的服饰，对人们的生活也产生了十分巨大的影响。从《北京考古史·魏晋南北朝隋唐卷》列举的68

方北京出土的唐代墓志看，其中墓主身份可考者，有一半以上的人具有武职或与之相关。与军事相关的马夫、持戟武士、胡服挎弓武士以及马匹、骆驼等人物、动物元素，在北京地区唐代墓葬壁画中比较常见。另外，在一些墓葬当中还有数量不等的武士俑被发现。其中，被提及较多的是史思明墓红陶武士俑。1981年春，考古工作者对位于丰台区王佐乡林家坟村西已经遭到破坏的史思明墓进行发掘，在墓中出土了铜辟邪、玉册、铜牛、包金铁马镫、象牙化石带饰等珍贵文物。同时被发现的还有属于5个个体的陶俑残片，经过复原只复原出1件红陶武士俑。该俑高32厘米，宽11.1厘米，厚9.6厘米，"为红陶质，彩绘大部已脱落。立姿，头戴帷帽，面部丰满，两手握拳拱于胸前，原似执物。身披翻领襕袍，两袖下垂于身体两侧。襕袍下垂至足，仅露足尖。内装也似襕袍类，束腰，下摆与外襕披袍同垂至地"（袁进京等：《北京丰台唐史思明墓》，《文物》1991年第9期）。文中的武士所戴的"帷帽"与唐代典籍中所提及的帷帽形制并不一样。《新唐书·五行志》载："唐初宫人乘马者，依周旧仪着羃䍦，全身障蔽，永徽后乃用帷帽，施裙及颈，颇为浅露。至神龙末，羃䍦始绝。"其中的帷帽，是唐代妇女常用的一种帽饰，四周有宽檐，檐下有下垂至颈部的丝网或薄绢以作掩面。图中武士所戴，与当时士卒常戴的毡帽或"压耳帽"的形制大体接近。《唐会要》载："广德二年三月，禁王公百吏家及百姓着皂衫及压耳帽子，异诸军官

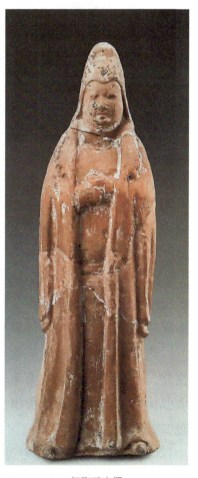

红陶武士俑

健也。"说明压耳帽是军官士兵常戴的帽子。唐代戎服还包括裤褶、
螣蛇、裲裆等形式，将官用袍，士兵用袄。唐朝半数以上的官兵均着
铁、革、绵制作的铠甲，铠甲有金、白、黑等颜色。据《唐六典》记
载，唐朝官兵的铠甲共13种，其中最著名的是明光铠。它以十字形
甲系结在胸前，左右两边各有一块围护和肩缀披膊。腰的下部左右各
有一块"膝裙"，小腿部位也各加一只"吊腿"。有的在铠甲前身左
右两片上，各在胸口处装有圆形护镜"护心镜"，铠甲背部连成一片。
前后两甲在肩部用带扣相连。两肩披膊作两重，上层作虎头或龙头
状，以烘托威猛气势。

此外，从武则天当政开始，官员的袍服上开始绣飞禽猛兽图案。
杜佑《通典》载："武太后延载元年五月，内出绣袍以赐文武三品以
上官。其袍文仍各有训诫，诸王则饰以盘石及鹿，宰相饰以凤池，尚
书饰以对雁，左右卫将军饰以对麒麟，左右武卫饰以对虎，左右鹰卫
饰以对鹰，左右千牛卫饰以对牛，左右豹韬卫饰以对豹，左右玉钤卫
饰以对鹘，左右监门卫饰以对狮子，左右金吾卫饰以对豸。"到玄宗
朝，"诸卫大将军、中郎以下给袍者，皆易其绣文。千牛卫以瑞牛，
左右卫以瑞马，骁卫以虎，武卫以鹰，威卫以豹，领军卫以白泽，金
吾卫以辟邪"（《新唐书·车服志》）。明清时期官员前胸后背的补服
以鸟兽区分官品，与唐代文武官员的绣袍或许有一定的关联。

2. 开放多元的民间服饰

隋唐时期的幽州，商业发达，手工业技术进步，各国各民族人口
杂居，加上唐王朝开放包容的气度，隋唐幽州服饰也为之一新。

隋唐时期，幽州的蚕桑生产和纺织品加工贸易从过去的低落迅速
恢复，达到了一个新的繁荣。由于均田制和租庸调法的实施，使个体
农民得到了土地，赋役负担也得到了减轻，幽州地区农业经济迅速恢
复。广大土地普遍被开垦，甚至原本贫瘠的山区也出现了良田沃土，
地区人口的数量也首次超过了东汉时期。魏晋南北朝时期受寒冷气
候影响而衰退的蚕桑业，也因气候回暖等原因迅速恢复起来。《新唐

书·地理志》载："瀛、莫、幽、易、涿、平、妫、檀、蓟、营、安东为析木津分。……厥赋丝、绢、绵，厥贡罗、绫、绸、纱、凤翮苇席。"《唐六典·尚书户部》亦记载："河北道，古幽、冀二州之境，……厥赋绢、绵及丝。厥贡罗、绫、平䌷、丝布、（锦）䌷、凤翮苇席。"幽州生产制作的各种纺织品，如布、绢、靴、帽等，除供应一般市民穿用之外，还有以"幽州范阳绫"为代表的工艺高超、质地上乘的绫、绢、绵等织品专门向唐王朝进贡。唐玄宗开元年间，张说为幽州都督时，"每岁入关，辄长辕轶辐车，辇河间、蓟州庸调缯布，驾轊连轪，坌入关门，输于王府"（《太平广记》卷四百八十五《东城老父传》）。通过这种场景，我们不难推断当时幽州地区的丝织业还是十分发达的。在幽州城北部设有一个固定的手工业区和商业区，称为"幽州市"。根据房山云居寺石经题记的统计，当时幽州市中有各个行业近30种，店铺千余家。其中与纺织品相关的行业有染行、布行、绢行、大绢行、小绢行、新绢行、小彩行、丝绵彩帛绢行、幞头行、靴行、杂货行等，不仅行业种类繁多，而且各行之间的分工也很细（北京图书馆金石组中国佛教图书文物馆石经组：《房山石经题记汇编》，书目文献出版社1987年版）。

除了各种纺织品的加工贸易，幽州地区的其他服饰用品加工制作也得到了快速的发展。在金属加工方面，铜铁冶炼业继续发展。唐玄宗开元初年，张说检校幽州都督命人"采铜于黄（燕）山，使兴鼓铸之利，命杕人斩木于燕岳，使通林麓之财"（孙逖：《唐故幽州都督河北节度使燕国文贞张公遗爱颂并序》，《全唐文》卷三一二）。在北京地区出土的唐代中前期的铜镜，常见的纹饰题材包括雀绕花枝、三乐图、双鸾衔绶、瑞兽葡萄、宝相花等，制作和纹饰精细、新颖，镜面抛光度较强。史思明墓出土的铜牛、铜辟邪，也可以印证这一时期工艺之精。此外，铜发簪、带饰、带扣等物，也是北京唐墓中比较常见之物。金银器制作，是唐代幽州一个新兴的手工业部门。金银器皿主要有碗、盘、盒、杯、壶等，首饰主要有钗、簪、环、钏、坠和妇女衣饰等。钣金、浇铸、焊接、切削、抛光、铆、镀、捶打、刻凿等工艺十分纯熟。在风格上，唐代前期的金银器皿器型和纹饰曾受到波斯金银器皿的影响，唐代中期后逐渐与华夏原有的民族传统文化融合。在北京地区唐代墓葬中，有不少金属服饰用品出土。例如，1972年，北京昌平唐墓中还出土有银发钗3件，均为双股，其中两件柄端剖面为圆形。长13厘米，宽1.5厘米。另一件柄端平面犹如今日之戒指面，中间平面略高于四周，并有一道凸棱，残长11厘米，宽2厘米。

这一时期，幽州也是全国各地以及域外的服饰产品的重要汇集地。作为中国北部的重要货物集散中心和边境贸易重地，幽州的边市贸易也很发达，交易规模相当可观。幽州是东北平原、蒙古高原进入中原的交通要道，大量北方的牲畜毡裘，中原的粮食丝茶等物在此集散。张说在铸造铜铁、采伐林木之余，还"命圉人市骏于两蕃，使颁质马之政；命廪人搜粟于塞下，使循平籴之法"。与塞外少数民族交换马匹等畜牧业产品，与中原地区进行粮食贸易，成为不同性质区域经济交流的重要枢纽。伴随着大运河以及海运的开通，江南各地的各种物资大量转运到幽州，使得商业贸易更加发达。唐玄宗时期，幽州地区的官兵军饷主要依靠江南海运。杜甫的《后出塞五首》之四："云帆转辽海，粳稻来东吴。越罗与楚练，照耀舆台躯。"《昔游》："幽燕盛用武，供给亦劳哉。吴门转粟帛，泛海陵蓬莱。肉食三十万，猎射起黄埃。"这些诗句，就是南方物资海运至幽州的生动写照。

隋唐五代时期，幽州还是一个多民族杂居的大都市。唐代在幽州设立了幽州都护府，并侨置了众多的羁縻州县，是北方契丹、靺鞨、突厥、高句丽等族与汉族的杂居之地。唐代的幽州城分26坊，北宋路振《乘轺录》中称："城中凡二十六坊，坊有门楼，大署其额，有罽宾、肃慎、卢龙等坊，并唐时旧名也。"其中，罽宾坊的"罽宾"为西域古国，位于今天的阿富汗境内。唐贞观十一年（637年），西罽宾国曾遣使献名马，自后朝献不绝。贞观十九年（645年）征辽东时，唐太宗曾调动西域诸国兵马参战，其中包括罽宾国兵马。唐太宗班师，曾在幽州停留，对从征人马进行安置，部分罽宾国人留在幽州城内，鬺宾坊因此得名。肃慎坊应是黑水靺鞨在幽州城的居住地，肃慎是今天满族的祖先，很早就在北京境内居住，唐时居住在东北地区的黑水靺鞨为其后裔的一支。幽州还有归仁里、归化里等坊，显然也是安置少数民族居民的居住区。唐时，归化的胡人首领经常被封为归仁将军、归仁侯、归义王、归义侯等。例如，上文提及的安禄山的女婿归义王李献诚，就是奚族首领。其父李诗在归顺唐朝时被封为归义王，并在幽州地区安置。《旧唐书·奚国》载："奚酋长李诗琐高等以其部落五千帐来降，诏封李诗为归义王兼特进、左羽林军大将军同正，仍统归义州都督，赐物十万段，移其部落于幽州界安置。"这些坊名在一定程度上可以说明，当时的幽州城内有数量众多的少数民族以及外来居民居住。同时，唐在幽州地区设立节度使，并驻扎重兵，其中属于少数民族的将士也为数不少。安禄山、史思明皆为胡人，其手下将士也多半为胡人。《新唐书·安禄山传》记载，安禄山"养同罗、降奚、契丹曳落河八千人为假子，教家奴善弓矢者数百"作为自己的私人武装。

当时的幽州地区还有大量的胡族商人活动，将各地的货物贩运到幽州销售。发迹之前的安禄山是一个"善揣人情，解九蕃语"的人，常年在边市"为诸蕃互市牙郎"，凭着语言天分在不同民族背景的商人交易中充当翻译和中介。得志以后，他仍然"潜于诸道商胡兴贩，每岁输异方珍货计百万数"。他还笼络控制着大批的胡商，为他搜罗奇珍异宝以邀宠朝廷，并为日后兴兵积蓄物资。"每商至，则禄山胡服坐重床，烧香列珍宝，令百胡侍左右，群胡罗拜于下，邀福于天。禄山盛陈牲牢，诸巫击鼓、歌舞，至暮而散。……又每岁献俘虏、牛羊、驼马，不绝于路，珍禽奇兽、珠宝异物，贡无虚月，所过郡县，疲于递运"（姚汝能：《安禄山事迹》卷上）。唐代的幽州也是胡商的聚集地，史书上经常有在幽州地区招募胡商充实边地州县的记录。《旧唐书·宋庆礼传》记载，开元五年（717年），御史中丞兼检校营州都督宋庆礼在柳城筑立营州城（今辽宁朝阳），"开屯田八十余所，追拔幽州及渔阳、淄青等户，并招辑商胡，为立店肆。数年间，营州仓廪颇实，居人渐殷"。

唐代国力强盛，经济繁荣，文化开放而包容，在服色、服式上都呈现出多姿多彩的景象。幽州虽然地处偏远，远离唐统治中心长安和洛阳，但因其是具有重要战略意义的北方重镇，与中央往来频繁，关系密切，在服饰方面与长安等地具有一致性的一方面。

唐代的妇女以丰腴富态为美，其冠服之雍容华丽，妆饰之新奇纷繁，为自古所罕见。唐代女子服饰有薄、透、露的袒领短襦半袖，体现"粉胸半掩凝晴雪""胸前瑞雪灯斜照"的成熟风韵，与敢于展示自我的大胆开放着装。这种形象在唐代的壁画和文学作品中经常可以见到，即使朝廷屡次禁止，也无济于事。在性感开放的同时，又具富贵端庄的气质。多褶多幅绮罗锦绣的曳地长裙，流光溢彩，配以帔帛，富贵华美之气毕露。五代王仁裕《开元天宝遗事》记："长安士女游春野步，遇名花则设席藉草，以红裙递相插挂，以为宴幄，其奢逸如此也。"裙子可以做帷幄使用，其阔大曳地的状况可以想见。对于越来越奢侈的妇女裙服，唐代统治者也曾试图矫正。如唐文宗朝规定："妇人裙不过五幅，曳地不过三寸，襦袖不过一尺五寸。"（《新唐书·车服志》）然而，最终收效甚微。

上层妇女的服饰颜色也十分艳丽，纹饰变化繁多。妇女的裙色有红、紫、黄、绿等，还大量使用间色裙，裙上图案花纹随时尚而变化。但总的来说，唐代以红色石榴裙最为流行。武则天的《如意娘》有"不信比来长下泪，开箱验取石榴裙"之语。万楚《五日观妓》也有"眉黛夺将萱草色，红裙妒杀石榴花"的描绘。在发饰方面，唐代少女梳鬟，已婚妇女梳髻，均有各式各样的梳理方式，但仍然与魏晋南北朝时期一样以高髻为时尚。同时，画眉、额黄、花钿、面靥、点唇等，则是面部化妆常用的形式，再配以各种华贵的珠翠金银首饰，形成至今仍让人称道的大唐气息。

北京地区的考古发现以及史料记载，也在一定程度上反映了唐代妇女装饰的特点。刘济墓的壁画，尽管已经大多漫漶不清，但通过科技手段复原，依然可以发现在进门两壁绘有仕女图像，在主室的墙壁上隐约可以看见一个体态丰满的女子在翩翩起舞的图像。在海淀八里庄王公淑墓中，东壁壁画"残存画面上有一端坐人物的下半身，身着蓝色长裙，红色和淡绿色花纹相间的宽袖，一只纤手置于膝上"。墓中还出土了两件陶制女子人物造型，"正面是浮雕状的人物形象，五官和衣褶都表现得惟妙惟肖，背部为平面。其中一件是一人盘腿而坐，手捧笙正吹奏，人物高11厘米；另一件是一人舞蹈的形象"（北京市海淀区文物管理所：《北京市海淀区八里庄唐墓》，《文物》1995年11期）。通过图像观察，这两位女子面部丰满，梳着高大鬟髻，窄袖缦衫，露胸披帛，为当时流行的服饰形式。唐代孟棨的《本事诗》记载，幽州节度使"朱滔括兵，不择士族，悉令赴军，自阅于球场。有士子容止可观，进趋淹雅。滔召问之曰：'所业者何？'曰：'学为诗。'问：'有妻否？'曰：'有。'即令作寄内诗，援笔立成。词曰：'握笔题诗易，荷戈征戍难。惯从鸳被暖，怯向雁门寒。瘦尽宽衣带，啼多渍枕檀。试留青黛着，回日画眉看。'又令代妻作诗答曰：'蓬鬓荆钗世所稀，布裙犹是嫁时衣。胡麻好种无人种，合是归时底不归'。滔遗以束帛放归"。史料反映了藩镇割据连年征战对寻常百姓的生活造成了巨大的危害，即使书生之家的妻子也是蓬鬓荆钗布裙的贫苦装扮。同时也说明，青黛画眉是幽州妇女无论贫富都有的习惯，也是夫妻恩爱的一种体现。

除了各种华丽新奇的装饰之外，服用男装与偏好胡服也是唐朝妇女服饰与以往不同的时尚。唐朝社会风气开放，对妇女的束缚明显小于其他朝代，甚至还出现了中国历史上第一位也是唯一一位女皇帝武则天。社会风气开放，除了上述薄、透、露的展示自我的穿衣方式之外，妇女服用男装也是重要表现之一，一反以往儒家"男女不通衣裳"的规定。女子服用男装，唐朝的上流妇女起到了示范和引领作用。《新唐书·五行志》记载，唐高宗时，"高宗尝内宴，太平公主紫衫玉带，皂罗折上巾，具纷砺七事，歌舞于帝前。帝与武后笑曰：'女子不可为武官，何为此装束？'"在唐代画家张萱的《虢国夫人游春图》以及周昉的《纨扇仕女图》中，均有男装袍服腰带的仕女形象。流风所及，无论宫廷内外朝野上下，女子男服成为一种强大的时尚。《大唐新语》载："天宝中，士流之妻，或衣丈夫服，靴衫鞭帽，内外一贯矣。"《旧唐书·舆服志》有，妇女"露髻驰骋，或有着丈夫衣服靴衫，而尊卑内外斯一贯矣"。这种风尚在幽州地区也有所表现。在陶然亭何府君夫妇合葬墓的壁画中，位于墓主身后的侍女，身着圆领袍服，束腰带，一副男装打扮。

偏好胡服，也是唐代服饰文化开放的一个重要表现。唐代长安不仅是中国的政治经济文化中心，也是当时著名的国际大都会，是东西方文化交流的中心舞台。在长安长期居住的有鲜卑、突厥、契丹、吐蕃、回鹘等国内少数民族，也有来自东亚、南亚等地毗邻的新罗、日本、印度的使者客商，还有丝绸之路沿线的国家如波斯、大食、东罗马帝国等国的居民。各地使团往来不断，形成"万国衣冠拜冕旒"的盛况。不少外国人士还在唐朝廷中担任各种职务，为以往历朝所罕见。《大唐新语》记载："则天朝，蕃客上封事，多获官赏，有为右台御史者。则天尝问张元一曰：'近日在外，有何可笑事？'元一对曰：'……左台胡御史，右台御史胡。'胡御史，元礼也；御史胡，蕃人为御史者。"历史学家向达在《唐代长安与西域文明》一书中写道："第七世纪以降世纪以降之长安，几乎为一国际都会，各种人民，各种宗教，无不可于长安得之。太宗雄才大略，固不囿于琐微，而波斯毯之盛行唐代，太宗即与有力焉。开元、天宝之际，天下升平，而玄宗以声色犬马为羁縻诸王之策，重以藩将大盛，异族人居长安者多，于是长安胡化盛极一时。此种胡化大率为西域风之好尚：服饰、饮食、宫室、乐舞、绘画，竞事纷泊；其极社会各方面，隐约皆有所化，好之者盖不仅帝王及一两贵戚达官已也。"胡服在唐朝开明的政治文化背景下，为上到宫廷、达官贵族，下至庶民百姓各个阶层所喜爱和采用，具有很大影响力。《旧唐书·舆服志》载："太常乐尚胡曲，贵人御馔尽供胡食，士女皆竞衣胡服。"

幽州是胡人聚居的城市，特别是安禄山、史思明曾长期经营，胡服的影响自然不免。元稹《法曲》载："自从胡骑起烟尘，毛毳腥膻满咸洛。女为胡妇学胡妆，伎进胡音务胡乐。火凤声沉多咽绝，春莺啭罢长萧索。胡音胡骑与胡妆，五十年来竞纷泊。"虽然说的是安史之乱以后长安胡风泛滥，安禄山的大本营幽州的情况也应不逊于长安。安史之乱以后，长安的胡服之风在很大程度上受到抑制，而幽州地区的女子胡风依然明显。苏鹗《杜阳杂编》记载：唐敬宗"时有妓女石火胡，本幽州人也，挈养女五人，才八九岁，于百尺竿上张弓弦五条，令五女各居一条之上，衣五色衣，执戟持戈，舞《破阵乐》曲，俯仰来去，赴节如飞。是时观者目眩心怯。火胡立于十重朱画床子上，令诸女迭踏以至半空，手中皆执五彩小帜，床子大者始一尺余。俄而手足齐举，为之踏浑脱，歌呼抑扬，若履平地"。其中五彩衣、浑脱舞，都属于西域衣饰与歌舞。

幽州的服饰时尚与唐代长安等地存在相同的一面，也存在着不同的一面。长安的万邦来朝、歌舞升平、奢侈铺张的太平气象，在幽州几乎难以见到。苦寒的地理条件，频繁的战争以及长期与少数民族杂居等因素，也造就了其独特的民风民俗，进而影响到其服饰文化。隋唐时期尽管幽州地区在经济、文化教育等方面逐步缩小了与发达地区的差距，但燕地自古以来彪悍尚侠的民风，并未因此而消亡。《隋书·地理志》载：幽州等地"皆连接边郡，习尚与太原同俗，故自古言勇侠者，皆推幽、并云。然涿郡、太原，自前代以来，皆多文雅之士，虽俱曰边郡，然风教不为比也"，"性多敦厚，务在农桑，好尚儒学，而伤于迟重。前代称冀、幽之士钝如椎，盖取此焉。俗重气侠，好结朋党，其相赴死生，亦出于仁义"。宋人评论称："燕古为濒山多马之国，其土荞平，宜畜牧耕稼；其民翘健，便弓矢，习骑射，乐斗轻死"（《宋文选·议戎策》）。在安史之乱过程中，叛军集团发生了内讧，"城中相攻，杀凡四五，死者数千。战斗皆在坊市间巷间，但两敌相向，不入人家剽劫一物。盖家家自有军人之故，又百姓至于妇人小童，皆闲习弓矢，以此无虞"（司马光《资治通鉴考异》卷16）。也说明幽州地区百姓受战争环境影响，尚武之风已经深入到妇女儿童之中。

燕地独特的民风，给当时到燕地或到此游历的文人学者留下了深刻的印象。在唐人的诗赋中，有很多笔墨集中于此。大诗人孟浩然在《同张将蓟门观灯》中有，"异俗非乡俗，新年改故年。蓟门看火树，疑是烛龙然"。幽州地区胡汉混杂的民风民俗，与孟浩然的老家襄阳迥然不同，但热烈豪放的气息使他印象深刻。天宝十一年（752年），李白曾到幽州游历，写下了多篇有关幽州风物人情的诗作。幽州的苦寒气候、征战、离人愁思等，在他的诗歌里有许多描绘。"幽燕沙雪地，万里尽黄云。"（《送崔度还吴》）"途冬沙风紧，旌旗飒凋伤。画角悲海月，征衣卷天霜。"（《出自蓟北门行》）"烛龙栖寒门，光曜犹旦开。日月照之何不及此？惟有北风号怒天上来。燕山雪花大如席，片片吹落轩辕台。幽州思妇十二月，停歌罢笑双蛾摧。倚门望行人，念君长城苦寒良可哀。"（《北风行》）张说的《幽州新岁作》"去年荆南梅似雪，今春燕北雪似梅。共知人事何常定，且喜年华往复来。边镇戍歌连夜动，京城燎火彻明开。遥遥西向长安日，愿上南山寿一杯。"将燕地的苦寒气候、新年景致等展现无遗。

幽州健儿的勇武矫健、快意恩仇、慷慨悲歌的形象，更是诗文描绘的重中之重。曾在幽州报国从军的陈子昂，不仅写下《登幽州台歌》"前不见古人，后不见来者"这样的千古绝句，其《感遇诗三十八首》中的第三十四首："朔风吹海树，萧条边已秋。亭上谁家子，哀哀明月楼。自言幽燕客，结发事远游。赤丸杀公吏，白刃报私仇。避仇至海上，被役此边州。故乡三千里，辽水复悠悠。每愤胡兵入，常为汉国羞。何知七十战，白首未封侯。"幽州男儿快意恩仇、任侠报国又郁郁不得志，与他自己的遭遇何其相似。高适的《蓟门行五首》之四："幽州多骑射，结发重横行。一朝事将军，出入有声名。纷纷猎秋草，相向弓角鸣。"反映出幽州年轻的健儿强悍尚武，在猎猎秋草中挽弓射猎的动人的古幽州原野景象。类似的诗篇，还有许多。如杜甫的《后出塞五首》之四："献凯日继踵，两蕃静无虞。渔阳豪侠地，击鼓吹笙竽。"孟云卿的《行行且游猎篇》："少年多武力，勇气冠幽州。何以纵心赏，马蹄春草头。"李白对当地的胡族武士印象深刻，创作了著名的《幽州胡马客歌》。诗中"幽州胡马客，绿眼虎皮冠。笑拂两只箭，万人不可干。弯弓若转月，白雁落云端。双双掉鞭行，游猎向楼兰"的描写，使胡族武士虎皮冠等异族装扮以及彪悍威猛的形象，跃然纸上。

胡汉杂居、尚武重骑射的风气，使幽州地区的胡服风气与长安明显不同。长安的胡服之风是文化开放的结果，其猎奇尝新的色彩十分浓厚，而幽州出于实际需要的考虑更多。看似相同，实质上存在着很大的不同。

京师服饰文化（辽至清）

辽金到明清时期，北京由一座区域性城市逐步上升为中国北方乃至全国政治文化中心。这一时期的北京文化，被称为京师文化。京师为人文荟萃之地，有得天独厚的条件，汇集各地方的文化资源，使之释放出任何地方文化无可比拟的能量。在服饰文化方面，京师服饰文化无论在内在构成，还是特点地位等均发生了重大变化，成为中国乃至东亚地区服饰的代表与象征。

（一）辽金服饰

在北京成为都城以前，北京服饰属于地方服饰文化，具有明显的地域性、相对独立稳定、自成一体。成为都城以后，北京地区的服饰成为王朝政治、经济、民族与宗教等各方面重要政策的外在体现，其发展变化，都会直接或间接映射出王朝兴衰、世事变迁以及民族文化交融互鉴。

1. 辽南京服饰

辽朝是契丹族建立的政权。契丹族原属鲜卑族的一支，在潢河（西拉木伦河）与土河（老哈河）流域过着"逐寒暑，随水草畜牧"的生活。唐哀帝天祐四年（907年），也就是唐朝灭亡的那一年，耶律阿保机废除传统的部落选汗制，正式即皇帝位，成为契丹民族历史上的第一个皇帝。神册元年（916年），阿保机正式废除部落联盟制度，仿照汉人王朝体制建立"大契丹国"，史称"辽太祖"。即位后，耶律阿保机曾多次对幽州用兵，均以失败告终。后唐清泰三年（936年），河东节度使石敬瑭以割让幽云十六州为代价，换取了契丹军队的支持，从而当上了后晋皇帝。会同元年（938年），辽太宗耶律德光下诏改国号为大辽，升幽州为南京，又称燕京，建为陪都，为辽五京之一。辽南京的建立，北京的历史也进入一个新的阶段，开始由地域性的城市向中国北方政治中心城市转变。

辽代在国家行政管理方面，采取"因俗而治"的办法，实行南北分治的政策，"官分南、北，以国制治契丹，以汉制待汉人"（《辽史·百官志一》）。在汉人聚居的地区，辽地方行政制度实行道、府、州（军）、县四级制，与唐及北宋初期制度基本相同。这种南北分治的做法，在服饰上也同样体现了出来。《辽史·仪卫志》记载："太祖帝北方，太宗制中国，紫银之鼠，罗绮之筐，麇载而至。纤丽奕毳，被土绸木。于是定衣冠之制，北班国制，南班汉制，各从其便焉。"辽在北部游牧部族采用契丹服制，称"国服"；而在包括南京、西京（今山西大同）等地在内的南部地区则采用汉服。

契丹国服分祭服、朝服、公服、常服、田猎服、吊服等，主要根据契丹旧俗并结合汉地制度而成。辽代祭服是各种契丹礼服中规格最高的服饰，其中以祭山为大礼，最为隆重。其次则有大祀、小祀等。辽帝大祀"服金文金冠，白绫袍，红带，悬鱼，三山红垂。饰犀玉刀错，络缝乌靴"。"小祀，皇帝硬帽，红克丝龟文袍。皇后戴红帕，服络缝红袍，悬玉佩，双同心帕，络缝乌靴。"（《辽史·仪卫志》）

朝服，早期皇帝服实里薛衮冠，络缝红袍，垂饰犀玉带错，络缝靴，称为国服冕冠。辽太宗耶律德光时，改为锦袍、金带。契丹臣僚戴毡冠，金花为饰，或加珠玉翠毛，为汉魏时期步摇冠之遗风。公服，其特点之一就是头上裹巾。皇帝本人戴紫皂幅巾，着紫窄袍或红袄、玉束带。臣僚也着幅巾、紫袍。常服，臣僚便衣，谓之"盘裹"，为绿色窄袍，中单多红绿色。贵族服貂裘，以紫黑色为贵，青次之。另外，洁白的银鼠裘服也是上层人士的喜好之物。地位低下者则服貂毛、羊、鼠、沙狐裘。契丹皇后常服为紫金百凤衫，杏黄色金缕裙，首戴百宝花髻，足穿红凤花靴。宫女也有穿锦靴、戴貂额者。

昌平出土契丹男俑

辽代契丹族男女服装以长袍为主，男女老幼均可穿着。袍的形制，左衽，圆领窄衫，疙瘩式襻扣，袍带系结于胸前，下垂至膝。袍内套裤，裤腿塞于靴筒之内。妇女袍服又称为团衫，直领（立领），左衽居多，袍下着裤或裙。贵族妇女的团衫前长拂地，后长曳地一尺有余，垂红黄双色带。契丹族的服饰到后来也逐渐等级森严。辽代规定，"非勋戚后及夷离堇、副使、承应诸职事人，不得冠巾"。如果贵戚想服用幅巾，则需缴纳相当数量的牛马牲畜方可。《辽史·国语解》："契丹豪民裹头巾者，纳牛驼十头、马百匹，乃给官名曰舍利。"此外，辽道宗耶律洪基曾下令："夷离董及副使之族并民奴贱，不得服驼尼、水獭裘，刀柄、兔鹘、鞍勒、佩子不许用犀玉、骨突犀；惟大将军不禁。"（《辽史·本纪》卷二十一）

契丹族还有一颇具民族特色的服饰契丹扞腰，是契丹人粗犷强悍的民族性格和风格独具的草原文化的"物化"展现。扞腰，又称捍腰，是袍带的背饰，不分男女贵贱都可系服。扞腰为弧形，中间宽，两头窄。下缘平直，上缘为数个连弧组成。弧形长片可为妇女大袍后腰的带饰，穿戴时此弧片横陈腰后，抵于两肋，将两端以丝带束腰，在腹前打结以固定饰片。讲究的扞腰一般精选貂皮或天鹅、大雁颈部的细毛皮或金银制成，既可保暖也可护腰，又有装饰美化功能，使用时自腰后绕于腰上，在腰前打结。据《辽史·仪卫志》记载，扞腰为契丹皇帝的田猎服的组成部分，"皇帝幅巾，擐甲戎装，以貂鼠或鹅项、鸭头为扞腰。蕃汉诸司使以上并戎装，衣皆左衽，黑绿色"。

汉服是来自中原王朝的服制，主要是五代后晋的遗制，分祭服、朝服、公服、常服等类。《辽史·仪卫志》称："唐晋文物，辽则用之。"辽大同元年（947年），辽太宗耶律德光入汴（今开封），废后晋，以中原冕冠临朝，自此辽帝开始服用汉服。"二月朔，帝冠通天冠、绛纱袍，执大圭视朝。华人皆法服（百官朝服），北人仍胡服，立于文武班，百官朝贺。"（《契丹国志》）此后，汉服的使用不断扩充。辽太宗朝，遇到大礼，辽帝及南面官汉服，而太后及北面官仍着契丹服饰。到辽景宗乾亨年间（979—983年），北面官三品以上大礼也须用汉服。辽兴宗景福元年（1031年）以后，凡是重大礼仪活动全部改用汉服。

辽帝祭服为衮冕，由冕冠、玄衣、纁裳等组成，衣裳之上绣有中原传统的十二章纹。朝服是通天冠、绛纱袍、白裙襦、绛蔽膝、白假带方心曲领等。公服为翼善冠、柘黄袍、九环带、白练裙襦、六合靴。常服，辽代称"穿执"，为臣僚穿靴、执笏之意，辽帝着柘黄袍衫、折上头巾、九环带、六合靴。官员的汉服常服，也多仿唐后晋之制。《辽史·仪卫制》记载："五品以上，幞头，亦曰折上巾，紫袍，牙笏，金玉带。文官佩手巾、算袋、刀子、砺石、金鱼袋；武官韐鞢七事：佩刀、刀子、磨石、契苾真、哕厥、针筒、火石袋。乌皮六合靴。六品以下，幞头，绯衣，木笏，银带，银鱼袋佩，靴同。八品九品，幞头，绿袍，鍮石带，靴同。"1959年发现的赵德均墓及1981年发现的韩佚墓的壁画中，官员形象皆为展脚幞头、红袍、皂靴，与史料记载相合。

辽代北京地区的汉族百姓服饰，大多沿用唐五代服饰，但胡化的风气越来越浓重。路振《乘轺录》记载：当时的幽州，"居民棋布，巷端直，列肆者百室，俗皆汉服，中有胡服者，盖杂契丹、渤海妇女耳"。沈括北宋熙宁八年（1075年）出使辽国，其《熙宁使虏图抄》亦称："山之南乃燕蓟八州，衣冠、语言皆其故俗，惟男子靴足幅巾而垂其带，女子连裳，异于中国。"赵德均墓、韩佚墓的壁画中的女仆梳高髻，上绕环形饰物，体态丰满，方领宽袍，唐代遗风犹存。但是，同样是北宋使臣，一些人则发现汉族百姓不少也开始采用胡服。苏颂在北宋熙宁元年（1068年）出使辽国亦有"服章几类南冠系，星土难分列宿缠。安得华风变殊俗，免叫辛有叹伊川"，并自注"燕、蓟之人，杂居番界，皆削顶垂发以从其俗，惟巾衫稍异，以别番汉耳"（《前使辽诗》）。苏辙北宋元祐四年（1089年）使辽，其《燕山》诗云："割弃何人斯，腥膻久不浣。哀哉汉唐余，左衽今已半。"《出山》诗又云："汉人何年被流徙，衣服渐变存语言。"这些史料虽然描述不尽相同，但是可以得出的结论是，在这数十年间，随着民族杂居的深入，辽代北京地区契丹与汉族服饰不断走向交融。

在发式方面，契丹族有髡发的习惯，甚至部分契丹女子也髡发。沈括的《熙宁使虏图抄》有契丹"其人剪发，妥其两髦"。契丹人髡发的形式多样，文献记载较难叙说明白。根据耶律倍的《射骑图》、胡瓌的《卓歇图》以及各地辽墓壁画考察，其形式就可一目了然。契丹髡发形式大致包括：剪去头顶头发，只留下与前额相平的其余部分；只在前额保留不相连的两绺自然下垂的长发，其余剪去，一如沈括所言；在沈括所言髡发样式的基础上，还有几种变化：保留前额根部头发，做成三角或弯月状与两侧相连；或在前额中间留一条状短发，与两侧相连或不连；在脑后保留一绺头发。

卓歇图局部

辽人崇佛，佛教文化已然渗透到他们的生活之中，服饰也不例外。武玉环在《辽制研究》中指出："崇佛在一定程度上改变了辽朝传统的社会风俗，影响到辽代妇女的修饰、衣饰与饮食。""祭祀佛祖时，必素服素食。兴宗与皇太后曾着素服，饭僧于延寿、悯忠、三学三寺。""崇信佛教的家庭，其子女的名字都与佛教有联系。如宣懿皇后小名观音；景宗的女儿名为观音女、延寿奴；耶律弘益之妻萧氏名弥勒女；还有的叫天王女、大悲奴、和尚奴、菩萨哥等等。"

崇佛在妇女妆饰上的一个生动事例，就是辽代的"佛妆"。契丹女子常以瓜蒌做黄粉敷面，到了冬季，往往只是一遍遍加敷而不洗去，让这层逐渐厚起来的黄皮留在脸上越冬。待到春暖花开，洗去黄粉，肌肤不为风日所侵，故而洁白如玉。因佛教造像多以黄金装饰，于是辽代契丹女子的此种妆法，便冠名为"佛妆"。佛妆与中原迥异，为不少北宋文人官员所记载。彭汝砺诗："有女夭夭称细娘，真珠络髻面涂黄。南人见怪疑为瘴，墨吏矜夸是佛妆。"张舜民《使辽录》记有："北妇以黄物涂面如金，谓之'佛妆'。"朱彧《萍洲可谈》载："先公言使北时，见北使耶律家车马来迓，毡车中有妇人，面涂深黄，红眉黑吻，谓之'佛妆'。"除了佛妆外，契丹族妇女还有用牛鱼鱼鳔做花钿的习惯。她们用鱼鳔剪制成各种花朵、鱼形等各种形状，并制成阿胶贴于额上，卸妆时用热水敷软即可揭下。宋人孔平仲《孔氏谈苑》载："契丹鸭渌水牛鱼鳔，制为鱼形，妇人以缀面花。"

清代亦有诗歌纪咏："夏至年年进粉囊，时新花样尽涂黄。中官领得牛鱼鳔，散入诸宫作佛妆。"（史梦兰《辽宫词》）

2. 金中都服饰

代辽而起的是女真族建立的金。宋辽末年，生活于东北的女真族迅速崛起，公开起兵抗辽。辽天庆五年（1115年），完颜阿骨打称帝，建国号大金，改元收国元年，定都会宁（今黑龙江省哈尔滨市阿城区）。金天辅四年（1120年），北宋与金订立"海上之盟"，决定合力攻辽。两年后战役发动，金兵很快攻占了辽上京、中京、东京，夺取了辽大半故地。而宋军却连遭不利，反被辽军击败，只得派人向金求援。金兵遂挥师三路南下，占领了辽南京。金灭辽后，兵分两路复取已被北宋更名为燕山府的原辽南京。随后，金军南下，灭北宋。金夺取北宋燕山府后，改名燕京，置燕京路，将设在平州的枢密院移置于燕京。金皇统九年（1149年），海陵王完颜亮杀金熙宗自立。两年后，完颜亮下诏"广燕京城，营建宫室"。金天德五年（1153年），完颜亮将金国都自会宁迁至燕京，初名圣都，不久改称中都。海陵王迁都北京，拉开北京建都史大幕，从此北京成为中国北部的政治中心和民族融汇、凝聚中心。

金在建立之初，并没有严格的服饰制度。由于地处东北，气候寒冷，无论贵贱都以皮毛为衣，衣服窄小，着尖头靴，衣色尚白。富贵者春夏衣着多用纻丝制成，秋冬服装多用貂鼠、狐、貉、羔皮制作。当时服饰的等级制度尚未确立，即使贵为金主，平时也是皂巾杂服，与士庶无异。灭辽以后，金人进入燕地，开始模仿辽代的南北面官制。金灭北宋以后，将北宋皇宫中的法物、仪仗等全部搬运到关外，并在元旦、朝会、典礼等重要场合加以运用。从此，金代一改以往的朴实制度，开始衣服锦绣。特别是迁都中都以后，金代统治者进一步融合女真、契丹、北宋服饰文化，并上鉴汉、唐之制，确立了金代的服饰制度。金定都中都后，城中普通平民"衣缕金绮绣如宫人"，各种服色、明金文饰、金玉佩饰和龙纹装饰都在使用之列。金大定十三年（1173年），吏部尚书梁肃上《请立衣服禁约疏》称："今则吏卒屠贩奴仆之贱，各衣罗纨绮绣，服带金鱼，以致钱货尽入富商大贾及兼并之家。拟乞严行禁约，明定服色。"其后，金朝统治者对舆服制度进一步完善，官职决定其服饰的等级。

金代的服饰制度分礼服和常服等类型，因袭了历代遗制，等级界限更加严格。

金代皇帝的礼服大体采用宋制，而略加增损。其冕冠与唐宋时期的相比，显得更古老。青罗为表，红罗为里，冕天板下有四柱，前后珠旒共24个，真珠垂系，玉簪，簪顶刻镂云龙。衮服包括衣和裳两部分，衣用青罗夹制，五彩间金绘画，正面有日、月、升龙等图形，背面有星、升龙等图形；裳用红罗夹制，绣有藻、粉米等图形。凡是大祭祀、加尊号，皇帝服衮冕。而出行、斋戒出宫、御正殿，戴通天冠，着绛纱袍。皇帝临朝听政的服饰，金太宗完颜晟时服赭黄装，金章宗完颜璟即位后改服淡黄袍。常朝则戴小帽、红襕、偏带或束带。金代宗室、外戚及一品命妇服冠，衣服许用明金。五品以上的官员其母亲、妻子，许用霞帔。官员的朝服为貂蝉法服，公服分紫、绯、绿三等。金章宗时，又更制祭服以区别朝服。

金代的皇后冠服，有花珠冠、袆衣、裳、蔽膝、舄、袜等，与宋代接近，但更加讲究。以花珠冠为例，花珠冠也称"花株冠"，因有"花株各十二"而得名。冠以青罗为表，青绢衬金红罗托里，有九龙、四凤，前面大龙衔穗球一朵，前后有12棵花株，还有孔雀、云鹤、仙人等图案，用铺翠滴粉镂金装珍珠结制，下有金圈口，上用七宝钿窠。其他衣服配件也极尽装饰之能事，图案之多样，做工之考究，远胜以往各朝。

金代的礼服因袭前朝制度，但其常服则与以往不同，非常能反映女真服饰的特点。金代常服有巾、带、盘领衣和乌皮靴四类。

巾即幞头，女真幞头中比较普遍的是蹋鸱巾。南宋周辉的《北辕录》记载有，金代官员"无贵贱，皆着尖头靴，所顶巾谓之蹋鸱"。这种幞头是用皂罗若纱做成的，上结方顶，折垂于后，顶之下际两角各缀一块2寸的方罗，下附带长六七寸。在横额的上面，有的还做一个略微收缩的褶子。在方顶之上，女真显贵往往沿着十字缝缀珍珠，交叉之处有一颗大珠子，称为顶珠。这种幞头既延续了传统形制的某些特征，又通过几个折角的相互呼应增加了美感，另外幞头的两角还可以抽出系于下颏，便于骑马和抵御大风。此外还有贴金双凤幞头、间金交花脚幞头、金花幞头、拳脚幞头、素幞头等，大多为卫士、仪卫等所服用。

束带，又称吐鹘，玉为上，金次之，犀象骨角又次之。《金史·舆服志》记载，"铐周鞓，小者间置于前，大者施于后，左右有双铊尾，纳方束中，其刻琢多如春水秋山之饰，左佩牌，右佩刀"。金人的带制与汉族带制的共同点是带上有铐，带上的装饰物比汉族更加复杂多样，铐的安置也与汉族不完全一样。

石景山金墓壁画散乐图

盘领衣，其衣色多白，三品以上为皂，窄袖，盘领，缝腋，下为积，而不缺裤，衣长至胫骨与小腿间，以便于骑射。在衣服的胸、肩部、衣袖等处有金绣纹饰，图案随着皇帝狩猎的"春水""秋山"而不同。"春水"之服则多绣鹘鹰捕鹅以及花卉等，"秋山"之服则绣熊鹿山林等。盘领衣的式样和色彩、花纹，多用环境之色，可以起保护作用，便于接近被猎取的目标，极具其民族特点。

女真族女子的服饰与契丹组妇女比较接近，以团衫、裙服为主要服饰，"此皆辽服也，金亦袭之"(《金史·舆服志》)。团衫主要用黑紫或皂及绀等色，直领左衽，掖缝两旁多为双褶积。其裙服为襜裙，多以黑紫，上面绣满全枝花，周身六褶积。年老者的妇女以皂纱笼髻如巾状，上面以玉钿散缀，称为玉逍遥。许嫁之女，则服绰子，以红或银褐明金为之，对襟彩领，前齐拂地，后曳地5寸余。贵族妇女多戴羔皮帽，喜欢用金珠装饰。

女真男子的髡发形式与契丹不同，剪去前部头发，颅后留辫发，系以色丝，富贵者还以珠玉装饰。《大金国志·男女冠服》记载：女真"人皆辫发，与契丹异。耳垂金环，留颅后发，以色丝系"。

虽然契丹族和女真族的统治者均采用了中原的冕冠礼服制度，但在对待燕地汉族民间服饰方面，却采取了不同的做法。契丹族统治者实行"南北分治""各从其便"的政策，在燕地仍然允许汉族按照传统服用自己本民族的衣冠，对契丹族与汉族百姓之间的服饰汉化或胡化，均抱持了比较宽容开放的态度。而在金代初期，女真统治者在其占领区强制各族百姓改用女真衣服发式。天会四年（1126年），燕地被金攻占以后，金枢密院告谕河北、河东两路指挥使，"今随处既归本朝，宜同风俗，亦仰削去头发，短巾，左衽，敢有违犯者，即是犹怀旧国，当正典刑，不得错失"（《大金吊伐录·枢密院告谕两路指挥》）。天会七年（1129年），"金元帅府禁民汉服，又下令髡发，不如式者杀之"，"是时知代州刘陶，执一军人于市，验之顶发稍长，大小且不如式，即斩之。其后知赵州韩常、知解州耿守忠见小民有衣犊鼻者，亦责以汉服斩之。生灵无辜被害，莫可胜纪"（李心传《建炎以来系年要录》）。在这种政策压力之下，以及汉族百姓的主动适应，女真族的衣式、发式在汉族百姓当中逐渐扩展。范成大在《揽辔录》中叙述了自己所见，在包括燕地在内汉人的变化："民亦久习胡俗，态度嗜好，与之俱化。男子髡顶，月辄三四髡，不然亦闷痒。……村落间多不复巾，蓬辫如鬼，反以为便。最甚者，衣装之类，其制尽为胡矣。自过淮已北皆然，而京师尤甚。惟妇人之服不甚改，而戴冠者绝少，多绾髻。贵人家即用珠珑璁冒之，谓之方髻。"

在强迫其他民族服饰女真化的同时，金代统治者还禁止女真人模仿汉人装束。大定二十七年（1187年），金世宗"禁女真人不得改称汉姓，学南人衣装，犯者抵罪"（《金史·世宗纪下》）。泰和七年（1207年）金章宗再次强调禁令，对于改汉姓或学南宋装束者，"杖八十，编为永制"。尽管有比较严格的禁令，但实际效果有限。随着金中都经济的发展和文化的交流，女真族服饰的汉化仍不可避免地发生并深化。其重要原因之一是，女真族统治者醉心汉人文学及儒学，羡慕中原制度。《大金国志》记载：金"熙宗童时聪悟，得中国儒士教之，后能赋诗染翰，雅歌儒服，分茶焚香，弈棋象戏，尽失女真故态矣"，"视开国旧臣，则曰无知夷狄。及旧臣视之，则曰宛然一汉户少年子也"。金章宗"性好儒术，即位数年后，兴建太学，儒风盛行。群臣中有诗文稍工者，必籍姓名擢居要地，庶几文物彬彬矣"。在熙宗、章宗朝，金代的各种礼服、朝服采用汉制，北方的女真官僚也着宋式袍服，与南宋官员朝服无多分别。上行下效，加之进入繁华的金中都后，女真族保守势力的阻力逐渐减弱，汉化之风变得不可抑制。

（二）元朝服饰

元大都的建立，北京首次成为多民族统一国家的都城。南北的统一，使中国各地区、各民族的服饰汇聚于一地，游牧文明、农耕文明的服饰制度与风尚的交流更加全面深刻。同时，元大都还是一个多元文化共存的世界城市，来自亚欧的外来文化在这里汇聚，也为北京服饰文化增添了新鲜内容。

1. 蒙古族传统服饰

铁木真统一蒙古诸部，建大蒙古国，号成吉思汗。几年后，成吉思汗亲率蒙古大军三次攻打金中都，最终占领了该城。蒙古军攻占金中都后，改中都为燕京，设燕京路大兴府，管理周边地区。元太祖十二年（1217年）八月，又设行台尚书省于燕京，任命木华黎为天下兵马大元帅、太师、国王，全面指挥沙漠以南的军政大事。元宪宗元年（1251年），受蒙哥汗之

忽必烈像

命，忽必烈负责总领漠南汉地事务。此后10余年间，忽必烈任用了大批汉族幕僚和儒士，如刘秉忠、许衡、姚枢、郝经、张文谦、窦默、赵璧等，并提出了"行汉法"的主张。

中统元年（1260年）三月，忽必烈在开平即位称汗。五月，正式建年号"中统"。与此同时，蒙哥汗之幼弟阿里不哥也在哈剌和林（今蒙古人民共和国额尔德尼桑图附近）称汗。与阿里不哥的皇位争夺战中，忽必烈以燕京作为稳固的后方基地，利用中原雄厚的经济基础，最终取得了胜利。中统四年（1263年）五月，忽必烈正式定名开平为上都。至元元年（1264年）八月，忽必烈改燕京为中都。至元

八年（1271年），忽必烈接受刘秉忠的建议，正式改国号为大元替代"大蒙古国"。至元九年（1272年），忽必烈改中都新城为大都。1279年，随着南宋政权在崖山之役中彻底覆灭，大都成为全国政治文化中心。

蒙古族也是游牧民族，传统的穿着也是"胡服胡帽"。但与许多游牧民族常见的左衽不同，蒙古族传统袍服为右衽，一如南宋人所说的"其服右衽而方领"。当时的西方传教士鲁不鲁乞对此进行了比较具体的说明："这种长袍在前面开口，在右边扣扣子。在这件事情上，鞑靼人与突厥人不同，因为突厥人的长袍在左边扣扣子，而鞑靼人则总是在右边扣扣子"（〔英〕道森编：《出使蒙古记》，第120页，中国社会科学出版社1983年版）。蒙古人的袍子样式比契丹人的袍子宽大，有的在腰部缝以辫线，或钉上成排的纽扣，下摆部分折成密裥，俗称"辫线袄子"或"腰线袄子"。"腰间密密打作细褶，不计其数，若深衣上十二幅，鞑人摺多尔。"（〔宋〕彭大雅：《黑鞑事略》）这种袍服具有一定的伸缩性，便于马上驰骋，很受蒙古人特别是武士们的喜爱，元朝帝王贵族也将其作为便服。

在袍子质地上，尽管蒙古人后来也大量采用丝织品和棉织品制作衣服，但冬季最常用的还是皮毛衣服。"丝织品、织锦和棉织品，他们在夏季就穿用这类衣料做成的衣服。……在北方的降服于他们的许多其他地区，给他们送来各种珍贵毛皮，他们在冬季就穿用这些毛皮做成的衣服。在冬季，他们总是至少做两件毛皮长袍，一件毛向里，另一件毛向外，以御风雪；后一种皮袍，通常是用狼皮或狐狸皮或猴皮做成的。当他们在帐幕里面时，他们穿另一种较为柔软的皮袍。穷人则用狗皮和山羊皮做穿在外面的皮袍。"（《出使蒙古记》，第118～119页）除了皮袍（蒙古人称之为"答忽""搭护"）外，蒙古人还有"搀察"，即汉语"衫儿"，属于短上衣。还有裤子，冬季还要常备御寒的毛皮裤子。另外，在穿袍服的时候，还要在衣服外系一条彩带，成为系腰或腰线。"又用红紫帛捻成线，横在腰上，谓之腰线，盖欲马上腰围紧突出，彩艳好看"（《黑鞑事略》）。

在发式方面，蒙古族男子也有髡发的习惯，但其形式与契丹族、女真族男子的髡发形式不同。南宋孟珙的《蒙鞑备录》载："上至成吉思汗下及国人，皆剃婆焦，如中国小儿留三搭头。在囟门者稍长则剪之；在两下者总小角，垂于肩上。"出使过蒙古的意大利主教约翰·普兰诺·加宾尼所见之蒙古男子发式为："在头顶上把头发剃光，剃出一块光秃的圆顶，从一个耳朵到另一个耳朵把头发剃去三指宽，在前额上面，也同样把头发剃去二指宽。在这剃去二指宽的地方和光秃圆顶之间的头发允许它生长，长到眉毛那里；由于从前额两边剪去的头发较多，在前额中央剪去的头发较少，就使得中央的头发较长；其余的头发允许它生长，把它编成两条辫子，每个耳朵后面各一条。"（《出使蒙古记》，第7页）定都大都后，蒙古人辫发的形式变得更加丰富多样。在大都有专门的剃头店铺，为居民提供髡发服务。《析津志辑佚》亦有："剃头者以彩色画牙齿为记。"《永乐大典》收录的元代理发业著作《净发须知》中有"一答头""二答头""三答头""一字额""大开门""花钵椒""大圆额""小圆额""银锭""打索绾角儿""打辫绾角儿""三川钵浪""七川钵浪"等记载。其中，"钵椒"就是"婆焦"的另一种译法，"钵浪"在史籍中亦作"不狼儿"。

2. 元朝官服制度

蒙古族贵贱虽然在制衣材料上差别很大，但在很长时间里并未形成等级差别制度。南宋的郑思肖记载道："虏主、虏吏、虏民、僧道男女，上下尊卑，礼节服色一体无别。"（《郑思肖集》，第181～182页，上海古籍出版社1991年）直到元世祖忽必烈即位以后，在汉人谋士刘秉忠等人的建议和策划下，逐步形成了比较系统的服饰制度。元朝的礼服制度一方面吸收了金朝和南宋的制度，另一方面又远鉴汉唐之制，结合实际情形而创制的。《元史·舆服志》载："元初立国，庶事草创，冠服车舆并从旧俗。世祖混一天下，近取金宋，远法汉唐。"《元文类》亦云："圣朝舆服之制，适宜便事。及尽收四方诸国也，听因其俗之旧，又择其善者而通用之。世祖皇帝立国建元，有朝廷之盛，百官之富，宗庙之美，考古昔之制而制服焉。"

元朝皇帝的冕服，主要用于祭祀、册封、朝会等场合，其形制与中原王朝传统的皇帝冕服基本相同。冕服由衮冕、衮龙服、带、绶、舄等构成。值得一提的是，元朝皇帝穿戴衮冕后，缠身大龙图案成为皇室专用。延祐元年（1314年），元朝政府明确规定臣民一律不许使用龙凤纹服饰，并特别说明五爪二角为龙纹饰。元朝皇帝的朝服与辽代相类，也是通天冠、绛纱袍。公服则是展脚幞头、大袖盘领、束偏带。

元代百官公服沿用宋制，官吏穿礼服时，一律戴漆纱展角幞头，采用紫、绯、绿三种服色。一品至五品同为紫衣，六品、七品同为绯色，八品、九品同为绿色。和金代官服上绣制花卉山林等图案类似，元朝官服上也绣有不同花卉图案：一品饰大独科花，径五寸；二品饰小独科花，径三寸；三品散答花，径二寸，无枝叶；四品、五品小杂花，径一寸五分；六品、七品皆饰小杂花，径一寸；八品、九品素而无纹。束带则"一品玉带，二品花犀带，三品四品荔枝金带，五品六品七品八品九品俱乌犀角带"（《元典章》）。在官服用料方面，"一品二品服浑金花，三品服金答子，四品五品服云袖带襕，六品七品服六花，八品九品服四花。系腰，五品以下许用银并减铁"（《通制条格·衣服》）。百官公服只能用于朝会，不得用于会客、家祭、官员私贺。元仁宗皇庆二年（1313年）规定："公服乃臣子朝君之礼，今后百官凡遇正旦朝贺，候行大礼毕，脱去公服，方许与人相贺。"（《通制条格·仪制》）

元代的冕服、公服是沿袭前代并加以改进的产物，独特性不是很强。但其宫廷服饰中的男子的质孙服和女子的罟罟冠，却极具民族特色，具有很深的文化内涵，在我国服装发展史中占有一席之地。

质孙服，是元朝宫内举办大型宴会时的帝王及文武百官的预宴礼服。质孙，又称"只孙""济逊""只逊""积苏"等，蒙古语"颜色"的意思，汉语译作"一色"。《元史·礼乐志》载："预宴之服，衣服同制，谓之济逊。"质孙服的形制是上衣连下裳，衣式较紧窄且下裳亦较短，在腰间作许多的襞积，并在其衣的肩背间贯以大珠。同时，根据颜色和饰物的不同，又分成不同的种类。按照参加质孙宴的人的地位不同，质孙服的结构可分为两类：一类是帝王、大臣、贵族等上层社会的人士所穿的没有"细褶"的腰线袍以及直身放摆结构的直身袍；另一类是在质孙宴上的乐工、卫士等所穿的辫线袍。《元史·舆服志》记载有："质孙汉言一色服也，内廷大宴则服之，冬夏之服不同，然无定制。凡勋戚大臣、近侍赐则服之，下至于乐工卫士皆有其服，精粗之制，上下之别，虽不同，总谓之质孙云。"

元朝皇帝的质孙服，冬服有11种，夏服有15种。每级所用的原料和选色完全统一，衣服和帽子一致，整体效果十分完好。比如质孙冬服，衣服若是金锦剪茸，其帽也必然是金锦暖帽；若衣服用白色粉皮，其帽必定是白金答子暖帽。百官质孙服，冬服9种，夏服14种，也是根据衣料和颜色来搭配和区分的。

在元朝，质孙服是达官贵人地位和身份的象征，其重要性绝不逊于礼服与公服。质孙服是预宴之服，不同颜色质地均有对应的宫廷宴会。获得皇帝赏赐的质孙服种类越多，可参加的宴会就越多。我们知道，元朝的宫内大宴，规模盛大。柯九思《宫词》："万里名王尽入朝，法宫置酒奏箫韶。千官一色珍珠袄，宝带攒装稳称腰。"千官一色的服装，更加衬托了宴席的气氛。另外，元代的宴会也不是单纯的吃喝娱乐，有对各种国家大事的议论，还有巨额财物的分配赏赐。因此，能够参加宴会，不仅是一种极高的政治待遇，也是走向富裕的重要机遇。元朝皇帝赏赐质孙服数量的多寡，可以显示其对臣僚的赏识与宠爱程度，受赐者往往也以此为荣。因此，元朝史料中，受到赏赐质孙服这样的礼遇总是不吝文笔要记录在案的。例如元代前期元世祖忽必烈为奖励御史台大臣秦起宗，"元会，赐只孙服，令得与大宴"（《元史·秦起宗传》）。元代中期，元仁宗赏赐谢让"赐青鼠裘一袭、侍宴服六袭"（《元史·谢让传》）。史料记载中一次受赐最多的是少数民族大臣经筵讲官康里巎巎，元顺帝特赐康里巎巎"只孙燕服九袭及玉带楮币，以旌其言"（《元史·康里巎巎传》）。

由于质孙服的特殊作用与地位，蒙古当局对其十分重视，对其制作加工严格管制。元廷下令："只孙袄子裹肚不得将行货卖并织造，只孙人匠除正额织造外，无得附余夹带织造暗递发卖，如有违犯之人，严行治罪"（《通制条格·杂令》）。

罟罟冠是蒙古族已婚妇女的冠式。罟罟，又写作顾姑、罟姑、固姑、固顾、姑姑、故故等，波斯语作"孛黑塔"（意为：已婚妇女之帽）。罟罟冠形制非常特别，给人的印象也十分深刻，当时很多人均对此进行描述。李志常在跟随其师长春道长丘处机到大雪山（今阿富汗兴都库什山）拜会成吉思汗的途中看到：蒙古"妇人冠以桦皮，高二尺许，往往以皂褐笼之，富有者以红绡其木如鹅鸭，名曰故故。大忌人触，出入庐帐须低回"（《长春真人西游记》）。鲁不鲁乞也不厌其详地对这种新奇头饰加以介绍："妇女们也有一种头饰，他们称之为勃哈（即勃塔黑），这是用树皮或她们能找到的任何其他相当轻的材料制成的。这种头饰很大，是圆的，有两只

戴罟罟冠的元朝皇后

手围过来那样粗，有一腕尺（约18～22英寸）多高，其顶端呈四方形，像建筑物的一根圆柱的柱头那样。这种勃哈外面裹以贵重的丝织物，它里面是空的，在头饰顶端的正中或旁边插着一束羽毛或细长的棒，同样也是一腕尺多高；这一束羽毛或细棒的顶端，饰以孔雀的羽毛，在它周围，则全部装饰以野鸭尾部的小羽毛，并饰以宝石。富有的贵妇们在头上戴这种头饰，并把它牢牢地系在一个兜帽上，这个帽子的顶端有一个洞，是专作此用的。她们把头发从后面挽到头顶

上，束成一种发髻，把兜帽戴在头上，把发髻塞在兜帽里面。再把头饰戴到兜帽上，然后把兜帽牢牢地系在下巴上。因此，当几位贵妇骑马同行，从远处看时，她们仿佛是头戴钢盔手持长矛的兵士；因为头饰看起来像是一顶钢盔，而头饰上的一束羽毛或细棒则像一支长矛"（《出使蒙古记》，第8页）。可见，在蒙古国的时候，贵族妇女的罟罟冠虽然已经有所修饰，但还是相对粗犷。罟罟冠是妇女出行必备的冠式，在坐车或进入帐幕的时候，由于冠顶上的羽毛或细棒较长，需要将其取下方可。杨允孚的《滦京杂咏》"香车七宝固姑袍，旋摘修翎付女曹"，并自注"车中戴固姑，其上羽毛又尺许，拔付女侍，手持对坐车中，虽后妃驭象亦然"。

随着蒙古势力的增强、地域扩大，贵妇们对穿着越来越注重，罟罟冠的装饰也越来越华丽，贵族和富裕人家的妇女争相将珍贵的饰物如珍珠、琥珀、宝石、羽毛等装饰于其上，使之逐步演变为蒙古贵族妇女喜爱的冠帽，并成为贵族妇女身份和地位的象征。熊梦祥的《析津志析辑佚·风俗》载："罟罟，以大红罗幔之。胎以竹，凉胎者轻。上等大、次中、次小。用大珠穿结龙凤楼台之属，饰于其前后。复以珠缀长条，缘饰方弦，掩络其缝。又以小小花朵插带，又以金累事件装嵌，极贵。宝石塔形，在其上。顶有金十字，用安翎筒以带鸡冠尾。出五台山，今真定人家养此鸡，以取其尾，甚贵。罟罟后，上插朵朵翎儿，染以五色，如飞扇样。先戴上紫罗，脱木华以大珠穿成九珠方胜，或叠胜葵花之类，装饰于上。与耳相联处安一小纽，以大珠环盖之，以掩其耳在内。自耳至颐下，光彩炫人。环多是大塔形葫芦环。或是天生葫芦，或四珠，或天生茄儿，或一珠。又有速霞真，以等西蕃纳失今为之。夏则单红梅花罗，冬以银鼠表纳失，今取其暖而贵重。然后以大长帛御罗手帊重系于额，像之以红罗束发，㞪㞪然者名罟罟。以金色罗拢髻，上缀大珠者，名脱木华。以红罗抹额中现花纹者，名速霞真也。"对比上文记载，罟罟冠形制虽同，但俭奢之别已难以道里计。同时，民间使用的罟罟冠则随着时间的推移，逐步为轻巧、方便的软帽取代，罟罟冠遂成为贵族妇女的专用冠帽。

3. 元大都市井服饰

在服饰政策上，元朝实行四等人制度，对不同等级属性的人群的服饰进行了比较严格的规定。例如至元二十一年（1284年）规定，凡是乐人、娼妓、卖酒的、当差的，都"不许穿好颜色衣"。元贞元年（1295年）又规定，平民百姓不能用柳芳绿、红白闪色、迎霜合、鸡冠紫、栀子红、胭脂红等六种颜色。延祐元年（1314年）发布诏书重申服色等差。"庶人不得服赭黄，惟许服暗花，纻丝绸绫罗毛毲，帽笠不许饰用金玉，靴不得裁制花样。"但"蒙古人不在禁限，及见当怯薛诸色人等，亦不在禁限，惟不许服龙凤文"。汉人、高丽人、南人等即使投充番直宿卫者（怯薛）也在限制之列（《元史·舆服志一》）。但这些禁令，将元朝四等人制度下的官民、种族的服饰界限显示无遗。

元朝统治者对市井百姓服饰的质地、颜色和花纹有比较严格的限制，但对衣着式样的限制并不严格。以妇女服饰为例，陶宗仪《南村辍耕录》记载："国朝妇人礼服，达靼曰袍，汉人曰团衫，南人曰大衣，无贵贱皆如之，服章但有金素之别耳。惟处子则不得衣焉。"在大都的各民族士庶的传统服饰均可保留，因此衣冠样式十分丰富。

据元明之际的通俗读物《碎金》记载，当时的衣着名目繁多，男服有深衣、袄子、褡护、貂鼠皮袭、毡衫、罗衫、布衫、汗衫、锦袄、披袄、团袄、夹袄、毡衫、油衣、遭褶、胯褶、板褶、腰线、辫线、开溪、出袖、曳撒、衲夹、合钵等。妇女衣服，南有霞帔、坠子、大衣、长裙、褙子、袄子、衫子、背心、褴子、膊儿、裙子、裹肚、衬衣；北有项牌、香串、团衫、大系腰、长袄儿、鹤袖袄儿、胸带等。其中，袄子，亦称袍子或上盖，是元大都流行的比较体面的男子服饰。《南村辍耕录》载："俗谓男子布衫曰布袍，则凡上盖之服或可既曰袍。"在元大都的杂剧当中，需要在社会上出头露面的人，比较正式的服装就是上盖。元杂剧《神奴儿大闹开封府》中，神奴儿说"一般学生每，都笑话我无花花袄子穿哩"，其父则吩咐神奴儿的"大嫂拣个有颜色的缎子，与孩儿做领上盖穿"。而市民女子服饰，则蒙古族女子流行袍服，汉族女子则流行团衫、唐裙和裙腰儿。

元代，北京地区环境不断恶化，风沙肆虐。为了防御风沙，大都官宦市民多用鱼脑骨为原料，制成透明镜片，以黑色丝带系于眼睛之前，以防沙尘迷眼，称为"鬼眼睛"。《析津志辑佚》载："幽燕沙漠之地，风起，则沙尘涨天。显宦有鬼眼睛者，以鲀为之，嵌于眼上。仍以青皂帛系于头。"以纱蒙面，遮蔽风沙，也被后世沿袭。明人王世贞著诗："短短一尺绢，占断长安色；如何眼底人，对面不相识。"此诗可看出当时北京城中众多居民戴面纱的情形。清人汪启淑《水曹清暇录》亦记："正阳门前多卖眼罩，轻纱为之，盖以蔽烈日风沙。"这种风俗一直流传至今，直到20世纪末，不少北京女子出门仍用丝巾将脑袋完全包住，来阻止风沙。

元大都市民服饰贫富差别很大，富庶者堪比王公贵族，而贫困者往往是草履布褐。熊梦祥《析津志辑佚》记载：富贵者"绣鞯金鞍，珠玉璀璨，人乐升平之治，官无风埃之虞，政简吏清，家给人足……醉卧隔帘，香风并架，花靴与绣鞋同蹴，锦带与珠襦共飘；纵河朔之娉婷，散闺闱之旖旎"。欧阳玄《渔家傲十二首》中有"汉女姝娥金搭脑，国人姬侍金貂帽"，"福貂袖豹祛银鼠"，"血色金罗轻汗浃"，"雪腕彩丝红玉甲"等句，皆描绘的是大都上层社会的穿着。而一般市民的服饰则比较简陋，"市人多服羊皮御冬寒，只一重不复添加。比至来年三四月间，多平价卖讫，甫及冬冷时却又新买，不复问其美恶，多服之。皮袴亦如之，多是带毛者，然皆窄狭，仅束其腿胫耳"。更多贫穷人家男女很多还是穿戴粗布麻衣，为了劳作方便，普遍选用宽襟窄口的衣服。"市民多造茶褐木绵鞋货与人。西山人多做麻鞋出城货卖，妇人束足者亦穿之，仍系行缠，欲便于登山故也"（《析津志辑佚》）。收藏在国家博物馆的元人《卢沟运筏图》，被称为元代的《清明上河图》。画中描绘的是元初修建大都城时，从西山砍伐木材，以木筏的形式沿着卢沟河运送至卢沟桥，再转陆路运至大都城里的场面。画中人物众多，除了大量伐木、放伐的劳作者外，还有点收木材

《卢沟运筏图》局部

的官吏、在桥上通过的行旅、挑担推车的商贩、桥边闲聊的市民、招徕客人住店的小二、给客人喂马的伙计、端茶送菜的跑堂等。画中人物的服饰多样，差别也比较明显。属于中上层社会的人士多着蒙古袍服或汉式长衫，戴钹笠帽、幞头、高装巾子等，而下层劳作者往往短衫袴褶，椎髻或简单以巾带束发。

在穿衣方面，元大都非常讲究四时服饰变化。元末明初以当时的北京话为标准音而编写的《老乞大》，是专供朝鲜人学汉语的课本。全书以会话的形式，记述了几个高丽商人到中国经商，途中遇到一中国商人后结伴同行的经历，以及到大都等地从事交易活动的全过程。书中记载有："穿衣服时。按四时穿衣服。每日脱套换套。春间好青罗衣撒。白罗大搭胡。柳禄罗细褶儿。到夏间。好极细皆毛施布布衫。上头绣银条纱搭胡。鸭绿纱直身。到秋间是罗衣裳。到冬间。界地绉丝袄子。绿绸袄子。织金膝栏袄子。茶褐水波浪地儿四花袄子。青六云袄子。茜红毡段蓝绫子裤儿。白绢汗衫。银褐绸丝板褶儿。短袄子。黑绿绉丝比甲。这般按四时穿衣裳。系腰时。也按四季。春里系金绦环。夏里系玉钩子。最低的是菜玉。最高的是羊脂玉。秋里系减金钩子。寻常的不用。都是玲珑花样的。冬里系金厢宝石闹装。又系有综眼的乌犀系腰。"

大都的市井服饰呈现出多元并存的状况，不同国家与地区、不同民族风格服饰文化在此汇聚。元朝的宫廷服饰是择"四方诸国"服饰之长而发展变通而成，除契丹、女真、南宋等服饰外，一些亚欧服饰元素也大量汇入。吴廷燮《北京市志稿》称："辽有佛妆，金人好白，元仿高丽，皆当代习俗所鹜。"王公贵族礼服的重要材料各种金锦纳石失，即是起源于波斯。一些服饰的装饰图案有戴王冠的狮子等，也是来自欧洲、中亚等地。宫廷及贵族男女服饰上大量使用金银珠宝，其中很多也是来自中亚地区的各色宝石。上有所好，下必效焉，大都的市井服饰也同样是多元荟萃。元代诗人杨维桢《无题效商隐体四首》中记载："绣靴蹋踘句骊样，罗帕垂弯女直妆。"其中"句骊"就是高丽之意。元人权衡《庚申外史》亦记载："京师达官贵人，必得高丽女然后为名家。高丽婉媚，善事人，至则多夺宠。自至正以来，宫中给事使令，大半为高丽女。以故四方衣服鞋帽器物，皆依高丽样子。"

值得一提的是，经过契丹、女真近三百年的统治，北京地区的原来的汉族人对胡服已经比较适应，甚至因其便利主动模仿。元大都成为全国政治中心以后，原来南宋统治地区的人口不断前来为官、求学、经商，胡汉杂陈交融的状况得到延续。明朝时期，即使在当局大力肃清蒙元文化影响下的京师，蒙古服饰的影响还广泛存在。明人史玄《旧京遗事》记载："今帝京，元时辇毂所都，斯风未殄，军中所戴火帽既袭元旧。而小儿悉绾发如姑姑帽，嬉戏如吴儿，近服妖矣。"即使是皇宫之中，元朝流行的钹笠帽，明朝皇帝燕居的时候也经常使用，故宫所藏的《明宣宗行乐图》以及中国国家博物馆所藏的《明宪宗元宵行乐图》《明宪宗调禽图》等绘画中，皇帝均戴钹笠帽。足见服饰交流对北京地区服饰文化影响之巨。

（三）明朝服饰

在北京历朝帝都中，明朝是唯一的汉族统治政权。在君主专制的极端强化的同时，城市市民文化高度活跃。这些新的因素与北京传统服饰文化相互作用，使得北京的服饰文化呈现出朝堂等级森严与市井生动活泼两种不同风格相互变奏。

1. 恢复汉族衣冠

1368年（元至正二十八年）正月，朱元璋在应天府（今南京）即帝位，国号大明，年号洪武。同年八月初二（9月14日），明军进抵大都城下，猛攻齐化门，士兵填壕登城而入，元大都遂为明军占领。随后，朱元璋颁布《改北平府诏》，改大都路为北平府，初居山东行省。次年，单独设立北平行中书省，治北平府。洪武九年（1376年）六月，改北平行中书省为北平承宣布政使司，辖境如旧。昔日元大都变成北平府，行政级别大大降低。攻克元大都后，朱元璋下诏："秘书监、国子监、太史院典籍，太常法服、祭器、仪卫及天文仪象、地理户口版籍、应用典故文字，已令总兵官收集。其或迷失散在军民之间者，许赴官送纳。"（《明太祖实录》卷三十一）将各种文化典籍及法服器物等运送到南京，并将元大都宫殿夷平。在失去政治中心地位的同时，北京原来的文化中心地位也告丧失。

建文元年（1399年）七月，驻守北平的燕王朱棣发动"靖难之役"。经过三年苦战，朱棣率燕军攻入南京夺得帝位。永乐元年（1403年）正月，明成祖朱棣发布诏令，升其"龙潜之地"为北京，由此拉开明代都城北迁

明成祖朱棣像

的步伐。同年二月，成祖改北平为顺天府，并设立北京留守行后军都督府、北京行部、北京国子监等中央机构。永乐十九年（1421年）正月初一日，成祖于北京新皇宫举行朝贺大典，宣告迁都礼成。北京又再次恢复了都城地位，成为全国的政治、经济、文化中心。

朱元璋推翻元朝统治，是以"驱除胡虏，恢复中华"为口号的。夺取政权以后，为肃清以蒙古族文化为代表的少数民族文化的影响，他对元朝的语言、衣冠采取了严禁政策。"高皇帝驱逐故元，首禁元服、元语。"（史玄《旧京遗事》）元代的辫发、椎髻、胡帽、辫线袍以及妇女的窄袖短衣，均在禁止之列。

建国伊始，在取缔蒙元服饰制度的同时，明朝统治者"上承周汉，下取唐宋"，着手重建以中原传统服制为中心的衣冠制度。经过近30年的斟酌调整，洪武二十六年（1393年），明朝的冠服制度最终确立。余继登《典故纪闻》载："太祖尝命儒臣历者旧章，上自朝廷。下至臣庶，冠婚丧祭之仪，服舍器用之制，各有等差，着为条格。书成，赐名《礼制集要》。"此后二百余年间，基本维持了这一制度，仅在衣服的颜色以及禁忌方面做了些更为具体的规定。

2. 明朝京师官服

按照明朝制度，皇帝的冠服有冕服、皮弁服、武弁服、通天冠服、常服、燕弁服等。洪武初年，朱元璋因过去的礼服太过烦琐，规定冕服只在祭天地、宗庙时使用，其余一概不用。后来虽在册立、登极、正旦、冬至等大型典礼时亦服冕服，但总的来说使用场合还是大大压缩了。同时，冕服的服用者的范围也进一步缩小了。明朝一改以往天子王侯、文武百官皆有冕服的传统，规定冕服只有天子、皇太子、亲王、郡王及世子可以服用，其他公侯及以下之人均不得使用。

明朝时期，皇帝服饰使用范围最广的是常服，常朝视事、日讲、省牲、谒陵、献俘、大阅等场合均服常服。常服的式样，明初有所变化。洪武三年（1370年）定皇帝常服为乌纱折角向上巾，盘领窄袖袍，束带间用金、玉、琥珀、透犀。永乐三年（1405年）则改为：

"冠：以乌纱冒之，折角向上，今名翼善冠；袍：黄色，盘领、窄袖，前后及两肩各金织盘龙一；带：用玉；靴：以皮为之"（《大明会典》）。皇太子、亲王、世子、郡王的常服形制与皇帝相同，但袍用红色。皇帝常服除了制度中规定的四团龙圆领以外，饰有云肩、通袖襕、膝襕纹样的圆领龙袍也可以作为常服使用。《徐显卿宦迹图·金台捧敕图》中的明神宗朱翊钧，即穿着此类龙袍御门听政。

嘉靖七年（1528年），明世宗朱厚熜又定燕弁服，作为常服以外的燕居之服。"燕弁，庶几深宫独处以燕安为戒也。""其制如皮弁，以乌纱冒之，分十有二瓣，金线压之，前饰五采玉云各一，后列四山朱绦为组缨，双玉簪。服身玄缘以青，两肩绣日月，前蟠圆龙一，后蟠方龙二，边加龙文四九。衬用深衣制，黄色袂、圆袪、方下齐负绳及踝十二幅。素带，朱里青表绿缘边，腰围饰以玉龙九片。履玄为之，朱缘红缨黄结。袜用白。"（《皇明典礼志》）皇太子、亲王、郡王、世子等人亦有燕居服，称为保和冠服，"言各得其分则和也"。其形制与皇帝的燕弁服相类，只是"去簪与五玉，后山一扇分画为四，服青质青缘，前后方龙补，身用素地，边用云。衬用深衣，玉色带，青表绿里绿缘，履用皂，绿结。白袜"（《明史·舆服志二》）。

明朝文武官员的礼服分为朝服、祭服、公服三种。文武官员的朝服，"凡大祀、庆成、正旦、冬至、圣节及颁诏、开读、进表、传制，俱用梁冠赤罗，衣白纱中单，青饰领缘，赤罗裳，青缘，赤罗蔽膝，大带赤白二色绢，革带佩绶，白袜黑履"。朝服的品官等级以冠上的梁数来区分，从8梁到1梁不等，例如公8梁，侯、伯7梁，八、九品官员仅1梁。"公冠八梁，加笼巾貂蝉，立笔五折，四柱，香草五段，前后玉蝉。"（《明史·舆服志三》）"笼巾貂蝉"为宋朝的冠饰之一，说明了明朝服饰制度对前代汉族礼制的继承。

祭服是文武百官亲祀郊庙、社稷或分献陪祀时穿用的服式。按洪武二十六年（1393年）定制，文武官祭服为青罗衣，白纱中单，俱用皂领缘，赤罗裳，皂色缘，赤罗蔽膝，方心曲领。冠带、佩绶等类差别，与朝服相同。祭服用于官员家祭时，三品以上，去方心曲领。四品以下、并去佩绶。嘉靖八年（1529年）更定百官服制时，将祭服的形制修改得更加接近朝服。

公服为在京文武官员每日早晚朝奏事、及侍班、谢恩、见辞，在外文武官员每日清早公座等场合所服。后来，一般常朝穿朝服，只是在朔望之日才穿公服朝参。公服由幞头、圆领袍、束带、皂靴等组成。公服之冠为展脚幞头，漆纱为之，展脚各长一尺二寸。袍服制为盘领右衽，袖宽三尺，用纻、丝或纱、罗、绢制成。袍服所用的纹样及颜色，因级别而异。一至四品，用绯色；五至七品，用青色；八至九品，用绿色。纹样也不一样，一品用大独科花，径五寸；二品用小独科花，径三寸；三品用散答花，无枝叶，径二寸；四品五品用小朵花，径一寸五分；六品七品用小朵花，径一寸；八品以下，无花纹。腰带一品用花或素的玉，二品用犀带，三品、四品用金荔枝，五品以下用黑角带。鞓用青革，垂挞尾于下。腰带多束而不着腰，在圆领袍的两肋之下各有细带垂贯于腰带之上，使之悬挂。

明朝文武官的常服为常朝视事所服，包括乌纱帽、团领衫、束带等。"其带，一品玉，二品花犀，三品金钑花，四品素金，五品银钑花，六品七品素银，八品九品乌角。""一品、二品用杂色文绮、绫罗、彩绣，帽珠用玉；三品至五品用杂色文绮、绫罗，帽顶用金，帽珠除玉外随所用。六品至九品用杂色文绮、绫罗，帽顶用银，帽珠玛瑙、水晶、香木。一品至六品穿四爪龙（蟒），许用金绣。"（《明史·舆服志三》）公、侯、伯、驸马束带与一品同，杂职官与八品、九品同。致仕及侍亲辞职者，如遇到朝贺、谢恩等事宜，仍可与现任官一样纱帽束带，但因事黜降者，只能服庶人之服。

明朝官员常服与以往各朝一样，也是用袍色分别品阶，但又增加了补子这一特殊的标志。按照洪武二十四年（1391年）规定，公、侯、驸马、伯，服绣麒麟、白泽。文官一品绯袍，绣仙鹤；二品绯袍，绣锦鸡；三品绯袍，绣孔雀；四品绯袍，绣云雁；五品青袍，绣白鹇；六品青袍，绣鹭鸶；七品青袍，绣鸂鶒；八品绿袍，绣黄鹂；九品绿袍，绣鹌鹑。不入流的杂职绣练雀。御史等风宪官，则绣獬豸。武将一品、二品绯袍，绣狮子；三品绯袍，绣老虎；四品绯袍，绣豹子；五品青袍，绣熊；六品、七品青袍，绣彪；八品绿袍，绣犀牛；九品绿袍，绣海马。

徐光启像

除了上述补子图案外，明朝还有蟒服、飞鱼服及斗牛服，因服装的纹饰与皇帝所穿的龙衮服相似，故不在品官服制度之内，而是明朝宫内宦官、锦衣卫、宰辅等蒙恩特赏的赐服。以锦衣卫为例，锦衣卫"侍从扈行，宿卫则分番入直。朝日、夕月、耕耤、视牲，则服飞鱼服，佩绣春刀，侍左右"（《明史·舆服志三》）。沈德符《万历野获编》载："锦衣卫官登大堂者，拜命日即绣春刀鸾带大红蟒衣飞鱼服，以便扈大驾行大祀诸礼。其常朝亦衣吉服，侍立于御座之西，以备宣唤，其亲近非他武臣得比。以故右列艳之，名为武翰林。"图中的徐光启服用的为斗牛服，其位至礼部尚书兼文渊阁大学士、内阁次辅，应该有资格获得赐服。

明朝中后期以后，赐服愈发泛滥。明武宗正德十三年（1518年）"赐群臣大红纻丝罗纱各一。其服色，一品斗牛，二品飞鱼，三品蟒，四、五品麒麟，六、七品虎、彪；翰林科道不限品级皆与焉；惟部曹五品下不与。时文臣服色亦以走兽，而麒麟之服逮于四品尤异事也"。史料记载：明武宗在宫中做军阵游戏，分高丽、唐朝二阵，无论是谁只要能单骑独闯对方阵营，即可得赏鲜衣玉带。有一个名叫于喜的太监，长得魁梧挺拔，他戴起假胡子，扮演小秦王，深得武宗喜欢。于是，明武宗就将自己所乘的御马让他骑乘。不料，马因换主人受到惊吓，狂奔不已，居然冲进了高丽阵。武宗大笑，当即赏其蟒服。滥赏之下，使原本荣宠之意大打折扣。到明世宗登基后，不得不下诏纠正，"近来冒滥玉带，蟒龙、飞鱼、斗牛服色，皆庶官杂流并各处将领夤缘奏乞，今俱不许。武职卑官僭用公、侯服色者，亦禁绝之"（《明史·舆服志三》）。

嘉靖年间，明世宗又为文武官员制定"忠靖冠服"，作为他们的燕居之服。"忠静冠仿古元冠，冠匡如制，以乌纱冒之。两山俱列于后冠，顶仍方，中微起三梁，各压以金线，边以金缘之。四品以下去金缘以浅色丝线。忠静服仿古元端服。色用深青。以纻丝纱罗为之。三品以上云，四品以下素缘，以蓝青前后饰本等花样补子。深衣用玉色，素带如古大夫之带制，青表绿缘边并里素。履青，绿绦结。白袜。"（《明史·舆服志三》）

和唐朝的鱼袋相似，明朝扈从官员必须随身携带牙牌。牙牌是用象牙、兽骨、木材、金属等制成的版片，下有细管，青绿线结，垂长八寸许的红、绿线穗。官员的牙牌以象牙为料，上刻有持牌人的姓名、职务、履历以及所在的衙门，视身份和地位、功能的不同而有别。牙牌在拜官时由专门机构颁发，转官时必须交还，不得转借。另外，官员朝服上还有佩绣袋。为了避免官员、内侍等朝服上的佩玉相互勾缠，嘉靖以后在佩玉外加绣袋盛之。

明朝皇宫后妃、诰命夫人的服饰也是井然有序。明太祖洪武三年（1370年）定后妃礼服，凤冠、霞帔、翟衣，各有等差。洪武五年（1372年），定命妇服饰。命妇服饰包括大衣、霞帔，以霞帔上的金绣纹饰来区分等第。后来又增定命妇礼服式样为红罗圆衫，以衫上所绣重雉为等第。其中一品九等，二品八等，以品次递减，直到七品三等，其余则不用绣雉。首饰只有后妃命妇可以用金玉，平民妇女的首饰也不许用金玉珠翠，而只能以银、铜为饰。

除了对各个等级的服饰进行细致的规定之外，明朝还利用法律的形式来维护服饰的等级制度。在《大明律》中就专门列有"服舍违式"的罪名，对敢于违犯者处以重罚。《大明律》"明令凡官民服色、冠带、房舍、鞍马，贵贱各有等第。上可以兼下。下不可以僭上"。"官吏军民人等，但有僭用玄黄紫三色及蟒龙、飞鱼、斗牛。器皿用砗红、明黄颜色及亲王法物者，俱从重治罪。服饰器物追收入官。""军民僧道人等服饰器用，俱有旧制，若常服僭用锦绮、纻丝、绫罗、彩绣，……妇女僭用金绣、闪色衣服，金宝首饰、镯钏及用真珠缘缀衣履，并结成补子、盖额、璎珞等件。娼妓僭用金首饰、银镯钏者。事发各问拟应得之罪，服饰器用等物并追入官。"这些规定在明初得到了严格的执行，到了明朝中后期，随着皇帝官员的懒政懈怠，社会上奢靡之风渐盛，北京城内僭越成风，法律沦为具文。

3. 京城庶民服饰

明朝服饰制度还非常强调官民、良贱的差别，并将其政治、经济、文化等方面的指导思想通过服饰制度加以体现。

明代对庶民百姓服装限定非常众多且烦琐，远远超过之前历代。比如，庶民衣服的颜色不准用黄色、皂色以及其他官色，衣料禁止用锦绮、绫罗、纻丝等，只可穿绢和素纱。唯一可以"开恩"破例之处是，百姓在举行婚礼的时候，新人可以借九品官服举行典礼。官民之间的服饰差别除了式样、用料、颜色方面存在重大不同以外，即使同样的衣服，不同阶层的衣身长短宽窄也不一样。明太祖朱元璋曾专门下诏："官员衣服宽窄，以身为度，文官衣长自领至裔，去地一寸，袖长过手，复回至肘，袖桩广一尺，袖口九寸。公侯驸马与文职同。耆老、儒士、生员制同文职，惟袖过手复回不及肘三寸。庶民衣长去地五寸，袖长过手六寸，袖桩广一尺，袖口五寸。"（《明太祖实录》卷200）这种规定，一方面是对元朝流行的衣服紧窄便易的习俗的否定；另一方面也通过衣服的尺寸来区别官员、士人、百姓。衣服长、宽、大者为官员、士人，而短、窄、小者则是寻常百姓。从而以制度的形式，定格了上层社会峨冠博带，下层庶民短衣粗褐。

明朝重视科举，一改元朝轻视儒生的做法，视其为官员的后备。元初有"辽以释废，金以儒亡"的看法，对儒生的地位极力进行压制。元代的社会职业分为十级：一官、二吏、三僧、四道、五医、六工、七匠、八娼、九儒、十丐，儒生的地位甚至不如倡优。至元十年（1273年）儒生公服被规定为茶褐色窄罗衫，系黑色束带，戴束脚幞头。茶褐色衣服，在元代属于下层劳动群众的服色，也说明了儒生地位之低下。明朝建立后，为了体现对儒学及儒生的推崇，朱元璋本人亲自参与生员、举人的服饰样式的制定，并定名为"襕衫"。《明史·舆服志三》记载："士生员监生巾服，洪武三年令士人戴四方平定巾。……二十四年，以士子巾服无异吏胥，宜甄别之。命工部制式以进，太祖亲视，凡三易乃定。生员襕衫用玉色布绢为之，宽袖皂缘皂绦，软巾垂带。贡举入监者，不变所服。洪武末，许戴遮阳帽，后遂私戴之。洪熙中，帝问：'衣蓝者何人？'左右以监生对。帝曰：'着青衣较好。'乃易青圆领。"《明史·秦逵传》亦有，明太祖"以学校为国储材，而士子巾服无异胥吏，宜更易之。命逵制式以进，凡三易其制，始定。赐监生蓝衫绦各一，以为天下先"。在衣服的宽度上，除了衣袖回肘稍短于文官以外，其余均相同，也说明其地位不是寻常百姓可比了。

生员举子受到尊崇，其服饰自然也是庶民效仿的对象。明末清初查继佐《罪惟录》记载："明兴，除法服外，凡科甲监贡生员燕居闲用晋汉唐巾，而不用圆顶，非此只用圆帽。后至画绘誊写者，亦借用此巾，甚至细民不识一丁辄峨冠曳大袖。一人科第，姻族咸儒巾招摇，俗唤之曰'荫袭巾'。"《北京市志稿》亦称："明兴，禁胡服，庶民假儒巾为荣，妇女以炫饰饰富。"

明朝的服饰还有一个重要特点是区别良贱、抑制商人。洪武三年（1370年），"定教坊司乐艺，青卍字顶巾，系红绿褡褥。乐妓明角冠，皂褙子。不许与民妻同"。"教坊司伶人常服绿色巾，以别士庶之服。乐人皆戴鼓吹冠，不用锦绦，惟红褡褥，服色不拘红绿。教坊司妇人，不许戴冠穿褙子。乐人衣服只用明绿、桃红、玉色、水红、茶褐色、俳色，长乐工俱皂巾杂色绦"（《明史·舆服志三》）。除此以外，还规定娼妓优伶之家不许在街道中间行走，只准在左右两边靠边走。以绿色头巾来作为娼妓优伶的专门服色，由此一来，人们见着戴"绿帽子"的便知其家中女子为操皮肉生涯的"青楼一族"。此制一出，后世遂以戴"绿帽子"或"绿头巾"为男子妻女卖淫或妻子外遇私情的俗称。乐人所戴"鼓吹冠"，也充满着侮辱与歧视。鼓吹冠，又称"风流帽"，"亦称'不伦围'，如束帛，两旁白翅，不摇而自动"（［清］褚人获《坚瓠集》）。明朝政府以可笑的穿戴，对身份地位低下的社会底层贱民进行标识。

明朝在经济上奉行重农抑商的政策，和汉武帝时期一样，对商人的服饰穿戴进行了更严苛的规定。国家规定服饰时常将商贾与仆役、娼优、下贱并列，其间政治意味十分强烈。洪武十四年（1381年），"令农民之家许穿绸纱绢布，商贾之家只许穿绢布。如农民之家，但有一人为商贾者，亦不许穿绸纱"，"正德元年，禁商贩、吏典、仆役、倡优、下贱，皆不许服用貂裘"（《大明会典》万历朝卷55）。遇到下雨天，戴斗笠是常事，但商贾却不能，因为朝廷有"不亲农业者不许"的法令。

明朝还用诏令的形式在全国范围内推广各种平民服饰，在政治上具有象征意义，为新建立的王朝博取吉兆。在以往各朝，统治阶层大多致力于官服和民服的区别，而对一般平民百姓的服饰的具体规定甚少，只要不逾制，不妨碍风俗即可。明朝则与以往不同，在平民服饰上作出了许多具体的规定，其中著名的有四方平定巾、网巾、六合一统帽等。

四方平定巾、网巾、六合一统帽的名称均起于明初，因名称吉祥，得到了朱元璋的赏识，亲自审定颁行。六合一统帽既俗称的瓜皮帽，是明太祖朱元璋最早亲自设计的首服。谈迁的《枣林杂俎》中有："清时小帽，俗称'瓜皮帽'，不知其来久矣。瓜皮帽或即六合巾，明太祖所制，在四方平定巾前。"陆深的《豫章漫钞》亦有："今人所戴小帽，以六瓣合缝，下缀以檐如筒，阎宪副闳谓予言亦太祖所制，若曰六合一统云。"平定四方巾、网巾的由来，据郎瑛的《七修类稿》记载："平头巾、网巾，今里老所戴。黑漆方巾乃杨维桢入见太祖时所戴，上问曰：'此巾何名？'对曰：'此四方平定巾也。'遂颁式天下。太祖一日微行至神乐观，有道士于灯下结网巾。问曰：'此何物也？'对曰：'网巾，用以裹头，则万发俱齐。'明日有旨，召道士命为道官，取巾十三顶，颁于天下，使人无贵贱皆裹之也。至今二物永为定制，前世之所无。"明朝的《新镌古今事物原始全书》亦云："今之方巾，乃我朝杨维桢戴方巾见。太祖问其巾名，桢曰四方平定巾。上喜，令庶人皆得戴之，谓其巾名之美也。"

网巾古无此制，是明朝一代特创。由于"人无贵贱皆裹之"，处处可见网巾的踪迹，是明代最没有社会等级区分功能的服饰。一般多用黑丝、马尾、棕丝等材料编织而成，万历年间转变为人发、马鬃编结。在官员的朝服、官服中，网巾有时也用于巾帽之下，起到约发的作用。六合一统帽可以说是平民阶层使用时间最长最普遍的一款首服，一直沿用到民国年间，朝鲜等国也有效仿。四方平定巾是以黑色纱罗制成，可以折叠，呈倒梯形造型，展开时四角皆方。初兴时，高矮大小适中，其后总在变化，到明末则变得十分高大，故民间常用"头顶一个书橱"来形容。虽然四方平定巾、网巾、六合一统帽没有等级的限制，但在长期的生活过程中，也逐渐出现了区分。在中国历史博物馆所藏的《皇都积胜图》中，描绘了北京各行各业形形色色的人物，其中农夫、工匠、商贩等多戴六合一统帽，而儒生、士子等则多用平定四方巾。

皇都积胜图（局部）

明代京师服饰依然是各地区、各民族服饰文化的荟萃。北方少数民族的服饰文化虽然受到明初政治的冲击，但由于长期的文化融合，仍然在京师服饰中广泛存在。除了上文提到的蒙古族的钹笠帽、罟罟冠在京师宫廷民间仍大量存在外，元代盛行并被京师民众广泛采用的还有"只孙""比甲"等男女服饰，只是用途样式略有变化而已。另外，当时北京男子貂皮或狐皮制成的高顶卷檐的"胡帽"，女子用貂皮裁制的尖顶覆额的披肩"昭君帽"，也是蒙古人服饰的遗俗。

明王朝由南方迁都至北京，加之有大量南来人士在北京为官，江南的服饰习惯也自然成为北京服饰文化的活跃因素。万历朝大臣于慎行在《谷山笔麈》中有："都城之中，京兆之民十得一二，营卫之兵十得四五，四方之民十得六七；就四方之中，会稽之民十得四五，非越民好游，其地无所容也。"当时，无论宫廷，还是民间吴风盛行，北方传统衣饰逐渐发生改变。天启年间，"客氏教宫人效江南，作广袖低髻"（《天启宫词一百首》）。"帝京妇人往悉高髻居顶，自一二年中，鸣蝉坠马，雅以南装自好。宫中尖鞋平底，行无履声，虽圣母亦概有吴风"（史玄《旧京遗事》）。一些文人学者，对吴风盛行还表达了担忧。"宫禁，朝廷之容，自当以壮丽示威，不必慕雅素之名，削去文采，以亵临下之体。宣和，艮岳苑囿，皆仿江南白屋，不施文采，又多为村居野店，宛若山林，识者以为不祥。吾观近日都城，亦有此弊，衣服器用不尚絫添，多仿群下之风，以雅素相高。……下从田野之风，曲附林薮之致，非盛时景象矣。"（《谷山笔麈》）

明代北京的外来服饰文化虽不及元朝，但也在一定程度上发挥了影响。明朝中期，京师流行从朝鲜传入的马尾裙。马尾裙，又叫作"发裙""牦裙"，以马尾或毛麻织物制成的一种衬裙。裙式作下折，作蓬张状，将其系在腰间，外面再穿衬衣及外袍。明人陆容《菽园杂记》载："马尾裙始于朝鲜国，流入京师，京师人买服之，未有能织者。初服者，惟富商、贵公子、歌妓而已，以后武臣多服之，京师始有织卖者。于是，无贵无贱，服者日盛。至成化末年，朝臣多服之者矣。大抵服者下体虚奢，取观美耳。阁老万公安，冬夏不脱；宗伯周公洪谟，重服二腰。年幼侯伯驸马，至有以弓弦贯其齐者。……此服妖也，弘治初，始有禁例。"于慎行《谷山笔麈》中记载："朝鲜入贡使者，自带以下，拥肿如瓮，匍匐而行，想亦有牦衣在下。""尝闻里长老传，数十年前，里俗以牦（兽尾）为裙，着长衣下，令其蓬蓬张起，以为美观。既无牦裙，至系竹圈衬之，殊为可笑。"尽管不断被批评为"服妖"，但是仍阻止不了马尾裙的流行，并从民间进入朝堂之上。流行速度之快，令人瞠目。制作裙撑的材料，因马尾紧张，有人甚至用竹藤来替代。到了弘治年间，有官员以马尾裙不利于战马饲养，不便于战事等上奏，朝廷遂下令禁止。到了万历朝，马尾裙几乎消失不见。明人沈德符《万历野获编》在谈到马尾裙时称："今中国已绝无之，向在都见高丽陪臣出馆，袍带之下折四张，蓬然可笑，意其尚服此裙耶。"兴起快、消亡也快，这也在另一个方面说明，明朝京师服饰追求新奇与时髦的步伐不断加快。

明朝京师达官贵人云集，加之城市经济和商业的繁华，开国之初的朴实无华很快被酒色征逐、应酬唱和所替代。这种社会风气的转化，表现在服饰习尚则是追求新奇、奢侈与排场。明朝中期以后，京师的达官贵人追求服饰奢华的现象比较普遍。沈德符《万历野获编》记载，张居正"性喜华楚，衣必鲜美耀目，膏泽脂香，早暮递进，虽李固、何宴，无以过之。一时化其习，多以侈饰相尚。如徐渔浦（泰时）冏卿，时为工部郎，家故素封，每客至，必先侦其服何抒何色，然后披衣出对。两人宛然合璧，无少参错，班行艳之"。类似张居正、徐泰时这样喜好华服，奢侈无度的官员并非个例，朝中风气发生改变，服饰风尚也为之一变。

上层显贵的风尚对京师民间服饰的影响也十分巨大，市井男女服饰也随之变化。京城士庶无论上层还是底层社会，对服饰十分在意，不顾自身财力追求华丽，甚至不惜租借衣服来硬撑门面，其中以妇女尤其明显。明人戴冠《濯缨亭笔记》云："弘治壬戌以后，人帽顶皆平而圆，如一小镜；靴、履之首皆匾如鲇鱼喙，富家子弟无一不然，云自京师倡始，流布四方。衣下襞积几至脐上，去领不远。所在不约而同，近服妖也。"《旧京遗事》记载："京都妇人不治女红巾馈，家家御夫严整。……兵民之家，内无甔石之储，而出有绫绮之服，安稳骑驴，候问亲戚，自衫襦中单靴裤，皆有店家可赁。或有吉庆之会，妇人乘坐大轿，穿服大红蟒衣，意气奢溢，但单身无婢从，卜其为市佣贱品。……都中妇人尚弦服之饰，如元旦、端午，各有纱纻新衣，以夸其令节。丽者如绣文然，不为经岁之计，罗裙绣带，任其碧草朱藤狼藉而已。每遇元夕之日、中秋之辰，男女各抱其绮衣，质之子钱之室，例岁满没其衣，则明年之元旦、端午，又服新也。"

（四）清朝服饰

清军入关后，以多尔衮为首的清朝统治集团为了"宅中图治"，决定迁都北京。1644年旧历九月十九日，多尔衮携顺治帝福临到达北京。十月初一，福临亲临南郊举行安鼎登基礼，宣布"定鼎燕京"，"告天即位，仍用大清国号，顺治纪元"。（《清世祖实录》）这样，中国帝王专制时代的最后一个王朝——清朝的中央政权就在北京建立了。清朝仍依明朝旧例，以北京为首都，置顺天府。

1. 剃发易服的强制推行

鉴于其祖先女真族的金朝政权灭亡的教训，清代统治者坚守其本族服饰旧制，并将其视为巩固长期统治的重要政策。崇德元年（1636年），皇太极曾在让人宣读金世宗完颜雍的历史后，颁布有关服饰的训谕称："先时儒臣巴克什·达海·库尔缠屡劝朕改满族衣冠，效汉人服饰制度。……若废骑射，宽衣大袖，待他人割肉而后食，与尚左手之人何以异耶！朕发此言，恐后世子孙忘旧制，废骑射以效汉人俗，故常切此虑耳。"（蒋良骐《东华录》）皇太极规定后世子孙除了战争和田猎可以穿着便装外，其余场合必须穿满洲朝服。此后，乾隆、嘉庆等朝对此精神均有重申。乾隆三十八年（1773年）谕旨称："衣冠必不可轻言改易。……设使轻言改服，即已先忘祖宗，将何以上祀天地。……所愿奕叶子孙，深维根本之计，毋为流言所惑，永永恪遵朕训，庶几不为获罪祖宗之人。"（王先谦《东华录》）因此，满族统治者无论在入关前，还是在入关后均推行"剃发易服"政策，要求被征服地区的汉族百姓改从满人衣冠服饰。

在入关之前，努尔哈赤在入关前就提出了"首崇满洲"，而且实施剃发令。皇太极也下令："一切名号等级久已更定，而仍称旧名者，戒饬之。有效他国衣冠、束发裹足者，重治其罪。"顺治元年（1644年）四月二十二日，清军在山海关外一片石打败李自成大顺军，在入关的第一天，即令城内军民薙发。五月初二，多尔衮进北京，正式下达剃发和易衣冠的法令。要求"投诚官吏军民皆着薙发，衣冠悉遵本朝制度，各官宜痛改故明陋习，共砥忠廉"（蒋良骐《东华录》）。此后数日又多次颁布命令，要求汉人薙发易服作为效忠的标志。但是这一政策遭到北京城内外的激烈抵抗，北京周边各地民变不断。鉴于南明王朝的存在，多尔衮不得不宣布暂缓执行。

顺治二年（1645年）五月，清兵进军江南，占领弘光政权首都金陵，统治初步巩固，多尔衮于五月二十九日重颁薙发令。六月十五日，通告全国军民剃发。下令各地限公文到达的十日内完成剃发，违令者死。中央或地方官员如果上奏反对，"杀无赦"。在"留头不留发，留发不留头"的血腥镇压之下，满族服饰被强加于汉族官民。当时的剃发匠挑着担子在街上巡视，看见蓄汉族传统发髻的人就上去抓住强行剃发，稍有抵抗，就当场杀掉，将头颅悬挂在竿上示众。所以，后来的剃发挑子后面都竖着一根竿子，上插"奉旨剃头"的黄旗。

清军入关后，在北京还颁布了"迁汉令"，实行了满汉分城居住的政策，规定除八旗投充汉人不令迁移外，凡汉官及商民人等，一律要徙城南居住。到顺治六年（1649年）年底，北京城形成了民人迁移至外城，旗人自东北搬至北京内城的人口流动现象。迁汉令使京城民情风俗乃至礼制文化都产生了重大变化，内外城的服饰文化也表现出较大差异。满族人居内城，汉族人居外城，在内外城形成了不同的服饰风俗与喜好。因此，在文献中，一些外国人往往将内城称为"满城"或"鞑靼城"，而将外城称为"汉城"。

2. 独特的清朝官服制度

清朝的冠服制度在入关前已经初步厘定，清朝定都北京以后又多次对服饰制度从法律上予以确认和规范。顺治四年（1647年）礼部遵旨制定了官民服制。顺治九年（1652年）又制定了《服色肩舆永例》，颁行天下。到乾隆时期，进一步完善冠服制度，并绘成图式，诏令社会各阶层严格遵守，此后再也没有出现重大变化，直到清朝灭亡。《清史稿·舆服志二》载："清自崇德初元已厘定上下冠服诸制，高宗一代，法式加详。"这一制度对清朝上至皇帝，下到九品官员的服制（包括冠、服、带、朝珠等方面）进行了详细规定，其繁缛复杂，远超之前历代王朝。

清代皇帝礼服在其冠服的用料、制作和形制方面，均体现出与以往不同的特征，主要包括朝冠、端罩、衮服、朝服、朝珠、朝带等。在"取其文，不必取其式"的指导思想下，清代皇帝礼服有选择地将中原传统的服制色彩、龙纹、品章以及其他吉祥纹样等用于满族袍服之上。以往大多数朝代皇帝常用的前后垂旒的衮冕、上衣下裳的冕服形式以及带、绶、舄等配饰，在清朝均不再使用。

清朝皇帝的冠式主要分为朝冠、吉服冠、常服冠、行服冠和雨冠等种类，每种又分冬夏两种，冬季为御寒用"暖帽"，夏季防暑热则用"凉帽"。

冬服朝冠用薰貂、黑狐皮制成，呈圆形卷檐式，帽顶穹起，露在额上的帽檐在冠胎处反折向上，上缀朱纬，长出檐。帽顶之上的顶子为柱形，分三层，各层之间贯大东珠一颗，每颗东珠下有四条金龙合抱，每条金龙嘴里都衔一颗珍珠。夏季朝冠则是略呈锥形的覆钵状，用织玉草或藤、竹等编制，外沿镶嵌石青片金二层，帽里用红片金或红纱，内加圈，圈上有系带。帽上用朱纬缀饰，前缀以15颗东珠配饰的金佛，后缀以7颗东珠配饰的舍林（金龙状饰物），顶子的形制与冬朝冠相同。吉服冠冬季则按时节不同分别用海龙、薰貂、紫貂皮制成，顶为满花金座，上衔大珍珠1颗。夏季吉服冠顶子与冬服同，里为红纱绸，石青片金镶边。

常服冠除了以红绒结顶，不加帽梁，冬服下为黑绒满缀红缨外，其余与吉服同。

行冠，冬冠用黑狐或黑羊皮、青绒、青呢，其余与常服同。夏冠里和边皆用红纱，上缀朱牦，顶与梁均为黄色，前缀珍珠1颗，其余与常服同。

雨冠，冬季冠顶高，前帽檐深，皆为明黄色，里用月白缎；夏季则顶平，前帽檐宽敞，色如冬服。根据不同时节，材质可以换用毡、油绸、羽缎等。

清代皇帝的服饰分为衮服、朝服、吉服、常服、行服和雨服等。

清代皇帝的衮服是一种特定的礼服，外罩在朝服或吉服之外，为皇帝专用。衮服只在重大的典礼如祭圜丘、祈谷、祈雨等场合使用，用途十分有限。衮服样式为对襟、平袖，用石青色，两肩前后各绣正面金龙一团，左肩绣日，右肩绣月，前后有篆文"寿"字并间以五色云纹。衮服用料，冬季为裘皮，春秋用棉，夏季用纱。

朝服是在登基、大婚、万寿盛节、元旦、冬至、祭天、祭地等重大典礼和祭祀活动时所穿的礼服，有冬夏之分。朝服的样式为上衣下裳相连之制，箭袖（马蹄袖）、披领的纹样主要为龙纹及十二章纹样。一般在正前、背后及两臂绣正龙各一条；腰帷绣行龙五条；襞积（折裥处）前后各绣团龙九条；裳绣正龙两条、行龙四条；披肩绣行龙两条；袖端绣正龙各一条。十二章纹样中，日、月、星辰、山、龙、华虫、黼、黻等八章绣在衣上，其余藻、火、宗彝、米粉等四种则在裳上，并配用五色云纹。裳的下幅绣有八宝平水图案。朝服的颜色以黄色

康熙帝像

为主，但亦根据不同需要采用不同颜色。朝服带有两种，一种用于大典，为明黄丝织带，带上有龙文金圆版四块，中间嵌蜜石、东珠；一种用于祭祀，带上有四块金方版，嵌以束珠及各色玉石。朝带并有垂带物品，即左右佩帉、囊、燧、鞘刀等。

吉服，又称龙袍，主要用于筵宴、吉庆节日及重大典礼，比朝

服、衮服等礼服略次一等，平时较多穿着。样式为上下连属的通身袍，圆领，大襟右衽，箭袖，左右及前后四开裾，衣长过膝，袖长掩手。龙袍以明黄色为主，也可用金黄、杏黄等色，上绣云龙九条以及十二章纹，下绣八宝平水。吉服带为明黄色，有镂金版四块，上衔珠玉宝石，左右佩纯白的帉，其余如朝服带。

常服，也称便服，是皇帝在宫中日常生活中穿用时间最多的衣服。常服多用石青色，花纹随皇帝选用。在常服外，还经常套一常服褂，石青色，花纹亦随皇帝选用，样式为圆领，对襟，平袖，前襟及左右开裾，衣长及膝，袖长及腕。常服亦需系常服带，带式与吉服带同。

在百官服饰方面，清朝十分重视等级尊卑，不得僭越。清代官服按用途来分，主要有朝服、吉服、常服、行服四大类；按季节分，又有冬服和夏服两大类。不同类型的服装，式样不尽相同。品秩差别可以通过冠服顶戴、补服、蟒袍、朝珠、花翎等许多元素加以辨识，其中最显著的差别是顶戴和补服。

顶戴，俗称"顶子"，指品官所戴冠服顶部镶嵌的宝石。按清朝制度，从皇帝到官员均须在所戴暖帽或凉帽的冠顶安放一个表示本人品级的顶戴。皇帝、皇太子、亲王、贝勒、各级勋贵朝服冠用大东珠，随级别高下而递减。吉服冠除皇帝外，其余王侯勋贵用红宝石、珊瑚等。文武官员的朝服冠顶子，一品为红宝石，二品为珊瑚，三品为蓝宝石，四品为青金石，五品为水晶，六品为砗磲，七品为素金，八品为阴文镂花金顶，九品为阳文镂花金顶。吉服冠顶子，一品为珊瑚，二品为镂花珊瑚，三品为蓝宝石，其余与朝服冠同。宫廷王府的侍卫亦有顶戴，一等侍卫如文三品，二等侍卫如文四品，三等侍卫如文五品，蓝翎侍卫如文六品。顶珠之下，有一根两寸长短的翎管，用玉、翠或珐琅、花瓷制成，用以安插翎支。翎有蓝翎、

清朝官员顶戴

花翎之别。蓝翎是鹖羽制成，蓝色，羽长而无眼，较花翎等级为低。花翎是带有目晕（俗称为"眼"）的孔雀翎，有单眼、双眼、三眼之分，以翎眼多者为贵。花翎一般只限于有爵位者和皇帝近侍、王府护卫、禁卫京城内外的武职营官使用，其他人则必须有军功或皇帝特赐方可使用。亲王、郡王、贝勒等宗亲贵族，按例均不戴花翎。贝子属于臣僚之列，可戴三眼孔雀翎，公侯以下递减。乾隆年间，允许年幼诸王出于美观戴三眼花翎，后又允许帝孙辈诸王戴花翎。后来乾隆皇帝想定五眼花翎给亲王、郡王佩戴，被和珅劝阻未能实行。

　　清代官服延续了明朝以补子区分官品的传统，图案大体与明朝官服补子类似。不过清朝文官补服上的禽鸟与明朝最大的区别是清朝文官补子上的禽鸟只有一只，而明朝文官补子上的禽鸟则是两只。补子上除了有飞禽走兽外，还绣有海水和岩石的图案，寓意"海水江崖，江山永固"。补服，自亲王以下皆前后缀有补子，文禽武兽。与明朝不同官品分着紫色、绛色、绿色不同，清朝官员的补服颜色均为石青色。补服由设在南京、苏州、杭州的江南三织造定做进贡，用料讲究，做工精良，尺寸、图案都有严格规定，官员不得私自改变。补子因清朝朝服等多为对襟，故前面的补子有时将图案分成两半，分绣于两侧。补子的样式，亲王至贝子等宗亲贵族以团蟒纹做圆补，镇国公

清朝官员补服

以下贵族及文武官员皆饰方补，寓意"天圆地方"。品官对应的补子图案，也与明朝略有差别。按清朝制度，一品为文鹤，武麒麟；二品为文锦鸡，武狮；三品为文孔雀，武豹；四品为文雁，武虎；五品为文白雕，武熊；六品为文鹭鸶，武彪，七品为文鸂鶒，武彪；八品为文鹌鹑，武犀牛；九品为文练雀，武海马。和明朝一样，风宪官如都御史、副都御史、给事中、监察御史、按察使等官员的补子为獬豸。另外还有一些特殊补子，如从耕农官绣彩云捧日，神乐署文舞生绣销金葵花，和声署乐生则绣黄鹂，等等。

在穿补服的时候，里面必须衬蟒袍，这也是官场最为注重和常见的。清代蟒袍是文武官员最常用的礼服，因袍上绣有蟒纹而得名。蟒袍的颜色，只有皇族可用明黄、金黄及杏黄，普通官员通常为石青色或蓝色。蟒袍的样式为四开裾，袖端为箭袖，袍缘镶织锦片金。百官蟒袍据乾隆《钦定大清会典图典》所载，一品至三品绣四爪九蟒，四品至六品绣四爪八蟒，七品至九品绣四爪五蟒。

清朝皇帝、诸王、高级官员等在冬季还有一种特殊的官服，称端罩，满语亦称"打呼"，是一种替代衮服、补褂套穿在朝服、吉服等袍服外的翻毛外褂，其样式为圆领，对襟，平袖，长及膝，左右垂带。据《大清会典》记载，端罩按质地、皮色及衬里、垂带的不同，分为八个等级。皇帝的端罩用紫貂皮或黑狐皮制成，衬里为明黄缎，左右各有两条下阔而尖的明黄色垂带。皇子的端罩面为紫貂皮，内用金黄缎里；亲王、郡王、贝勒、贝子等用青狐皮、紫貂皮，月白色缎里；公侯、文官三品以上、武官二品用貂皮，蓝缎里；一等侍卫为猞猁狲皮，间以貂皮，月白缎里；二等侍卫用红豹皮，素红缎里；三等侍卫及蓝翎侍卫用黄狐皮，月白缎里。文官四品、武官三品以下的官员，则无端罩。

黄马褂也是清代官服当中比较特殊的一种官服，全部用明黄色的绸缎或纱（一般冬天穿绸缎，夏天穿纱）制成，没有花纹和彩袖。按规定，领侍卫内大臣、护军统领等官员扈行、值朝时，服黄马褂。据昭梿《啸亭续录》记载："凡领侍卫内大臣，御前大臣、侍卫，乾清门侍卫、外班侍卫，班领，护军统领，前引十大臣，皆服黄马褂。"除此以外，黄马褂还可作为一种恩宠，由皇帝赏赐臣下，其中较多的是打猎校射时所赐。凡在打猎过程中射得鹿或在满汉大臣射箭比赛中射中五箭（汉官规定射中三箭）且官阶较高的，一般都可得到御赐黄马褂。这种黄马褂，只能在随皇帝围猎的时候穿着，其余时间均不得使用，违者将以重罪论处。真正作为殊荣的御赐黄马褂，主要用以奖赏有功的高级武将和统兵的文官。这种黄马褂绣有花纹、彩袖，获赏赐者，在任何庄重场合都可穿着。

此外，清朝官服当中的朝珠、腰带等配饰，也是体现等级身份的重要标志。

朝珠是清朝独有的官员配饰。清朝没有延续以往的佩玉制度，改用朝珠替代。按《大清会典》规定，自皇帝、后妃到文官五品、武官四品以上，皆可佩戴朝珠。京堂、军机处、翰詹、科道、侍卫、礼部、国子监、大常寺、光禄寺、鸿胪寺所属官员，即使官品不够也可佩戴，一般官员和百姓不能随意佩戴。朝珠形如念珠，为藏传佛教文化影响的产物。朝珠共108颗，每27颗间穿入一颗大珠。大珠共四颗，称"分珠"或"佛头"。在顶部分珠处缀一个下垂于背后的宝石珠串，称"背云"。在朝珠两侧，有三串小珠，各10粒，名为"记念"。"记念"男女有别，两串在左、一串在右为男，两串在右、一串在左为女。朝珠的质料较多，珠玉木石皆有，如东珠、翡翠、玛瑙、水晶、白绿玉、青金石、珊瑚、松石、琥珀、蜜蜡、菩提、碧玺、紫檀等。其中，东珠朝珠只有皇帝、皇太后和皇后才能佩戴。根据不同场合的需要，皇帝使用的朝珠也有所不同。据清朝《皇朝礼器图式》记载："帝朝珠用东珠一百有八，佛头、记念、背云、大小坠、珍宝杂饰各惟其宜，大典礼御之。惟祀天以青金石为饰，祀地珠用蜜珀，朝日用珊瑚，夕月用绿松石，吉服朝珠珍宝随所御，绦皆明黄色。"官员的朝珠，除了不能使用东珠外，串珠的丝绦颜色只能用石青或蓝色。《吾学录初编》载："朝珠，珊瑚、青金、绿松、密珀随所用，杂饰惟宜，绦用石青色。"朝珠虽属品官配饰，但除了皇帝专门赏赐以外，需要官员自己采购。因此，朝珠质地的好坏，往往也能体现官员的官品高低以及财力多寡。

皇帝、贵族、百官的腰带分朝带、吉服带、常服带和行服带四种。除朝带在版饰图案及版形方圆有明确定制外，其余腰带随所宜而定。在腰带颜色上，皇帝服明黄色腰带，百官腰带为石青色或蓝色。清朝定制，从努尔哈赤的父亲塔克世一辈算起，其后世子孙，都称宗室。宗室系金黄色腰带，俗称"黄带子"。塔克世的兄弟，也就是努尔哈赤的伯伯、叔叔的后代则称觉罗。觉罗系红色腰带，俗称"红带子"。宗室、觉罗在经济上享有优厚的待遇，在司法方面也享有特权。黄带子、红带子即使当街伤人，步军统领衙门或巡城御史也不能直接处置或拘押，只能交由宗人府发落。由于黄带子、红带子代表着血统尊贵和各种特权，因此清朝规定严禁僭越与私自赠予。顺治八年（1651年），顺治帝下谕旨："旧制黄红色带，原以分别宗室觉罗，今后和硕亲王以下不得以黄带给与异姓外藩及额驸人等，如系钦赐者许用。"（〔清〕奕赓：《括谈》）对于军功卓著的满汉大臣，清政府有时也会赏赐黄带子作为特殊荣宠，但一般受赏者多作为收藏而不敢服用。例如，施琅之子施世骠因参与平台有功，朝廷"赐世骠东珠朝帽、蟒袍、黄带"。（〔清〕蓝鼎元：《平台纪略》）除了黄带子、红带子，清朝还有紫带子。这种紫带子多为被革去宗室、觉罗身份的子弟使用，以防选秀女等造成血缘混乱。还有就是清廷特赐，免去一些旗人的义务。如清朝的达海家族，在创设文字等方面作出贡献，被称为满洲的圣人。吴振棫《养吉斋丛录》载："达海世称满洲圣人，其支下子孙皆用紫带，其女不挑秀女。"

3. 京师男子服饰

在民间服饰方面，相比明朝，清朝男子服饰的变动比较大，女子服饰则相对较小。

北京的男子服饰，包括官僚士大夫的便服，主要有长袍、衬衫、马甲、短衫、袄、裤、套裤等。一般的穿着方式是上衣下裤，外罩长袍马褂，其中以长袍和马褂最为重要。

长袍是中式长衣的统称，北京人又称为大褂，较为单薄的则称为长衫。袍子的结构和式样比较简单，有圆领、大襟、窄袖、扣襻，可以做成单、夹、皮、棉等不同季节的服装。袍子的颜色则大多为月白、湖蓝、枣红、雪青、蓝、灰等。满族袍服为了适应东北地区的生活方式与气候特点，其形制与汉族那种褒衣博带的宽衫大袍有所不同，早期偏瘦长，袖口亦小，两面或四面开衩，腰间束带。为了便于骑马射箭，袍子开衩，又称"箭衣"。

长袍马褂瓜皮帽

马褂，又称"短褂"或"马墩子"。赵翼《陔余丛考》载："凡扈从及出使，皆服短褂、缺襟及战裙。短褂亦曰马褂，马上所服也。"清初，穿马褂者仅限于八旗士兵，至康熙时期满族男子穿用马褂的习俗逐渐盛行。康熙年间，汉人穿马褂者渐渐增多，雍正以后成为满汉官宦士庶都可穿着的一种服装。马褂的式样类似今天的对襟小棉袄，一般衣长及脐，袖长及肘，四面开气。马褂的袖子，为了护手，在袖口装有"箭袖"，因形似马蹄，又称"马蹄袖"。

另有一种无袖的外褂，叫作"坎肩"或"马甲"，也称为半臂、半背、背心等。《醒世姻缘传》载："只见珍哥揉着头，上穿一件油绿绫机小夹袄，一件酱色潞绸小绵坎肩，下面岔着绿绸夹裤，一双天青纻丝女靴。"《红楼梦》第四十回云："有雨过天青的，我做一个帐子挂上。剩的配上里子，做些个夹坎肩儿给丫头们穿。"坎肩无领无袖，既实用又有装饰的特点，所以男女老少皆宜。坎肩并不是满族独有的传统服装。当时汉族的坎肩样式比较简单，后来满族人对坎肩进行了改造，把滚边和绣花装饰在坎肩上，逐渐成为当时人们非常喜爱的服装款式。其中，多纽扣的坎肩，满族称作"巴图鲁坎肩"，是坎肩中比较典型的一种。

　　下层老百姓如农民、商贩和小手工业生产者，为了便于劳作，基本不穿长袍马褂，主要是短式衣裤打扮。一般市民主要穿青色长袍。在衣服的材料方面，士大夫的长袍一般多用叫"对儿布"的乐亭细布，外褂用江绸、库缎。上等绸缎织有团花图案，一开始用暗龙，后来改成拱璧、汉瓦、富贵不断、江山万代之类。

　　在冠服方面，北京男子特别是满族人，无论长幼，一年四季都戴帽子。帽子的样式，可以分为礼帽、便帽、毡帽等几种。礼帽可分为暖帽和凉帽两种。暖帽是深秋以后戴的帽子，由缎子、呢绒或毡子制成，圆形，周围翻卷起两寸多宽的帽檐，上仰形的帽檐可以镶上皮毛、呢子或青绒。北京不如东北那么冷，一般只镶青呢子或青绒就行了，但也有人镶貂皮、獭皮、狍皮、灰鼠皮的。凉帽一般在立夏以前换上，圆锥形，用藤、草、竹编成。一般社会上层富贵者用勒苏草（或称玉草）编成，而一般人则用藤丝或竹丝编成凉帽。农民等下层劳动群众在夏天则戴一种笠帽，用藤、竹或麦秸编制，圆顶，周围有宽檐伸出。便帽，也叫小帽、瓜皮帽、帽头儿，由六瓣上尖下宽的面料缝制而成，底片只用织金缎包个窄边或镶上一寸来宽的小檐。便帽一般多为黑色，根据季节不同选用素缎或实地纱制成。便帽的顶部有一个丝绒结成的彩团样装饰物，叫"算盘结"，也有帽顶上挂一缕一尺多长的红丝穗的；帽檐靠下的地方，要钉上一个"帽正"，以区别帽子前后和确定帽子戴得正斜。帽正的质地根据主人财力而定，有珍珠、宝石、烧蓝、小银片或料器等。毡帽则是沿袭明朝的服饰习惯，一般是下层劳动者戴的。

　　在穿鞋方面，北京的男子多穿靴或鞋。靴子多用布料缝成，分夹靴和棉靴两种。富贵人家也有用青素缎或青建绒做鞋面的。靴子的外形可分两种：方头的靴子只有朝廷命官才可以穿；尖头的是一般人穿的。普通老百姓则多穿鞋，鞋面浅而窄，鞋底有厚薄之分，鞋面有单梁和双梁之别，种类又有棉鞋、夹鞋之说。

　　另外，成年男子都剃发梳辫子：将两耳至头顶之前的头发剃光，再把脑后的头发梳理成辫子。一些好美的公子哥，在编辫子的时候，往往会编进去一些红丝线或金银丝线，并在辫子梢上挂一些装饰物，以求美观。

4. 京师女子服饰

清朝对男子的服饰进行了严格的限定，但对于一般妇女服饰，并没有严格的规定。因此北京的妇女服饰仍然是各遵其俗。

汉族妇女的服饰仍保持明朝的样式，一般服饰有围巾、披风、背心、一裹圆、裙子、马甲、袄衫、裤、腰子、抹胸、腰带、膝裤、手笼、手套、手帕等。衣服的领、袖、襟、下摆及裙摆等处都装饰有镶边或绣花。在这些服饰中，裙子尤为重要。一般来说，无论褶裙、斜裙，一律裁成"筒式"，系于袄衫之内。官宦富室的女式裙子，制作精美，鲜艳华丽，一般妇女则系单衣裙、夏布裙而已。妇女的衣、裙颜色根据年龄不同而有所区别。新婚嫁娘及妙龄少女，多穿金绣浅色的衣服，中年妇女则以青、蓝、酱、紫为正宗。一般婚嫁、节日、喜庆大事，妇女均穿红裙。

汉族妇女的袄衫多为右衽大襟、对襟、琵琶襟、扣襻系结等样式，在整个清代未发生重大改变，但是其宽窄肥瘦及局部装饰却是数次变易。以衣袖论，顺治年间比明代减窄，镶边也较少；嘉庆年间则衣袖越来越肥大，镶边也越来越多；到咸丰、同治年间，北京的妇女以镶边越多为越时髦，当

乾隆时期画像中的汉族女子

时有"十八镶"之称；光绪、宣统年间，则衣袖变得细小而短，甚至露出了里面的衬衣，镶边则变得简单。袄的质料多用锦、缎，衫则多为纱、罗、绸等，也有家织蜡染的花布，颜色以天青、湖蓝、粉、白、红等色居多。

汉族妇女服饰除裙子、袄衫外，发髻是一种重要的修饰。发髻的式样，就年龄而论，幼女多挽"双丫髻"或垂辫于后，或把辫子梳成"抓髻"。及至十三四岁，留成正式的发髻，或将头发分开，左右各做成两个空心，好像蜻蜓两翅；或在额弯绾一螺髻，似蚌中之圆珠，叫"蚌珠头"；或做成左右二螺髻，也有在额正中做一个螺髻者。出嫁之后，改梳圆髻。光绪年间，妇女以圆髻结于脑后再加线网结，以光洁为尚。民国初年，多喜欢留"前刘海"，其式样有微作弧形，有似初月弯形，有如垂丝等，又有将额发与鬓发相合，垂于额两旁鬓发处，颇像燕子的两尾分叉，北方叫作"美人髦"。多数妇女还在发髻上加以首饰，其质料视个人条件和身份而定，一般以金银、翡翠、宝石制成，式样则多种多样，有花朵、禽鸟、秋叶等。耳环、臂环、项圈、多宝串、指环、钏等，都是妇女重要的装饰品。北京汉族妇女，除极少数贫苦劳动人家外，绝大多数都缠足。缠足女子的鞋子宛如弓形，被称作"弓鞋"。

满族妇女服装则是衣、裳相连不分的旧式旗袍。这种旗袍样式的起源可以追溯到辽金时期，后来还受到了元代蒙古妇女服装的影响，与我们现在常见的旗袍是有较大区别的，但新式旗袍是由它发展演变而来却是不争的事实。旧式旗袍一般为圆领、右衽、领子有高低两种。清末的时候流行高领，达到两寸五分左右，支在领骨之下，更有甚者连半张脸都遮住了。一般高领都是单镶上去的，可以拆下来单洗。不用领子的时候，往往在颈中戴一条长领巾。旗袍的袖边、领口、衣襟等处多镶花边和彩牙，袍上还绣有花卉、蝴蝶、蝙蝠、人物等吉祥图案。旗袍开始极为宽大，腰身为筒式，后来逐渐变小。旗袍有单、夹、棉、皮之分，随季节不同而改变。旗袍的颜色一般以浅淡色调为多，如淡粉、淡绿、淡荷藕、浅绛色等。有时，满族妇女还喜欢在旗袍上加罩一件绣花坎肩。

满族妇女素有"金头天足"之美誉。金头，就是指她们发式头饰之华贵，尤其以宫廷、贵族妇女所梳的大两把头（拉翅头）最为典型。按常人春的《老北京的穿戴》介绍，大两把头的梳法很复杂：须将额前至耳后的头发束起来，在头顶中央扎起一个"头座"，然后再把头座的长发分为左右两绺，编成小辫，绾成左右两个小发髻，或者在头顶上梳成一个横卡式的发髻；将脑后的头发绾成一个燕尾式的长扁髻，压在后脖领上。这样就限制了脖颈的活动，使之挺直。如果遇到喜庆大典、传统年节或接待贵客时，往往还要在这种发髻上加一顶形如扇面的发冠，俗称"钿子"，又称"旗头"或"宫装"。发冠多用青素缎、青绒或直径纱做成，除了要在上面镶嵌珠宝翠玉外，还要插上四排大绒花。到了咸丰年间，据说是慈禧太后对大两把头进行了美化。原先的发式由于要照顾到前后左右的头发，不能梳得太高，一般与肩、耳并齐，而且上面的装饰物也不能太多。新发式的发冠是用布褙褙做成的大扇面形，外边包上青缎子或青绒布，再用假发做成很长的几乎挨到后领口的"燕尾"垂在脑后。至于发冠上的装饰，则是更加奢华，可谓珠宝翠钻满头。发冠前面还有数量不等的大红绒花，侧面垂有流苏。上行下效，一时间宫内外的上层妇女纷纷梳起了这种头顶一块小黑板似的发式。

在穿鞋方面，满族妇女喜穿高底鞋，即旗鞋。旗鞋底高3～5寸，上宽下圆，形似花盆，俗称"花盆底"；鞋底中部以木质为之，其外形及落地印痕皆似马蹄样，又称"马蹄鞋"。满族妇女为天足，穿上这种鞋子后，既无倾覆之虞，又可以增加身高，还可以保持鞋面清洁，在雨后户外活动时，又可作为雨鞋使用。起初，外衣长下来掩上脚面，轻裾大摆，与古装相符，后又穿短衣，故意露出高底，行走时显出婀娜多姿，与高耸的旗头相得益彰，体现出头饰、衣、鞋搭配协调和美丽。这种花盆底的鞋多用缎子面加绣花，穿着者一般为满族中青年妇女。而老年妇女和十三四岁的少女，则多穿鞋底如船底造型的船底鞋。

由于满汉民族长期交往，服饰相互影响和渗透，甚至有意借鉴模仿实属势所难免。乾、嘉以后，满族女子模仿汉装，衣袖日渐宽大，当时有"大半旗装改汉装，宫袍裁作短衣裳"之情形。嘉庆帝在挑选秀女时，发现一些旗人女子的衣袖宽大，一如汉族女子装饰，为了避免混淆满汉之防，遂下令严厉禁止。同时，汉族女子服装也在趋向满化，衣服窄小，而且外穿背心。

（五）服饰类手工业、商业

京城不仅是帝王居住的地方，也是贵族官僚、文人士子最集中的地方，这使得元明清时期的北京成为全国最大的消费城市。为了保障皇室宫廷和朝廷百官的需要，北京建立了比较完善的官营手工业生产部门和商业机构。同时，城市巨大的消费能力和生活需求也带动了京城私营手工业和商业的发展。在这种背景下，京师的服饰类产品的加工、贸易也产生了巨大的发展和变化。

1. 服饰生产供应的管理机构

辽南京作为陪都，加之统治者的治理主要采用的"四时捺钵"的方式，城市往往只是举行大典和外交的场所，因此制度相对粗疏简陋。辽代设宣徽院，负责皇帝的各种生活礼仪需求。《辽史·百官志》载："宣徽北院。太宗会同元年置，掌北院御前祗应之事。""宣徽南院。会同元年置，掌南院御前祗应之事。"宣徽北院下设敌烈麻都司，掌礼仪。除宣徽北院外，北面官中还设有著帐郎君院，"本诸斡鲁朵户析出，及诸色人犯罪没人。凡御帐、皇太后、皇太妃、皇后、皇太子、近位、亲王祗从、伶官，皆充其役"。著帐司下设承应小底局，局下分各个部门，如寝殿小底、佛殿小底、司藏小底、习马小底、鹰坊小底、汤药小底、尚饮小底、盥漱小底、尚膳小底、尚衣小底等，为皇室提供各种服务。其中尚衣小底应是为皇帝、王子及后妃提供日常服饰服务的机构。在南面官系统中，除了宣徽南院外，还有尚衣局奉御、内库、尚衣库等服务皇室服饰需求的部门。

金中都掌管服饰生产和服务的机构设置渐趋完备，分别属于工部、少府监等政府机构和宫廷各部门。按《金史·百官志》记载，工部的职能为"掌修造营建法式、诸作工匠、屯田、山林川泽之禁、江河堤岸、道路桥梁之事"。其中有关服饰产品的生产应包含在"诸作工匠"之中。近年考古发现的金代铜镜上刻有"铜院""承安二年镜子局造""南京路镜子局官"等铭文字样，可能是隶属工部的中都城内的官手工业产品。

少府监是仅次于工部的官手工业管理机构，"掌邦国百工营造之事"，拥有尚方署、织染署、文思署、裁造署、文绣署等多个手工业部门。尚方署"掌造金银器物、亭帐、车舆、床榻、帘席、鞍辔、伞扇及装订之事"。图画署"掌图画缕金匠"。裁造署"掌造龙凤车具、亭帐、铺设诸物，宫中随位床榻、屏风、帘额、绦结等，及陵庙诸物并省台部内所用物"。裁造署拥有固定裁造匠6人、针工37人。文绣署"掌绣造御用并妃嫔等服饰及烛笼照道花卉"，拥有绣工1人、都绣头1人、副绣头4人。此外，还有女工496人，其中上等工70名、次等工426人。织染署"掌织纴，色染诸供御及宫中锦绮币帛纱縠"。文思署"掌造内外局分印合，伞浮图金银等尚辇仪銮局车具亭帐之物并三国生日等礼物，织染文绣两署金线"。

除工部和少府监之外，在中都城内，中央政府和宫廷掌管服饰的还有宣徽院。宣徽院辖有尚衣局、仪鸾局、尚食局、尚药局、尚酝署、侍仪司。其中，尚衣局"掌御用衣服、冠带等事"。（《金史·百官志》）

元朝"国家初定中夏，制作有程，乃鸠天下之工，聚之京师，分类置局以考其程度而给之食，复其户，使得以专于其艺。故我朝诸工制作精巧，咸胜往昔矣"。（《元文类》）在这种情况下，主管服饰类产品生产加工的部门众多，分类更加细致，许多部门的职能甚至是重叠的。

元朝时，工部的主要职责是"掌天下营造百工之政令。凡城池之修浚，土木之缮茸，材物之给受，工匠之程式，铨注局院司匠之官，悉以任之"。（《元史·百官志》）工部的下属机构共计50个，其中包括局、院、场、所等29个直属生产单位。与服饰的加工与生产相关的下属机构主要是诸色人匠总管府，掌百工之技艺，下辖掌金银之工的银局、掌琢磨之工的玛瑙玉局等。诸司局人匠总管府，至元十二年（1275年）始置，掌毡毯等事，下辖大都染局、剪毛花毯蜡布局等。茶迭儿局总管府，元宪宗时设置，管领诸色人匠造作等事，下辖掌绣造诸王百官段匹的绣局、掌织诸王百官段匹的纹锦总院、掌织造纱罗段匹的涿州罗局等。随路诸色民匠都总管府，掌元仁宗潜邸诸色人匠。此外还有一些专门的机构，如织染人匠提举司、杂造人匠提举司、大都诸色人匠提举司、大都等处织染提举司等。一些重要的纺织品设立了专门的生产管理机构，如撒答剌欺提举司，"至元二十四年，以札马剌丁率人匠成造撒答剌欺，与丝绸同局造作，遂改组练人匠提举司为撒答剌欺提举司"，下设"掌织造御用领袖纳失失等段"的别失八里局、忽丹八里局等。工部还在元大都以外的地区设立织染局，生产各种质地的纺织品。需要指出的是，诸色人匠总管府所属的玛瑙玉局、银局等部门，虽然是行政机构，但主要是为宫廷和都城服务的。

尽管工部有部分服饰生产和加工的职能，但元朝承担此项工作更多的是将作院。将作院，至元三十年（1293年）始置，"掌成造金玉、珠翠、犀象、宝贝、冠佩、器皿，织造刺绣段匹纱罗，异样百色造作"（《元史·百官志》），相当于前代的少府、少府监，是专司御前供奉的。将作院的产品无论在质量还是式样与种类上，都是工部无法比拟的，因此地位更加重要。元人胡行简《樗隐集》载："我国家因前代旧制，既设工部，又设将作院，凡土木营缮之役，悉隶工部；金玉、珍宝、服玩、器币，其治以供御者。专领之将作院，是宠遇为至近，而其职任，视工部尤贵且重也。"将作院所属有诸路金玉人匠总管府、异样局总管府、大都等路民匠总管府等。各总管府又分辖诸局、所、司、库等。诸路金玉人匠总管府，"掌造宝贝、金玉、冠帽、系腰束带、金银器皿、并总诸司局事"，有从事制玉、金银器皿、玛瑙金丝、鞓带斜皮、温犀玳瑁、漆纱冠冕、装订、浮梁磁、绘画等手工业局院10余所。异样局总管府，所属有异样纹绣提举司、绫锦织染提举司、纱罗提举司、纱金颜料总库等。大都等路民匠总管府，掌成造御衣、佛象，下属有备章总院、尚衣局、御衣局、御衣史道安局、高丽提举司、织佛象提举司等机构。

大都留守司也是服饰生产的重要部门。大都留守司，至元十九年（1282年）置，"兼理营缮内府诸邸、都宫原庙、尚方车服，殿庑供帐、内苑花木，及行幸汤沐宴游之所，门禁关钥启闭之事"。所属有修内司、祗应司、器物局、大都城门尉、犀象牙局、大都四窑场、凡山采木提举司、上都采山提领所、凡山宛平等处管夫匠所、器备库、甸皮局、上林署、养种园、花园、苜蓿园、仪鸾局、木场、大都路管理诸色人匠提举司，以及真定路、东平路管匠官，保定路、宣德府管匠官，大名路管匠官，晋宁、冀宁、大同、河间四路管匠官，收支库，诸色库，太高收支诸物库，南寺、北寺收支诸物二库，广谊司等。其中，"祗应司，秩从五品，掌内府诸王邸第异巧工作，修襄应办寺观营缮，领工匠七百户"。"器物局，秩从五品，掌内府宫殿、京城门户、寺观公廨营缮，及御用各位下鞍辔、忽哥轿子、帐房车辆、金宝器物，凡精巧之艺，杂作匠户，无不隶焉。"其下有"铁局，提领三员，管勾三员，提控一人，掌诸殿宇轻细铁工"，"减铁局，管勾一员，提控二人，掌造御用及诸宫邸系腰"，"盒钵局，提领二员，掌制御用系腰"，"银局，提领一员，掌造御用金银器盒系腰诸物"，"刀子局，提控二员，掌造御用及诸宫邸宝贝佩刀之工"。大都留守司下属的凡山采木提举司，"秩从五品，掌采伐车辆等杂作木植，及造只孙系腰刀把诸物"。（《元史·百官志》）

此外，宫廷贵族，如皇太子、后妃、诸王、驸马等也控制了一部分包括服饰产品生产供应在内的机构，如宣徽院、储政院、中政院和长信寺、长秋寺等机构，从事冶钱、营缮、鞍辔、舆辇、铁冶、金银、织染等手工业生产。

明朝北京的服饰生产与管理机构虽然组织与规模逊于元代，但是规模依然庞大。陈诗启在《从明代官手工业到中国近代海关史研究》一书中写道："举凡宫殿、坛场、公廨、营房的修建，盔甲、刀枪、祭器、刑具的制作，冠冕、袍服、制帛、诰敕的染织，船只的建造，器皿、城砖、石灰的烧造，以及各种陶器、漆器、铁器、金属货币，甚至宫女、内监使用的棺材、便纸，无不包括在官手工业工场造作范围之内。"

明代前期，北京的服饰生产与供应的管理机构主要是工部和内府监局司。到明朝中后期，加大了宫廷官府所需的对外采买采造，官营机构规模有所缩小。《明史·食货志》载："采造之事，累朝侈俭不同。大约靡于英宗，继以宪、武，至世宗、神宗而极。其事目烦琐，征索纷纭。最巨且难者，曰采木。岁造最大者，曰织造，曰烧造。酒醴膳羞则掌之光禄寺，采办成就则工部四司、内监司局或专差职之，柴炭则掌之惜薪司。而最为民害者，率由中官。"

工部"掌天下工役、农田、山川、薮泽、河渠之政令"，其下设营缮、虞衡、都水、屯田四个清吏司。其中与服饰生产、供应相关的部门主要是虞衡司、都水司和屯田司。

虞衡司管辖的事务范围比较广泛。发布山泽禁令，为祭祀、御用、宴宾客提供野味，保管及核查陶瓷器皿，管理铸器、铸钱，制造、验收军装、兵器，采集鸟兽的皮张、翎毛、骨角等用于制造军器、军装和礼器，都由虞衡司掌管。该司"典山泽采捕、陶冶之事。凡鸟兽之肉、皮革、骨角、羽毛，可以供祭祀、宾客、膳羞之需，礼器、军实之用，岁下诸司采捕。……凡军装、兵械，下所司造，同兵部省之，必程其坚致。"（《明史·职官志》）虞衡司与服饰有关的机构有军器局，是京师制造军器的主要机构，负责生产将士的盔甲、戎服；有皮作局，负责熟造生皮和煎制水胶。

都水司，"典川泽、陂池、桥道、舟车、织造、券契、量衡之事"，"凡织造冕服、诰敕、制帛、祭服、净衣诸币布，移内府、南京、浙江诸处，周知其数而慎节之。凡公、侯、伯铁券，差其高广。凡祭器、册宝、乘舆、符牌、杂器皆会则于内府"（《明史·职官志》）。都水司所辖的京师手工业有器皿厂、六科廊、通惠河、文思院、织染局等。都水司织造方面的具体职责有如下几项：一是掌握织造之物的制式、用料，如段匹必须宽二尺、长三丈五尺等。二是掌握各地岁造的数目及参与验收。岁造就是有织染局的地方每年必须完成的朝廷的织造定额。都水司要掌握这些定额以及变化情况，并要参与验收岁造段匹。三是协调冕服、诰敕、制帛、祭服、净衣的织造工作。如祭祀所用祭服，净衣令本司所属文思院成造，御用冕服、诰敕等行移内府织造，制帛则由南京神帛堂织造运京。《明史·食货志》记载："明制，两京织染，内外皆置局。内局以应上供，外局以备公用。南京有神帛堂、供应机房，苏、杭等府亦各有织染局，岁造有定数。"器皿厂负责营造光禄寺每岁上供及太常寺坛场器物，如各帝陵及婚丧典礼，各衙门所需的器物，按例造办，拥有木作、竹作、蒸笼作、桶作、镟作、卷胎作、油漆作、钺作、金作、贴金作、铁索作、绦作、铜作、锡作、铁作、彩画作、裁缝作、祭器作共18种。

屯田司与服饰生产加工相关的事务比较少，"典屯种、抽分、薪炭、夫役、坟茔之事。凡军马守镇之处，其有转运不给，则设屯以益军储。其规办营造、木植、城砖、军营、官屋及战衣、器械、耕牛、农具之属"。其中仅战衣一项，与服饰相关。

明朝时期，直接服务于皇室宫廷的宦官机构有四司八局十二监，共24个衙门，这些衙门统称为内府。刘若愚《酌中志》记载："按内府十二监：曰司礼，曰御用，曰内官，曰御马，曰司设，曰尚宝，曰神宫，曰尚膳，曰尚衣，曰印绶，曰直殿，曰都知。又四司：曰惜薪，曰宝钞，曰钟鼓，曰混堂。又八局：曰兵仗，曰巾帽，曰针工，曰内织染，曰酒醋面，曰司苑，曰浣衣，曰银作，以上总谓之曰二十四衙门也。此外，有内府供用库、司钥库、内承运库等处。"内府虽名义上隶属于工部，但实际上由宫廷直接掌管。包括服饰在内的皇室所用的各种手工业品基本由内府制造供应，因而内府形成了一个庞大的手工业生产供应体系，成为明朝京师官营经济的十分特殊的组成部分。

内府十二监中的内官监、御用监及尚衣监等机构，均有管理和生产服饰产品的职能。

内官监位于今北京西城区恭俭胡同，"所管十作，曰木作、石作、瓦作、搭材作、土作、东作、西作、油漆作、婚礼作、火药作，并米盐库、营造库、皇坛库、里冰窖、金海等处。凡国家营建之事，董其役；御前所用铜、锡、木、铁之器，日取给焉。外厂甚多，各有提督、掌厂等官"（刘若愚《酌中志》）。内官监的职能与外廷的工部相似，是内府最大的手工业生产加工机构，常年管辖的工匠达到万人左右。内官监在服饰方面，主要"掌成造婚礼妆奁、冠冕、伞扇、衾裯、帐幔、仪仗及内官内使贴黄诸造作，并宫内器用首饰与架阁文书诸事"（孙承泽《天府广记》）。七次下西洋的郑和，就曾经供职于内官监。白寿彝《中国通史》载：洪武十五年（1382年），马和12岁时父亲病故，他投靠燕王朱棣，做了宦官。在燕王藩邸里，马和的聪明才干受到赏识。建文元年（1399年），他29岁，从燕王举兵，出入阵战，多建奇功。燕王称帝后，因功擢内官监太监，主管官室陵墓的建造，采办宫廷婚丧礼仪所需珍宝、香料及珍奇异物等事宜。永乐二年（1404）正月初一，马和被赐姓"郑"。

御用监，其职责是造办皇帝所需的室内摆设及玩乐用品，"凡御前所用围屏、摆设、器具，皆取办焉。有佛作等作，凡御前安设硬木床、桌、柜、阁及象牙、花梨、白檀、紫檀、乌木、鸂鹒木、双陆、棋子、骨牌、梳栊、螺钿、填漆、雕漆、盘匣、扇柄等件，皆造办之"。其中就包含化妆理容用的梳栊、盘匣等。该监在隆庆二年（1568年）建立洗帛厂，专门制造御用兜罗绒袍。隆庆五年（1571年）洗帛厂扩大规模，设立袍作和绦作。"绦作，即洗帛厂。掌作官一员，协同内官数十员，经手织造各色兜罗绒、五毒等绦花素勒甲板绦，及长随、火者牌绦绦。惟兜罗绒织法传自西域，外无敢私织者。"（刘若愚《酌中志》）御用监还负责一部分兵器的制造，即近侍长随以及各营的总兵官所用的盔甲和绣春刀。御用监生产规模十分庞大。《大明会典》记载，该监在嘉靖、隆庆之际，所用各种工匠人数在2800人以上。

尚衣监，在今西城区景山后街东头路北的碾子胡同。《酌中志》载："尚衣监，掌印太监一员，管理、金书、掌司等数十员。掌造御用冠冕、袍服、履舃、靴袜之事。兵仗局之南、旧监库之北，即本监裁缝匠役成造御用之袍房也，又名曰西直房。万历时，凡造上用袍服之里，合用杭绸等绢，例具尺寸数目，于东厂太监处取办之。"尚衣监掌管的官式服饰数量众多。《明史·食货志》记载："正德元年，尚衣监言：'内库所贮诸色纻丝、纱罗、织金、闪色，蟒龙、斗牛、飞鱼、麒麟、狮子通袖、膝襕，并胸背斗牛、飞仙、天鹿，俱天顺间所织，钦赏已尽。乞令应天、苏、杭诸府依式织造。'帝可之。乃造万七千余匹。"

内府八局中，兵仗局、银作局、巾帽局、针工局、浣衣局、内织染局等部门均与服饰的加工、生产、服务有关。兵仗局掌造刀、枪、剑、戟、鞭、斧、盔、甲、弓、矢等军用器械和宫中零用的铁锁、针剪及法事所用钟鼓等。银作局"掌打造金银器饰"，"专管造金银铎针、枝个、桃杖、金银钱、金银豆叶"。巾帽局"掌造内官诸人纱帽、靴袜及预备赏赐巾帽之事"，赏赐的对象包括新选中的驸马、新升任的司礼监秉笔太监，以及"随藩王之国"的旗尉。针工局的职责是制造宫中内官、内史、长随、小火诸人的衣服、铺盖，还负责成造诸婚礼服裳，"缝制王府册封赏赐等项衣服"。浣衣局，俗称浆家房，专为皇亲国戚提供洗衣服务，其地址位于德胜门以西，是二十四衙门中唯一不在皇城中的宦官机构。长官由内务府的宫人充任。浣衣局也是安排年老宫女以及有罪黜退内宫女子的场所，"凡宫人年老及有罪逮废者，发此局居住。内官监例有供给米盐，待其自毙，以防泄漏大内之事"。天启七年（1627年），明熹宗乳母客氏"奉旨籍没，步赴浣衣局，于十一月内钦差乾清宫管事赵本政临局笞死，发净乐堂焚尸扬灰"。（刘若愚《酌中志》）

内织染局，简称内局，洪武二十八年（1395年）置，掌理染造御用及宫内应用缎匹、绢帛之类。内织染局于苏、杭二府拣选少壮精通织罗艺业者，随带妻子儿女入局，"每年每名工食银十两八钱"。内织染局设掌印太监一员，工匠额数嘉靖十年（1531年）为1317名，嘉靖四十年（1561年）为1461名，隆庆元年（1567年）为1430名（内有匠官87名），可见其规模之大。内织染局织造皇帝在重要场合穿用的袍服，如冬至大祀所用十二章衮服、皮弁服等，其织造礼仪也极其隆重，要由钦天监择日，礼部祭告，然后才能开工。内织染局设立于今东城区织染局胡同，尚有外厂，在朝阳门外，为浣濯袍服之所。在都城西，还有蓝靛厂。

此外，明朝宫廷之中还曾设有女官六局，为尚宫、尚仪、尚服、尚食、尚寝、尚功的合称，掌管侍奉皇帝和后妃日常生活之事，服饰管理服务也是其职能之一。"尚服局，尚服二人，掌供服用采章之数。领司四：司宝，司宝二人，典宝二人，掌宝二人，女史四人，掌宝玺、符契。司衣，司衣二人，典衣二人，掌衣二人，女史四人，掌衣服、首饰之事。司饰，司饰二人，典饰二人，掌饰二人，女史二人，掌巾栉、膏沐之事。司仗，司仗二人，典仗二人，掌仗二人，女史二人，凡朝贺，帅女官擎执仪仗。""永乐后，职尽移于宦官。其宫官所存者，惟尚宝四司而已。"（《明史·职官志》）

清朝建立以后，在服饰生产供应管理制度方面，沿袭了明朝的一些制度，又结合自身特点进行了一些变革。

与明朝一样，外廷的工部依然是服饰生产供应的主要部门。清朝工部仍然分设营缮、虞衡、都水、屯田四个清吏司，职能与明朝大致相同。工部各司的手工业作坊中，虞衡司下有火药局、安民厂、濯灵厂、盔甲厂、硝黄库专门制造和贮存火药及其原料，还有制造生、熟铁炮及铜炮的炮局、军需库等；都水司下有刻石、作画、染纸、裁缝等各工匠。此外还有文思院、广积库、柴炭司、通州抽分竹木局、制造库、节慎库、料估所、街道厅、硝黄库、铅子库、宝源局、皇木厂、琉璃窑、木仓、军需局、官车处、惜薪厂、冰窖、采绌库等。其中制造库"掌典五工：曰银工、曰镀工、曰皮工、曰绣工、曰甲工；凡车辂仪仗，展采备物，会銮仪卫以供用"（《清史稿·职官志》）。除了工部，户部亦设管理三库大臣，主管银、缎匹、颜料等事宜。

工部之外，主管皇家服饰生产供应的主要是内务府各内监局。

内务府是清代专管皇室事务的机构，起源于满族社会的包衣（奴仆）制度，其主要人员分别由满洲八旗中的上三旗（镶黄旗、正黄旗、正白旗）所属包衣组成。它的最高长官为总管内务府大臣，正二品，由皇帝从满洲王公、内大臣、尚书、侍郎中特简，或从满洲侍卫、本府郎中、三院卿中升补。

清军入关后，起初仍由内务府来管理皇家事务。顺治帝福临年长亲政后，在宦官吴良辅的煽动蛊惑下，开始着手建立取代内务府的一批宦官机构。顺治十年（1653年）六月，福临谕旨称："宫禁役使，此辈势难尽革。朕酌古因时，量为设置，首为乾清宫执事官，次为司礼监、御用监、内官监、司设监、尚膳监、尚衣监、尚宝监、御马监、惜薪司、钟鼓司、直殿局、兵仗局，满洲近臣与寺人兼用。"在顺治帝的谕旨下达后，清朝内廷始设十三衙门，即司礼监、御用监、御马监、内官监（宣徽院）、尚衣监、尚膳监、尚宝监（尚宝司）、司设监、尚方监（尚方院）、惜薪司、钟鼓司（礼仪监、礼仪院）、兵杖局、织染局（经局）。十三衙门是仿明朝的二十四衙门而设的宦官机构。与此同时，内务府被裁撤。虽然顺治帝在宫中设立了严禁宦官干政的铁牌，但是十三衙门的设置却导致了清初宦官势力的一度兴起。司礼监等机构的职权不断扩大，宦官交通勾结朝臣而营私受贿的事件也开始发生。顺治十五年（1658年），吴良辅以权谋私，交结外官，纳贿作弊事发，相关大臣被处置，但其本人因顺治帝庇护而逃过一劫，十三衙门也继续存在。顺治十八年（1661年），福临在临终前下罪己诏，对宠信宦官进行反思："祖宗创业，未尝任用中官，且明朝亡国，亦因委用宦侍，朕明知其弊，不以为戒，设立内十三衙门，委用任使，与明无异，以致营私舞弊，更逾往时，是朕之罪一也。"（《清世祖实录》卷144）康熙帝即位当年，清廷立即处死吴良辅，并将十三衙门裁撤，并裁去全部宦官，重新设立内务府作为专管皇室事务的机构。此后，内务府是清代掌管宫廷事务的机构，凡帝后的衣、食、住、行、用都由内务府管理，直到溥仪被逐出紫禁城为止。

内务府官署在故宫西华门内，清雍正帝曾为其书写"职司综理"匾额。康熙年间，内务府的机构多次变化，管理范围不断扩大。"内府财用出入，及祭祀、燕飨、膳羞、衣服、赐予、刑罚、工作、教习"等均是其职掌。（［清］吴长元《宸垣识略》）内务府官员众多，达3000余人。

内务府的直属机构包括七司三院，分管各类不同事务。七司分别为广储司、都虞司、掌仪司、会计司、营造司、庆丰司、慎刑司；三院是上驷院、武备院、奉宸院。此外，内务府还有50多个附属机构，如三旗参领处、掌关防处、御药房、养心殿造办处、武英殿修书处、咸安宫官学、景山官学、京内织染局、敬事房等。其中与服饰生产供应关系密切者为广储司、养心殿造办处、京内织染局等。

广储司为内务府掌管府藏及出纳总汇的机构，犹如政府之户部，初名御用监，康熙十六年（1677年）改为广储司，其旧署设在仁智殿配殿，雍正八年（1730年）移至尚衣监之前，乾隆年间迁至酒醋房一带，共有房屋17间。据《石渠余纪》载："广储司，掌银、皮、瓷、缎、衣、茶六库之藏物，相类者兼贮焉，稽其出纳。掌银、铜、染、衣、皮、绣、花七作之匠，以供御用。及宫中冠服、器币，三织造及内织染局属焉。"广储司下设六库、七作、二房。六库即银库、皮库、瓷库、缎库、衣库、茶库，七作即银作、铜作、染作、衣作、绣作、花作、皮作，二房即帽房、针线房。此外，广储司还有织染局、绮华馆等机构，江宁、苏州、杭州三织造亦隶属广储司。曹雪芹就出身于江宁织造之世家。银作，"专司成造金银首饰器皿，装修数珠小刀等事"。铜作，"专司打造铸作各样铜锡器皿，拔丝、胎钣、錾花、烧古及乐器等事"。染作，"专司染洗绸绫、布匹、丝绒、棉线、氆氇、哔叽缎、羊羔、鹿皮、毡、鞍笼、绒绳、马尾、羊角、灯片，及练绢、弹粗细棉花等事"。熟皮作，"专司熟洗各种皮张，成造羊角天灯、万寿灯、执灯等灯，宝盖、璎珞、流苏，并拴吉祥摇车、御喜凤冠垂珠，做鹰帽五指，织造氆氇等事"。绣作，"专司刺绣上用朝衣、礼服、袍褂、迎手、靠背、坐褥、伞，内廷所用袍褂、官用甲面补子等项，及实纳上用、官用、弓插、凉棚、帐房、角云等项"。花作，"专司成造各色绫绸、纸绢、通草，米家供花、宴花、瓶花等项，络丝、练丝、合线、做弦及鹰鹞绊等事"。针线房，"成造上用朝服，及内廷四时衣服、靴袜等项"。衣作和帽房，成造各种衣帽，皆造作不

常。（《钦定总管内务府现行则例·广储司》）

京内织染局负责织造御用缎匹，初属工部，设于地安门嵩祝寺后，康熙三年（1664年）划归内务府。乾隆十六年（1751年），将织染局移至万寿山。

养心殿造办处，是宫内最大的造作工场，"掌供器物玩好"。乾隆二十三年（1758年）以前，造办处辖有42作，即画院、如意馆、盔头作、做钟处、琉璃厂、铸炉处、炮枪处、舆图房、弓作、鞍甲作、珐琅作、镀金作、玉作、累丝作、錾花作、镶嵌作、摆锡作、牙作、砚作、铜作、镀作、凿活作、风枪作、眼镜作、刀儿作、旋轴作、匣作、裱作、画作、广木作、木作、漆作、雕銮作、旋作、刻字作、灯作、裁作、花儿作、绦儿作、穿珠作、皮作、绣作。乾隆二十三年（1758年）裁并后，保留了匣裱作、油木作、灯裁作、金玉作、铜镀作、盔头作、如意馆、造钟处、琉璃厂、铸炉处、枪炮处、舆图房、珐琅作共13作。乾隆四十八年（1783年），炮枪处的弓作、鞍甲作又独立分出，总数又增至15作。到清末光绪年间，复裁弓作、鞍甲作，增设花爆作（后改花爆局专司采购西洋烟火），又降为14作。（崇璋：《造办处之作房及匠役》）

此外，内务府下属的四执事房和四执事库也是清朝皇宫内为皇帝提供服饰穿着的专门机构。为皇帝管理衣着的太监，名为"四执事"，四者，即冠、袍、带、履。四执事房，以太监充任职使，设八品侍监衔首领太监1名、太监20名，专司收掌皇帝穿用冠袍带履、铺陈寝宫帐幔及坐御前更等事。四执事库则是贮放上用冠袍带履，位于乾清宫东廊的端凝殿，取"端冕凝旒"之义。皇帝平时赏赐臣下的衣饰物品，有时也交给四执事库收藏。《钦定大清会典事例》载："又奏准衣库所有貂狐碎皮缉成衣料，以官用缎为表，并成造荷包二百对，岁交四执事处收藏，以备赏用。"

2. 服饰手工业

北京成为北方政治中心乃至全国政治中心以后，无论是出于主动还是被动，大量的各地手工业工匠艺人被集中于此。人才会聚，带动了包括服饰产品及原料在内的手工业生产水平不断提高。"京货"遂成为精美高档的代名词，不仅为北京上层社会所喜爱，而且影响波及全国。

在纺织业方面，丝织业是幽州传统的手工业，唐代范阳绫更是闻名于世。辽金时期，北京地区的纺织业又有新的成就和进展。

辽南京的丝织业无论在数量上还是在质量上都有巨大的进步。辽南京的丝织品在史料上或被称为"蕃罗"，辽人常以其换取北宋的茶叶。清人厉鹗《辽史拾遗》载："辽人非团茶不贵也，常以二团易蕃罗一匹。"一些高质量丝织品，常被辽国皇帝用来赏赐给臣下，而且还作为馈赠宋朝皇帝和外国的礼品。叶隆礼《契丹国志》记载，辽国皇帝曾一次回赠新罗国"细绵绮罗绫二百匹，衣着绢一千匹"，足见其生产能力之高。在生产能力提高的同时，丝织品的质量也日益改进。清人徐松《宋会要辑稿》记载，辽国"凡承天节，献刻丝花罗御样透背御衣七袭或五袭，七件紫青貂鼠翻披或银鼠鹅项鸭头纳子，涂金银装箱，金龙水晶带，银柙副之，锦绿帛皱皮靴，金决束帛白熟皮靴鞯，细锦透背清平内制御样、合线缕机绫共三百匹"。宋景德二年（1005年），"其母（萧太后）又致御衣缀珠貂裘、细锦刻丝透背、合线御绫罗绮纱縠御样"，宋真宗"以礼物宣示近臣，又出祖宗朝所献礼物示宰相，其制颇朴拙，今多工巧，盖幽州有织工耳"。这些送给宋朝的礼物丝织品应该是辽人自己生产的，不太可能使用他国的产品。许亢宗《宣和乙巳奉使行程录》亦称，辽南京"锦绣组绮，精绝天下"。辽南京城的麻布生产数量众多，每年也有大量麻布输往辽境内各地。

除了契丹皇室贵族控制下的手工业工场外，辽南京的私营纺织业也比较发达。《辽史》有"诏南京不得私造御用彩缎""禁布帛短狭不中尺度者"等记录，说明私营纺织业不仅存在，而且达到了可以织造御用丝绸的水平。刘敞于宋至和二年（1055年）出使辽国，在燕地作《红玉谁家女四首燕中记所见》，其中有"红玉谁家女，明艳夺青春。羞人不得语，含笑却成嚬。翠霞金缕衣，独立黯斜晖"。民间女子精致的丝绸服装令其印象深刻，也说明私营纺织业水平绝非寻常。

金中都地区的纺织品主要有绫、罗、绵、绢等，特别是灭北宋以后，汴梁的各类工匠被大量安置在燕京，使得纺织技术和花色品种不断增多。金朝宫内专设有文绣署制造各类丝织品，所雇用的工匠竟达500人之多，除了满足金朝宫廷消费外，还大量用于赏赐臣下。《金史·章宗本纪》记载，章宗明昌六年（1195年）三月，一次就赏赐北边军绢5万匹、杂彩千端、衣446袭。承安元年（1196年）十二月，又劳赐北边军绢5万匹。另外，《金史·舆服志》规定："太常寺拟士人及僧尼道女冠有师号并良闲官八品以上，许服花纱绫罗丝绸。""庶人止许服绸绸、绢布、毛褐、花纱、无纹素罗、丝绵，其头巾、系腰、领帕许用芝麻罗、绦用绒织成者。""兵卒许服无纹压罗、绸绸、绢布、毛褐。奴婢止许服绸绸、绢布、毛褐。"从这些规定中，我们可以看到，中都纺织品的种类还是比较丰富的，金代官府和民间的纺织业都相当兴盛。一些达官贵人家中也设有丝织工场，在满足自身需要的同时，还将剩余的产品在集市贩售，如"枢密使仆散忽土家有绦结工，牟利于市"。（《金史·刘焕传》）

尽管由于自然气候等原因，辽金时期的纺织品很难保存下来，但从现存不多的文物当中，我们还是可以看到当时丝织业的发展水平的。1955年，北京市政府为拓宽长安街，决定拆除庆寿寺元初高僧海云及其弟子可庵的墓塔。在拆除墓塔时发现了一批重要文物，其中就包括辽金时期的丝织品。这些丝织品制作精巧细腻，十分精美，说明金代丝织业达到了很高水平。其中，绣花龙袱，"60厘米见方，赭黄地，绸质。中绣张牙舞爪地吐舌戏珠的黄龙和彩云，四角绣莲荷、牡丹、芍药、菊花等主花和白花的叶。主花之上金印加圆圈的'香花供养'四字，各据一角，四周绣牵牛花、野菊串枝杂花，多作菊科的叶及普通的尖叶"；缂丝，"长68厘米，宽56厘米，一角残破，紫色地，上面有黄绿颜色相间的水波纹和卧莲图案，卧莲之间有鹅浮泳其中"。此外，还有酱色地印花和素色丝绸各1块以及4块绣满唐草花纹、金光耀眼的丝金绞线残边。（北京市文化局文物调查研究组：《北京市双塔庆寿寺出土的丝、棉织品及绣花》，《文物参考资料》1958年第9期。）另外可资参考的是1988年黑龙江省阿城市巨源乡城子村西端的金齐国王墓出土的文物。墓主夫妇"二人身体均包裹多层衣物，其中男性着八层十七件，女性着九层十六件，计有袍、衫、裙、裤、腰带、冠帽、鞋、袜等，绝大多数为丝织品。这些服饰华贵精美，色泽鲜艳，制作精致，具有古代北方民族服饰的特点和风格，并完好保存了当时的穿着方式"。（《中华人民共和国重大考古发现》，文物出版社，1999年）墓主属于金朝王室成员，其服饰与宫廷织造的关系比较密切，可以为我们更清晰地展示金中都的丝织业实力。

元代的纺织业在前代的基础上有了进一步的发展，特别是国家疆域广阔，江南、西域等地的工匠被大量集中于元大都的各种服饰生产加工部门。不同区域的技艺得到交流，使其丝织业、制毡业、棉麻纺织业也均有重大发展进步。《马可·波罗行纪》记载："百物输入之众，有如川流之不息。仅丝一项，每日入城者计有千车。用此丝制作不少金锦绸绢，及其他数种物品。附近之地无有亚麻质良于丝者；固有若干地域出产棉麻，然其数不足，而其价不及丝之多而贱，且亚麻及棉之质亦不如丝也。"

各种加金技术的运用更是达到炉火纯青的地步，使得织金缎匹深受蒙古贵族的喜爱，成为元代丝织品的代表作。元代的加金织物，可分金线织出和织后加金两种制作方法。用金线织出的，《元典章》称为金缎匹。金缎匹又分金锦和金绮两种。金锦称为金织文锦、金织文缎、金缎、纳失失缎。全部用金线织成的称为浑金缎。拍金又称箔金，与现在的贴金相似，是先用凸版花纹用黏合剂印在织物上，然后贴以金箔。元代称为"金答子"，就是指用拍金的制作方法使其成块状纹样的一种金锦。销金的方法很多，有印金、描金、点金等种。印金是用凸版花纹涂上黏合剂先印花纹，再撒上金粉；或是用黏合剂调以金粉，直接印在织物上。描金是用描绘出金色花纹。点金又称撒金，是在织物上用金粉撒出点子。织金锦中的纳失失（原产波斯）、撒答剌欺（原产中亚的一种丝织品），是元代手工业中出现的新产品。

元朝织锦的纹样也十分丰富。据《南村辍耕录》记载，元代织锦的花纹名目有紫大花、五色簟文、紫小滴珠方胜鸾鹊、青绿簟文、紫鸾鹊、紫百花龙、紫龟纹、紫珠焰、紫曲水、紫汤荷花、红霞云鸾、黄霞云鸾（俗呼绛霄）、青楼阁、青大落花、紫滴珠龙团、青樱桃、皂方团白花、褐方团白花、方胜盘象、球路、衲、柿红龟背、樗蒲、宜男、宝照、龟莲、天下乐、练鹊、方胜练鹊、绶带、瑞草、八花晕、银钩晕、红细花盘雕、翠色狮子、盘球、水藻戏鱼、红遍地杂花、红遍地翔鸾、红遍地芙蓉、红七宝金龙、倒仙牡丹、白蛇龟纹、黄地碧牡丹方胜、皂木等。绫的纹样也很丰富，有云鸾、樗蒲、盘绦、涛头水波纹、仙纹、重莲、双雁、方棋、龟子、方縠纹、鸂鶒、枣花、鉴花、叠胜、白鹭等。

除了各种官营丝织业十分发达以外，在大都农民的科差中，有一项丝料负担，政府赋税允许民间折绢交纳，这说明大都农村地区的丝织业已相当发达。大都的民间工匠丝织物加金的技术也十分高超，他们曾大量制造织金的锦缎，并在街市上"货卖"。他们能在缎子上绣上人物肖像和美丽的图案。由于民间丝织用金过多且多涉僭越，元朝廷曾屡次下令禁止。例如，中统二年（1261年）九月，中书省钦奉圣旨："今后应有织造毛段子，休织金的，止织素的或绣的者，并但有成造箭合剌，于上休得使金者。"（《大元通制条格》）《元典章》亦载："其余诸色人等不得织造有金缎匹货卖……开张铺席人等，不得买卖有金缎匹、销金绫罗、金纱等物，及诸人不得拍金、销金、裁捻金线。"

大都的制毡业也比较发达。制毡是蒙古传统的手工业之一。在大都尚未建成的时候，蒙古当局就在燕京设局制毡，但产量很小。此后，大都的制毡数量和种类不断增加。从中统三年（1262年）开始，"岁造羊毛毡大小三千二百五十段"。（《大元毡罽工物记》）毡的颜色有白、黑、青蓝、粉青、明绿、柳黄、柿黄，赤黄、肉红、深红、银褐等，品种有药脱罗毡、无药脱罗毡、熏毡、布答毡、染毡、花毡、衬花毡、绒披毡、掠绒花毡、掠绒剪花毡、妆驼花毡、海波失花毡、剪绒花毡、剪绒毡、剪花样毡、回回剪绒毡、毛毯、剪绒花毯、撒里孙、舍里台等20余种，常用作帽、制衣、案席、褥等材料。

大都的棉纺织业也有一定的发展，棉布已成为下层社会衣服的重要原料。元代大都地区也有棉花种植的记载，《马可·波罗行纪》载："（汗八里）固有若干地域出产棉麻，然其数不足，其价不及丝之多而贱，且亚麻及棉之质亦不如丝。"在元代的赋税中，棉花也是重要的组成部分。大德三年（1299年）在大都"掌丝棉布诸物"的万亿赋源库报告，"本库每年收受各处行省木绵布匹不下五十余万"。（《元典章》）布的品种有木棉布、铁力布、葛布、焦布、毽丝布、竹丝布、生苎布、熟苎布、番绵布、土麻布、暮布、草布等。在庆寿寺双塔出土的文物中就有棉布僧帽一顶。

与元朝相比，明清两朝时，北京纺织业在规模上和制造的多样性上略为逊色。北京的纺织业主要是工部和内廷织造机构，产品也以服务宫廷和官府为主。民间的纺织业规模、产量、织造水平等，均远远落后于官营织造业。到了明朝后期以及清朝时期，内廷织造大部分靠采买或外地输入，北京纺织业的规模不断被压缩。章永俊《北京手工业史》记载，明朝嘉靖四年（1525年）内织染局有军匠2164名，内官监新、旧工匠9356名，总计11520名。然而，清代内务府织染局在康熙初年最多时也仅有工匠825名，此后经多次裁减，至雍正十三年（1735年），只剩下190名。相比于元朝动辄数万人，明清两代，特别是清代北京纺织业的规模大大地缩减了。

明代北京丝织品有红纹绮、纹绮绫罗、红罗纱、纹绮绢、玄纁束帛、青纹绮、绢、锦、大红罗、绸、红绢、彩绢等。丝织物的缂丝技术，仍然保持着较高的水平。丝织物缂丝，"不用大机，以熟色轻于本桦上，随所欲作花草、禽兽状，以小梭布纬时，先留其处，以杂色线缀于经纬之上，合以成文（纹），不相连承，空视之如雕镂之象"。（《畿辅通志》）雍正年间，清政府在京畿一带推广种桑、养蚕，北京织染局曾"从四川、江浙雇来工匠，教授纺织之法，学徒领悟，如贡缎、江缎、大缎、浣花锦、金银罗绢等均能仿照"。（〔清〕卫杰：《蚕桑碎编》）在京郊农村，家庭纺织业也很繁盛。明代昌平出脂麻和麻布，宛平出产脂麻、丝、绢、绵、布、蓝靛等。明清时期，北京农村的纺织业仍然属于自然经济的一部分，没有同农业相分离，农村妇女是纺织劳动的主要承担者。在明清时期的北京地方志《烈女传》中，有大量妇女在丈夫去世后，从事纺织业养活儿女的记载。

这一时期，京师的金属饰品及珠玉制作也十分发达，不同朝代均有专门的部门进行加工制作，成为在全国具有重大影响的特种手工业。

中国北方少数民族喜用各种金银首饰制品，死后也常以金银制品随葬，因此考古发现的金银物品较多。辽金元三代的金银器，大都出土于墓葬中。在北京房山区曾出土一枚银鎏金覆面，是契丹族比较独特的一种丧葬面饰。据史籍记载，契丹贵族有"用金银做面具，铜丝络其手足"的葬俗。该覆面长31厘米，宽22.2厘米，器型保存完整，面部轮廓清晰，头发后梳，眉骨突出，双目闭合，双唇紧闭，神态安详。耳下及鬓两侧有孔，可系结。在石景山区鲁谷的韩佚墓，也出土了錾花银手镯、錾花银圆盒、铜镜等物。北京发现的金代金银服饰，比较有代表性的是房山金陵出土的金冠。冠呈钵型，以锤打均匀的细金丝编成，顶部为单瓣花卉纹，周围编成网格纹，固定于金圈上，造型简洁。北京地区出土的元代金银器一共5件，其中以东城区龙潭湖铁可墓出土的龟云四合金饰件，以范铸、錾刻、焊接等工艺制成，体现出元代金银器制作的高超水平。

明清两代是北京金银器制作和使用的辉煌时期，不仅宫廷有专门加工金银首饰的部门，民间金银制作也成为独立的行业。金银首饰种类丰富、设计精美、用料华贵，工艺水平达到了空前的高度。其中，最有代表性的金银制品，当数定陵出土的明万历帝的金善翼冠。冠重826克，高24厘米，直径17.5厘米。此冠虽属于皇帝常服冠冕，但制作工艺技巧登峰造极，达到了炉火纯青的地步。翼善冠分为前屋、后山、金折角三个部分，全系金制。其前屋部分，以518根0.2毫米细

的金丝编成"灯笼空儿"花纹。所编
花纹不仅空当均匀、疏密一致，而且
无接头、无断丝，犹如翼翼罗纱轻盈
透明。后山部分组装有二龙戏珠图案
的金饰件，其中二龙的头、爪、背鳍
和二龙之间的火珠，全部采用阳錾工
艺进行雕刻，呈半浮雕效果；龙身、

万历帝后龙凤冠

龙腿等部位则采用传统的掐丝、垒丝、码丝工艺进行制作，每个鳞片
均以金丝搓拧成的花丝制成，然后码焊成形。如此复杂的图案装饰，
却不露丝毫焊口痕迹。

在服饰化妆常用的工具中，这一时期北京地区的铜镜制造也十分
发达。其中金代的铜镜铸造是优秀代表。金代铜镜的主题纹饰多样，
是唐以后各个时代所没有的。据考古资料和著录研究，金代的铜镜类
型有双鱼镜、历史人物故事镜、盘龙镜、瑞兽镜和瑞花镜等。金代吸
收了以往的纹样，并创造出一些新的样式如双鱼镜和人物故事镜等。
北京地区出土的金代铜镜有通州区三间房附近发现的葵瓣式素铜镜，
海淀区四季青乡南辛庄一座长方形竖穴土圹石椁墓中出土有万字纹铜
镜，等等。金代有的铜镜边缘錾刻官府验记文字和押记，铜镜上必须
加上官府的验记，方可使用和流通。北京地区考古发现的此类铜镜也
较多，如"通州司使司官（押）""大兴县官（花押）""良乡县官匠
（押）""昌平县验记官（押）"等。

除了金银器外，北京地区的玉器加工制造业也十分发达。金代
的玉器工艺改变了以往佩件的规矩方圆，多采用"S"形构图，花卉、
鸟禽、"龟游"等是常见的题材。在北京房山区长峪沟金代墓葬群中
出土了折枝花纹佩、竹枝纹佩、双鹤衔芝纹佩、孔雀形钗等玉器，既
展示了精湛的琢玉工艺，又体现了女真人倾心自然的民族特点。元明
清三代在北京设立了专门的宫廷或官办玉作，使北京成为全国的琢玉
中心和最大的玉器消费市场。玉器制作的技艺不断进步，到清朝乾隆
年间玉器制作工艺更是有"乾隆工"的称号。"乾隆工"琢玉精细，

量才制器，布局缜密，工艺穷尽人巧，达到了空前绝后的高度。

除了官方制作的玉器外，北京还有大量制作玉器的民间手工业作坊，有专门的行会与会馆。北京的玉器业，以长春真人丘处机为祖师，玉器行业会馆称"长春会馆"，每年举行祭祀典礼。相传，丘处机在追随王重阳之前已经初步掌握了琢玉技巧，后来在游历过程中，技艺更加精湛。丘处机成为全真道第五任掌教时，还曾亲手制作了一顶金丝嵌玉道冠。据北京白云观内曾有的1932年《白云观玉器业公会善缘碑》石碑记载，丘处机当年"慨念幽州地瘠民困，乃以点石成玉之法教示人习治玉之术。使燕石变瑾瑜，粗涩发为光润，雕琢既有良法，攻采不患无材，而深山大泽、瑰宝纷呈，燕市之中，玉业乃首屈一指。食其道者，奚止万家"。于是，北京玉器业拜丘处机为鼻祖，清乾隆五十四年（1789年）在今琉璃厂小沙土园建立了"长春会馆"。

3. 京师服饰市场

京师服饰市场在空间分布上，是一个从辽金的相对集中逐渐转向分散，又进而形成比较集中的专门市场的发展过程。服饰商业门类和规模，也随着城市地位上升和人口的不断增长而不断细化和发展。同时，代表服饰商业组织和品牌的会馆以及老字号，也在发展的过程中逐渐形成。

在北京的城市发展历史过程中，辽南京和金中都属于传统的里坊制向街巷式过渡的时期。包括服饰在内的各种商品大多集中在市场售卖，有比较固定的开市和闭市的时间。《契丹国志》记载，辽南京"大内壮丽，城北有市，陆海百货，聚于其中"。《辽史·食货志下》亦载，辽太宗"置南京，城北有市，百物山侍，命有司治其征"。可见，辽代的服饰交易市场仍然是以集中的市场为主。除了集中的市场外，辽南京的一些重要街道的两旁也出现了销售服饰商品的商铺。在辽南京城北半部，东起东安门，西至清晋门之间的檀州街自唐代幽州时已开始繁荣，入辽后仍是南京城内盛于他处的最繁华街道。辽南京皇城东门宣和门与外城东垣南门迎春门之间的大街也热闹繁华，有

"康衢"之称。大街的两侧，开设有各类商肆、邸店，各种商品荟萃其中。繁华的街市景象，使得更热衷于自然山水的辽帝也为之所动，曾经微服出宫游逛和观赏上元节璀璨的花灯。随着辽宋澶渊之盟的签订，双方维持了百年和平，彼此的商业贸易在辽南京也增长迅速。北宋的各种纺织品以及首饰等大量销往辽南京，并转运到辽国全境，辽南京的服饰产品和原料也大量输入北宋境内。《宋史·食货志》记载，两国"凡官鬻物如旧，而增缯帛、漆器、粳糯，所入者有银、钱、布、羊马、橐驼，岁获四十余万"，"熙宁八年，市易司请假奉宸库象犀珠，直总二十万缗于榷场贸易"。

金中都在辽南京的基础上，城址分别向东、西、南三个方向扩展，形成了宫城居中的天子"宅中而治"的儒家都城的模式。在商业市场格局方面，辽南京旧城的范围内，原来集中管理的市场依旧保留，但新开辟的区域则完全实行街巷制，开辟了多处新的市场，商业活动空间得到了很大的拓展。这一举措，使金中都的商业格局和城市面貌发生了重大变化，贸易场所几乎遍及全城。不仅中都城内的通衢大道有比较繁盛的商业市场，就连城门附近的关厢也开始有了各类店铺。今菜市口西至广安门一线，地处中都南部，当年就是繁华的大街。辽南京"城北有市"的状况，被彻底改变。

金中都作为华北的经济中心，各地的货物大量汇集于此，服饰产品与原料的贸易也十分繁荣。在宋金贸易中，南宋输入北方的服饰商品有官方允许的象牙、犀角、丝织品、木棉等，而金向南宋输入的有北珠、貂革、北绫、北绢、蕃罗等，这些都是常见于中都市场的商品。另外，西夏、高丽的商人也频繁地来此贸易，使得金中都的服饰市场产品更加丰富。金银珠宝、玛瑙、首饰、化妆品、各类丝绵绢布、各类服装和皮草等，应有尽有。中都服饰商业行业的分类，在唐代幽州的基础上又有增加。房山石经刻石中记载，唐代幽州与服饰相关的行业有大绢行、彩帛行、丝帛行等，金中都城内又新增了布行、银行、胭粉市等。当时，金中都市场上的服饰产品储备十分丰富，能在短时间内提供大料的制成品。例如金海陵王正隆六年（1161年），为了筹办南下攻宋的军装,"以绢万匹于京城易衣袄穿膝一万,以给军"。(《金史·兵志》)上万件的军装,在很短的时间就购置完成,可见其市场储备之丰。

元大都在金中都的西北另建新城,城市完全采用街巷式的形式。各类市场、店铺遍布大都,商业贸易更加发达。在各种店铺遍布城郊的同时,元大都在"前朝后市"规划的基础上,逐渐在城内形成了两个商业区:一个是以钟鼓楼为中心的商市,另一个是顺承门(位于今西城区西单)内的羊角市。钟鼓楼的商业市场主要以日常生活用品为主,而羊角市则是各种牲畜贸易的集中地。在大都城内当时有几十处专营某类商品的市场,其中与服饰相关的专门市场主要有胭粉市、段子市、皮帽市、帽子市、珠子市、沙剌市(珊瑚)、靴市等。可见,元大都的服饰市场不仅数量多,而且较金中都服饰市场已经划分出更多的种类,说明其内部分工已经日趋专业化和细分化。据熊梦祥《析津志辑佚》记载,"湛露坊自南而转北,多是雕刻、押字与造象牙匙箸者,及成造宫马大红秋辔、悬带、金银牌面、红绦与贵赤四绪绦、士夫青區绦并诸般线香。有作万岁藤及诸花样者,此处最多。海子,东西南北与枢密院桥一带人家妇女,率来浣濯衣服、布帛之属,就石揾洗"。钟楼"正居都城之中。楼下三门。楼之东南转角街市,俱是针铺"。"珠子市钟楼前街西第一巷。""段子市在钟楼街西南。皮帽市同上。""帽子市钟楼。靴市在翰林院东。就卖底皮、西甸皮,诸靴材都出在一处。""沙剌市一巷皆卖金、银、珍珠宝贝,在钟楼前。""胭粉市披云楼南。"在城里还开设了很多商铺,"官大街上作朝南半披屋,或斜或正。于下卖四时生果、蔬菜,剃头、卜算、碓房磨,俱在此下。"

元大都当时不仅是中国的经济和商业中心,也是当时的世界贸易中心。京杭大运河的开通,使中国的南北联系更加紧密,南方的各种物产大量在大都出现。元人李洧孙在《大都赋》中描述大都商品市场盛况,甚为精彩:"凿会通之河,而川陕豪商,吴楚大贾,飞帆一苇,径抵辇下。……百廛悬旌,万货别区。匪但迩至,亦自远输。麰麰貂貂之温，珠瑁香犀之奇，锦纨罗𪩘之美，椒桂砂芷之储。瑰绣耀于优坊，金碧饬于酒垆。……东隅浮巨海而贡筐，西旅越葱岭而献赘，南陬逾炎荒而奉珍，朔部历沙漠而勤事。孝武不能致之名琛大贝，登于内府；伯益不能纪之奇禽异兽，食于外籞。"全国各地的服饰稀珍奇物，无不汇集于此。

　　陆上丝绸之路和海上丝绸之路也将西域各国的商人、欧洲商人和日本、朝鲜以及东南亚地区，甚至非洲国家的商人带到大都，进行商业活动。市场内万货毕备，种类繁多，琳琅满目，全国各地的名品佳物云集于此，所谓"东至于海，西逾于昆仑，南极交广，北抵穷发，舟车所通，货宝毕来"。（程钜夫：《雪楼集》）波斯商人和阿拉伯商人贩运到大都的主要是香料和珠宝，运回去的则以丝绸等手工业品为主。朝鲜商人则将朝鲜特产在大都出售，并到各地收购纺织品回国贩卖。《老乞大》载，高丽商人赶着马匹，驮着施布（朝鲜出产的一种苎麻布）、人参等货物，前来大都。"这马上驮着的些小毛施布一就待卖去。""咱们往顺城门官店里下去来，那里就便投马市里去却近些。""你这马和布子，到北京卖了时，却买些什么货物，回还高丽地面里卖去？我往山东济宁府东昌、高唐，收买些绢子、绫子、绵子，回还王京卖去。"发达的国际贸易，使大都的外国商品云集，令初到大都的西方旅行者和传教士大为惊叹。马可·波罗写道："外国巨价异物及百物之输入此城者，世界诸城无能与比。盖各人自各地携物而至，或以献君主，或以献宫廷，或以供此广大之城市，或以献众多之男爵骑尉，或以供屯驻附近之大军。百物输入之众，有如川流之不息。仅丝一项，每日入城者计有千车。"（《马可·波罗行纪》）另一位意大利传教士约翰·阿拉在《大可汗国记》中，也认为大都的"货物种类，较罗马、巴黎为多，蕴藏金银宝石尤富"。一些珍奇瑰宝和饰品等，价格之高往往令人瞠目。

　　由于服饰市场的发展，在大宗商品的交易过程中，一些具有中间代理性质的经纪人员和机构也开始出现。这些中间代理和经纪人员和机构在当时被称为"牙人"和"牙行"，在贸易中发挥着重要的作用。元大都设有不少公私牙行，其中有属于服饰交易的匹段牙行。《元史·卢世荣传》记载，元朝政府"罢白酒课，立野面、木植、磁器、桑枣、煤炭、匹段、青果、油坊诸牙行"。

明清的服饰商业较之元朝有了进一步的发展，商铺的分布更加广泛，繁华程度也大大增加。明清北京城是在元大都的基础上改建而成，由于城址变迁、京杭大运河终点改变等原因，北京服饰商场的空间分布发生了较大变化。明朝将北京的北城垣向南缩了5里，元朝大运河的终点积水潭受到严重影响，加之嘉靖朝扩建皇城将运河内城部分括入皇城之中，使得北京城的水运格局发生了重大变化，临近大运河终点的前门地区成为新的商业中心。明代的商业区主要在钟鼓楼、正阳门内的棋盘街"朝前市"、正阳门外大街及东四牌楼、西四牌楼一带。城市的东西南北都有商业繁华地段，一些新的城市商业中心形成。尤其是到了明代中叶，京城已是"四方之货，不产于燕，而毕聚于燕"，"四方财货骈集"，"百货充溢，宝藏丰盈，服御鲜华，器用精巧，宫室壮丽"，"布帛之需，其器具充栋与珍玩盈箱，贵极崑玉、琼珠、滇金、越翠。凡山海宝藏，非中国所有，而远方异域之人，不避间关险阻，而鳞次辐辏，以故畜聚为天下饶"。各地商品云集，一片繁盛商业景象。（张瀚《松窗梦语·商贾记》）钟鼓楼地区在元代就是一个发达的商业中心，明代的商业中心虽然移到了正阳门内外一带，但在这里依然有包括皮帽市等十几个专业性交易市场。明代的正阳门内、大明门前是非常繁华的地带，有很多固定的店肆。明人描述说："大明门前府部对列，棋盘天街百货云集，乃向离之景也。"（于慎行《谷山笔麈》）在北京的外城商业区，较大的铺行有绸缎、珠宝、玉器、典当、粮食、盐、生药、布行、香蜡、茶食、糖坊、酒坊、磨坊、裱褙、染坊、纸坊、木坊、棉花、靴、茶叶行等。正阳门大街以东的果子市、鲜鱼口、戥子市、瓜子店，以西的珠宝市、粮食店、煤市街、钱市胡同等，都是各种专业市场的名称。

清代，北京商业区最繁华的是前门大街，这是由清朝满汉分城而居的政策所决定的。内城商业除少数服务日常需要蔬菜食品等的店铺外，其余均迁移到外城。因此，前门大街、大栅栏一带，店铺鳞次栉比，市招繁多，车马填道，人声嘈杂。杨米人《都门竹枝词》描绘了乾嘉年间的前门："晴云旭日拥城闉，对面交言听不真。谁向正阳门上坐，数清来去几多人。"许多清代文人也对前门的繁华大书特书，"珠市当正阳门之冲，前后左右计二三里，皆殷商巨贾，列肆开廛。凡金银珠玉以及食货如山积，酒榭歌楼，欢呼酣饮，恒日暮不休。京师之最繁华处也"。（俞清源《春明丛谈》）

明清时期北京的服饰商业的内部组成更加专业和细化，经营的形式也不断丰富多样。

明清北京市场上商品种类繁多，据《明会典·商税则例》所列的各地输入北京需要缴纳商税的大宗商品品种达到230多个，其中与服饰相关的有罗缎、纱绫锦、箆子、细羊羔皮袄、黄牛真皮、青三梭布、褐子绵绸、毛皮袄毡衫、官绢、官三梭布、小绢、白中布、青圆线、夏布、手帕、手巾、皮裤、小靴、洗白夏布、青绿红中串二布、包头、毡条、针条、青靛、翠花、苎麻、杂毛小皮、毡帽、绵花、黄白麻、绵絮、绵胭脂等。沈榜《宛署杂记》记载，北京城内大兴、宛平二县，"原编一百三十二行"，其中绸缎、珠宝、玉器、布行等属于本多利重的100行。而小本经营的32行中与服饰相关的行业也不少，如网边行、针箆杂粮行、裁缝行、骨簪箩圈行等。当时北京城的一些服饰专业批发市场所在地，后来渐渐变成了一些街巷的名称。现今北京城区街道及胡同遗留下来的名称还可以看到许多当年商市的痕迹，如帽儿胡同、帽局胡同、官帽胡同、纱帽胡同、裱褙胡同等。行业的专业化和细化，促进了市场上的商品种类的不断增加，一些带有京城特色的产品，成为最初在全国流行的京货概念商品，为各地所推崇。

在服饰商品经营形式方面，北京城内既有日日开市的固定的铺户（坐商），又有走街串巷的行商、商贩，还有在庙市、专市、闹市等集市贸易摆摊设点的商户。市场的形式比元大都更加多样，经营形式也更加灵活。

在各种商业形式中，比较吸引人的是庙会。"逛庙会，买东西"，是人们日常的经济生活，也是各个岁时节日当中不可或缺的生活习俗。元代白云观和东岳庙每年举行宗教仪式时，满城士女烧香酬福、纵情宴玩，"以为盛会"。在明代，都城隍庙的庙会规模相当可观。都城隍庙中供奉着守护北京城池的神仙——城隍老爷。这座始建于元代的古庙，是北京庙会的诞生地，也是明代最繁华的文化娱乐场所。明代的《燕都游览志》载："庙市者，以市于城西之都城隍庙而名也，西至庙，东至刑部街，约三里许，大略与灯市同。每月以初一、十五、二十五开市，较多灯市一日耳。"在庙市买卖的商品，既有老百姓的日常用品，也有"外国奇珍，内府积藏"，"世不常有，目不常见诸物件，应接不暇"。来此贸易的商贾，既有国内各地各民族的商人，也有不少海外来客，一方面来京为城隍庙进香，另一方面顺便大量采购商品。盛况超过都城隍庙庙会的是明代一年一度的灯市，可轰动九城。谢肇淛《五杂俎·地部》载："灯市虽无所不有，然其大端有二：纨素珠玉多，宜于妇人，一也；华丽妆饰多，宜于贵戚，二也；舍是则猥杂器用饮食与假古铜器耳。"灯市和庙市的状况如何，也成为预测京师经济状况的重要参照。有人说："灯市穷，京师遂愀然无色；庙市穷，京师遂大穷。"除此以外，城外的土地庙市和碧霞元君庙市，在当时也是比较热闹的。

清朝初年，由于实行了满汉分城而居，庙会也发生了一些变化。原本在内城举办的灯市和庙市，被移到外城，灯市在琉璃厂，庙市则在报国寺。雍正初年，内城隆福寺和护国寺开庙设市，称为东、西两庙。乾隆年间，开庙设市之处不断增加，使清代的庙会在数量和规模上均比明代有很大发展。在这些庙会当中，东、西两庙的庙会最为著名。据《燕京岁时记》记载，每年"自正月起，每逢七、八日开西庙，九、十日开东庙。开庙之日，百货云集，凡珠玉、绫罗、衣服、饮食、古玩、字画、花鸟、虫鱼以及寻常日用之物，星卜、杂技之流，无所不有，乃都城内一大市会也"。另外，崇文门外的花市、宣武门外的土地庙等也类似，一个月开三次，以出售日用之物和妇女插戴的纸花为主。此外，还有一年开一次的厂甸、都城隍庙、财神庙、白云观、大钟寺、东岳庙、黄寺、黑寺、雍和宫、蟠桃宫、妙峰山、卧佛寺等。

明清时期，服饰市场还建立了行业会馆，并形成了有代表性的老字号商家。

会馆是中国历史上城市公共建筑的一种，在京城尤为集中，为具有办公、聚会和居住等功能的建筑群，有些还拥有剧场、宴会场所等。会馆的规模大小不一，由出资建造者的地位财力和原籍官府支持程度而定。一般大的由10余个院子组成，如安徽的休宁会馆；小的会馆仅一座三合院九间房，如江西吉安会馆。

北京的会馆兴起于明代，当时多建于内城。清代以后，由于清政府实行满汉分城居住的政令，明代建于内城的会馆大多废除或迁建、改建至外城。乾隆、嘉庆年间是会馆发展最快的时期，到光绪年间，北京各省会馆达到500多所。据1949年11月统计，北京有会馆391处，共有房21775间，其中建于明代的33所、清代的341所、民国时期的17所。

北京的会馆，主要可分同乡会馆和行业会馆两类。同乡会馆是为外地来京的同乡提供联络、聚会和居住的处所，并为来京应试的同乡举子提供住宿等。这些会馆为了便利应试举子出入，往往多建造在宣武门外。会馆的建筑形式与大型住宅相似，但往往在正厅或专辟一室为祠堂，供奉乡贤。正厅又作为同乡聚会饮宴之处，其余房屋供同乡借住。规模较大的会馆，还设有学塾、戏楼，供同乡子弟读书以及乡人娱乐。

行业会馆则是商业、手工业行会会谈和办事的处所，加之北京各行业的经营者多来自同一地区，因此行业会馆也是一些地方的商人或行会集资建成。这类行业会馆，大多集中于前门和崇文门外一带。像崇文区小江胡同中部路东的晋翼会馆，为山西翼城布行商人于雍正年间创立，又称布商会馆。在京师经营银号业、成衣业和药材业的浙东商人专门成立了四明会馆。康熙六年（1667年），兼营金银首饰的浙江绍兴银号商人在前门外西河沿建立了正乙祠，也称银号会

正乙祠戏楼

馆。康熙五十一年（1712年），广州绸缎、珠宝、药材、香料、干果商在前门外王皮胡同建立仙城会馆。嘉庆二年（1797年），山西盂县的6家氆氇行在宣武门外椿树上二条建成盂县会馆。清初，浙江慈溪县成衣行商人在前门外晓市大街建有成衣行会馆，又名浙慈馆。靛行会馆约在乾隆末嘉庆初设立，是由京师的染坊商、蓝靛商建立的，又名染坊会馆，地址在前门外珠市口西半壁街。这些会馆虽不具备商会的性质，但它们的出现也从另一个侧面体现了北京服饰市场的发达。

明清时期，京城已出现了一些著名的经营服饰的店铺。阮葵生在《茶余客话》中列举了"明末市肆著名者"，其中大多为服饰类店铺，如勾栏胡同何关门家布、前门桥陈内官家首饰、双塔寺李家冠帽、东江米巷党家鞋、大栅栏宋家靴、本司院刘崔家香等。潘荣陛写于乾隆年间的《帝京岁时纪胜》对当时北京的各种名品以及相关的店家字号，也作出了概略的描述，其中银饰店有敦华楼、元吉楼，绸缎店有广信号、恒丰号，特色布店和毡铺有陈庆长布号、伍少西绒毡铺。至于冠帽和纬帐，北城的于家店和李家店齐名；鞋袜店，三进号、天奇号同具盛名。此外，还有马公道纽扣铺、王麻子钢针店等。这些讲诚信、经营有道的服饰店铺和消费者信得过的商品，受到了京城民众的追捧。

四

近代服饰文化（晚清民国时期）

晚清民国时期的北京，经过了由传统帝都逐步向近代城市转变的过程。这一时期，北京服饰文化新旧并存、中西杂陈，为北京服饰发展史的一个承上启下的阶段。同时，西方服饰与北京固有的宫廷、缙绅、庶民服饰之间交流互鉴，到民国中后期，逐渐形成了有代表性的京味服饰文化。

（一）西方服饰文化的冲击

随着西方势力在北京政治、经济等领域的扩张，西方近代文化也不断传播深入。同时，为了挽救危局，晚清和民国的统治者也不断采用新学。在这种大背景下，近代西方生活方式不断融入北京社会生活之中，使北京服饰文化出现了新的内容。

1. 西洋服饰的输入

第一次鸦片战争虽然打开了清朝政府的闭关锁国政策，开放了一些通商口岸，但是这些通商口岸主要集中在东南沿海地区，对北京的影响不大。北京城直接受到西方势力的影响，是在第二次鸦片战争以后。在第二次鸦片战争中，清政府签订了一系列丧权辱国的不平等条约，如与英法签订的《天津条约》（1858年）、《北京条约》（1860年）以及与俄美签订的《北京条约》（1860年）。按照这些条约的规定，外国公使常驻北京，并在北京建立大使馆；归还以前没收的天主教堂的资产，允许租买田地自建教堂。从此，北京城的大门彻底被西方列强打开了。后来，西方列强又通过八国联军侵华战争，强迫清政府签订了《辛丑条约》，进一步扩大了在华权益，并把东交民巷划为专门的使馆区，成为不受中国政府约束的"国中之国"。跟随着外交官和传教士的脚步，西方商人也来到了北京。他们在北京设立洋行、商店，通过天津、上海等地，源源不断地将包括服饰原料及成品在内的西洋商品输入到北京。

当然，西洋服饰的输入并不是在近代以后才有的事情。明清时期，在京师服饰中，也经常有西洋服饰的身影。清雍正帝在燕居的时候，也曾戴上西洋假发，穿上西洋服饰，由清宫西洋画师郎世宁为自己绘制半身肖像画。雍正帝十分喜欢佩戴西洋眼镜，曾谕令宫廷造办处工匠为其一次精工制作12副眼镜，从正月至十二月，按月佩戴，每月一副。乾隆帝对洋货也非常喜爱，曾专门命令下属："买办洋钟

表、西洋金珠、奇异陈设或新式器物……皆不可惜费。"（中国第一历史档案馆藏：军机处寄信档1552卷第1册）

皇宫大内如此，上层贵族自然跟风。乾隆、嘉庆年间，京师就曾流行西欧传入的各种羊毛、呢绒制品，受到北京显贵人家的喜好。有《竹枝词》云："纱袍颜色米汤娇，褂面洋毡胜紫貂。"（雷梦水辑《中华竹枝词》）到19世纪中期道光年间，"凡物之极贵重者，皆谓之'洋'，重楼曰洋楼，彩轿曰洋轿，衣有洋绉，帽有洋帽，挂灯曰洋灯，火锅名为洋锅，细而至于酱油之佳者亦名洋秋油，颜料之鲜明者亦呼洋红洋绿。大江南北，莫不以洋为尚"。（陈作霖《炳烛里谈》）但这些商品大多属于上层社会出于奢侈享受和追奇猎艳心理的一时之需，基本属于奢侈品范畴，对于普通民众的生活并没有太大的实质影响。

相对于直接受欧风美雨强烈熏染的东南沿海开埠城市，北京作为当时清王朝的首都变化则相对较小。由于严格的制度管制以及比较保守的城市氛围，在相当长时间内西式服饰仍然是穿着的禁区。远在伦敦的郭嵩焘将西式大衣披在官服之上，被其副手刘锡鸿向朝廷告发，成为郭嵩焘丢官罢职的原因之一。近在京城的官员，自然更是小心翼翼。至于一般市民，如果胆敢穿上西装走上街头，难免要被巡城御史以"有伤风化"的罪名当街鞭笞。但是各种西洋纺织品，并不涉及制度限制，因此率先在京城流行。

鸦片战争以后，北京市场上的西方纺织制品数量不断增加，种类也超出了原来的奢侈品范围，直接对普通百姓的生活产生了影响。其中，洋布在西方列强在北京倾销的各种商品中占据首位，使北京的土布和土纱纷纷被排挤，郊区农村的自然经济也因此解体。从19世纪末开始，西方国家陆续在北京开设洋行，洋行主要集中在东交民巷和王府井一带。在这些洋行中，不少是从事纺织品和服装销售的，如以经营丝绸、呢绒为主的新华洋行、力古洋行，以经营高级衣料、礼服、衬衣、妇女装饰用品为主的吴鲁生洋行、德隆洋行等。由于北京不是开埠城市，这些洋行大都属于支行性质，如吴鲁生洋行是俄国商人所创办，总行设在哈尔滨，专门采运美国的新式服装衣料和化妆品来北京发售。这些洋行一方面是为住在东交民巷使馆区、北京饭店、协和医院的外国人服务，另一方面则把各种产品推销给北京市民。最初，外国货物中输入最多的是英国货，到19世纪90年代以后，美国的棉布、粗布超过英国货，接着日本生产的棉布在北京市场和美国布匹展开竞争，德国、俄国也陆续加入了竞争。

西洋布用机器纺织，不如传统手工纺织的土布结实，刚刚进入北京市场的时候也不时被人们抱怨。如道光二十五年（1845年）出版的《都门杂咏》有题为《绵袍》的竹枝词写道："绵袍洋布制荆妻，颜色鲜明价又低。可惜一冬穿未罢，浑身如蒜伴茄泥。"但是，西洋布的价格便宜、花色多样、颜色艳丽，且幅宽比京布多出一倍，综合而言，其性价比仍是土布所无法比拟的。加之北京城中大量的官员市民并不需要从事重体力劳动，洋布薄、易成形反而成为优点。于是，很多人除穿绸缎、绉绢外，还大量使用洋布。

洋布在市面上受到欢迎，自然就有专卖洋布的店铺出现。据王永斌《北京的商业街和老字号》记载："天有信布店坐落在前门鲜鱼口街路北，是山东昌邑人高姓于清道光年间（1841—1850年）开办的。天有信和前门外大栅栏的天成信是北京两家最早经销洋布的店铺。它的店史比北京'八大祥'之一的瑞蚨祥绸布店早得多。"不少北京的土布店也陆续开始兼售舶来纺织品，到后来西洋纺织品反客为主成为布店经营的主要商品。光绪二十六年（1900年）以后，"外贸风行，土布渐归淘汰，布商之兼营洋布者十有八九"，"彼山东昌邑所产之蓝白布，虽为完全国布，而行销乡农颇觉广遍，城市居民不屑顾也"。（娄学熙《北平市工商业概况》，1932年）当时在北京销售的洋布的品种很多，档次高低不同，适宜不同阶层选用：有普通的洋标布、市布、竹布等，有适合夏季使用的洋纱、西丝绸、绉绸、纱丁绸、麻纱、绉文绸等，有适宜保暖御寒用的斜文绒、棉花绒、薄绒、蓝条绒等，还有春秋服用的羽缎、羽毛纱、泰西缎、巴黎哔叽、织花锦缎、直贡呢、直贡缎、斜文布、毛丝布、俄国标、花洋标、红洋标、阴丹士林布等。此外，还有色彩鲜艳的金丝缎、电光绒、西法绸、花丁绸等。花旗行所出的"老人头""大鹿头"洋布，在当时最大牌，由上海人包销。

西洋进口呢绒逐步取代了传统的毛皮衣料，机织细洋布逐渐取代粗厚结实的土布。甚至连中国特产的丝绸，也受到了空前挑战。法国产的乔其纱、金银蕾丝纱、法国缎等，日本产的麻纱、纱丁绸等，欧美产的织花锦缎、礼服呢等，在北京成为上流社会消费的热门，而国货丝绸则倍受冷落。据1929年崇文门税关统计，进口丝绸仅10项就价值247.4379万元，而国货丝绸仅24.8万元。国货丝绸的销量只有进口丝绸的10%左右，其处境之难可见一斑。洋布盛行，土布淘汰，让不少人为之慨叹，但又无可奈何。"从前中级士民，制袍多用乐亭所织之细布，曰对儿布，坚致细密，一袭可衣数岁。外褂则江绸库缎为之。半背俗曰坎肩，其前襟横作一字形者，曰军机坎，亦用麂鹿皮者。近年交通，便利四方，服饰转相摩仿，而遂无特色之土物矣。"（汤用彬等编著：《旧都文物略》）

值得一提的是，北京城内制作西服成衣的历史，要远远早于北京市民穿着西装。西装在北京起初是外国人穿着，直到庚子年（1900年）以后，风气转移，一些北京外交人员和归国留学生等才开始穿西服外出。而北京西式服装制作和专业西服制作裁缝，则出现在19世纪70年代，早于北京人穿西服20多年。据史料记载，19世纪70年代，宁波人汪天泰随外国人由上海北上，在东城三条胡同开设了第一家西服店，其业务主要是为在京的外国人提供西服成衣以及裁改缝补等服务。过了几年，又有周天泰、顾同泰两家随之而来。这些西服店虽然业务不是很多，但获利甚丰。当时，掌握西服工艺的均为上海、宁波籍人，没有北方人，也不收北方人做徒弟。庚子之变以后，在八国联军占领之下，北京城内的崇洋风气迅速膨胀，加之清末新政，外交官、留学生数量不断增加，西洋服饰的传播一发不可收拾。不仅男子穿西装，妇女也穿洋装。西洋服饰甚至登堂入室，进入宫廷、王府。光绪二十九年（1903年），清朝驻法国公使裕庚卸任回国，带着西洋妇女装束的夫人和两个女儿回到国内，受到慈禧太后的召见。裕庚的女儿德龄和容龄成为慈禧太后的御前女官，凡遇到外事活动，她们总是身着洋服，在一片旗装宫女中格外显眼。亲王载泽的夫人，在和西方女士交往的时候也是一身时髦洋装打扮，并合影留念。西式服装的穿用对象范围的扩大，增加了市场的需求，因此又先后有10余家西服店陆续开业，也开始兼收北方徒弟。至光绪末年，复兴号成为北方人自己的第一家西服店。

着洋装的载泽夫人与外国妇女合影

民国年间，北京（平）的西式服饰更加流行，加工和出售西式服装的店铺不断增加。到1932年，"京市西服店，共有五十余家，已入公会者约三十余家，其洋货布店及成衣铺之代做西服者，尚不在内"，"京市成衣铺可分三种：凡挂'成衣'二字招牌者，皆承作中式衣服，多为河北人，组有成衣公会，祀三皇为祖师，每岁开会，醵资演戏，公议行规，工人之数约万余人。挂'中西成衣'招牌者，即由旧式略加改造，工人之数约数千人。挂'上海分社'招牌者，专承作男女时式衣服，为苏杭班。工人约有千余人。此外，复有僧衣铺、寿衣铺，则为数较少。总计家数在一千以上，工人不下二万"。（吴廷燮《北京市志稿》）西服的原料最初全部依靠进口，甚至连扣子都是来自日本的黑角扣、子母扣。仅这些纽扣的进口，就达到10万余元。后来随着国产的纺绸、府绸以及北京清河制呢厂出产的呢料均可做西服，进口面料的垄断局面才宣告结束。

除了纺织品外，各种外国服饰产品也陆续进入北京，成为人们日常生活的一部分。郑观应在《盛世危言》中列举了销往中国的洋货："洋布之外，又有洋绸、洋缎、洋呢、洋羽毛、洋漳绒、洋羽纱、洋被、洋毯、洋毡、洋手巾、洋花边、洋纽扣、洋针、洋线、洋伞、洋灯、洋纸、洋钉、洋画、洋笔、洋墨水、洋颜料、洋皮箱箧、洋瓷、洋牙刷、洋牙粉、洋胰、洋火、洋油，其零星莫可指名者亦多。……一切玩好奇淫之具，种类殊繁，指不胜屈。"其中有用于服装制作装饰的针线、纽扣、花边，也有用于清洁化妆的牙粉、牙刷、肥皂等。西方人通过在北京建立洋行、设立商店，出售各种服饰商品。1935年，一位美国学者写道："六国饭店和汇丰银行之间的空地形成的商店，即北京开设的第一家外国商店。中国人非常反对在北京开外国商店，因北京不是通商口岸，不允许进行外国贸易。使馆人员要求开一个买到他们日常生活用品的商店，后来让步了。即使今天，北京仍不是通商口岸，但外国人已经在这里已进行了40多年的贸易。事实上，并不是外交机构让商店发了财，而是清朝的王公贵族。辛亥革命前，在嫔妃和仆人的跟随下，他们经常光顾这里，挑选着每一件让他们动心的外国商品。"大栅栏"有一些很大的丝绸店，过去也是都城中最主要的丝绸店。同时也因西洋货是新鲜玩意儿的时代，这里有几家以卖西洋货的商店而闻名。虽然现在已失去往日的光辉，但仍值得一游。尤其是晚上，用电做成的招牌和幌子，呈现出一种特殊的效果"。（［美］阿灵敦、［英］威廉·卢因森：《寻找老北京》，清华大学出版社，2012年）各种西方的化妆品涌入北京市场，如巴黎粉、胭脂膏、香水、香皂等，其中以法国出品为最时尚。据当时的统计资料显示，仅1928年输入中国的香料及化妆品，总额达到45万多海关两。《都门纪略》记载，头油"近年为舶来品所夺，桂花油已减少在中上阶级的销路了"。

在穿鞋方面，西式进口皮鞋、胶靴等新式产品，逐渐成为上层人士的新宠。从市场上买鞋穿的人逐渐增多，但下层家庭还多是穿自制的布鞋，即使买鞋，也多是买地摊上的廉价鞋，或是买旧鞋穿用。清朝，"靴与鞋并行，凡着官服，必着官靴。自国体改革而后，官靴已无形淘汰，惟着军服者须着军靴，此外则劳动界所用之蓝布靴及雨时油靴，尚偶见于市面。近则男女鞋庄，布满街市，而专售男鞋之老铺，殊属寥寥。男鞋样式，犹为简单，女鞋则日新月异，逼近欧化，尤以各式男女皮鞋为最风行"。（娄学熙《北平市工商业概况》）还有进口的胶鞋也受学生欢迎，但是进口鞋价极高。据崇文门关1929年的统计，进口胶底鞋估值为31056.8元，胶皮鞋估值4550元。

此外，机器织造的袜子开始走入北京人的家庭。近代以前，北京人所穿的袜子称为"包脚布"，多是用棉布缝制的，或用布包脚。清宣统三年（1911年），英国商人在台基厂设立捷足公司，推销英国带来的织袜机，从此北京才有人织造线袜。至20世纪20年代中后期，北京居民穿着线袜的已很多。抗日战争胜利后，许多人改穿在北平流行的美国的尼龙丝袜（俗称玻璃丝袜）。

西洋首饰，也是达官贵人及其家眷喜爱之物。1899年，美国驻华公使夫人萨拉·康格在与李鸿章家的女眷们会面时就发现，"她们佩戴着精美的西洋首饰，留着直发，脑后盘着很大的发髻，上面戴着镶有珠宝的首饰"。（〔美〕萨拉·康格《北京信札》）

2. 西洋服饰文化的影响

西洋服饰的传入，一定程度上打破了服饰是身份象征的刻板印象。在西洋服饰设计思想的影响下，北京市民的服装发生了巨大变化。

西洋服饰文化的影响之一是北京近代服饰更趋合体、简洁、适用。北京传统服饰虽然受少数民族文化影响，衣身相对紧凑，但始终不是很合体。受西方服饰适体合用的风格影响，人们对过去的宽衣大袖的着装习惯提出了质疑。"时兴马褂大镶沿，女子衣襟男子穿。两袖迎风时摆动，令人惭愧令人怜。""英雄盖世古来稀，那像如今套裤肥？举鼎拔山何足论，居然粗腿有三围。"在主张宽松适体的同时，也对盲目模仿西方的西式服装进行了嘲讽。"新式衣裳夸有根，极长极窄太难论。洋人着服图灵便，几见缠躬不可蹲。""近今新式衣服，窄几缠身，长能复足，袖仅容臂，形不掩臀，偶然一蹲，动至绽裂，或谓是慕西服而为此者。然西人衣服，只求灵便适用，并未

摩登旗人妇女

见窄瘦如斯，殆于取法之中，进步改良，始创此式。"（兰陵忧患生《京华百二竹枝词》）另外，原本女子服饰时尚的宽衣大袖，在这时也发生了变化。"狭袖蜂腰学楚宫"成为时尚，女服一改长衫及膝的口袋式的款式，而流行上衣下裤、上衣下裙，且衣与裙的比例不断向衣短裙长的方向发展。服饰由宽大繁缛向实用、简约和朴素方向发展，也说明了当时人们的审美观念以及价值观念的变迁。

在颜色好尚方面，虽然一些少数民族对白色比较偏好，但多数北京居民和全国大多地区的居民一样，以红色为喜庆之色，而忌讳白色，衣服、家居布置都喜欢采用红色。但到了20世纪初，京师市民逐渐破除了忌讳白色的观念，纷纷仿效西方尚白的习俗，喜欢白色或浅淡的服饰色调，白色衣衫一时成为时髦。对此，当时一首竹枝词就很生动地进行了描写："帽结朱丝尽捐弃，腰中浅淡舞风前。想因熟读西厢记，缟素衣服也爱穿。"并解释说"时人服饰之讲新式者，帽结多用蓝色，腰巾多用湖色、白色，总以浅淡为主。帽结宜小，腰巾长与袍齐，摇曳风前，颇饶姿态"。（兰陵忧患生《京华百二竹枝词》）从小在北京长大的梁实秋在《代沟》一文中回忆，1913年，"我十岁的时候，进了陶氏学堂，领到一身体操时穿的白帆布制服，有亮晶的铜纽扣，裤边还镶贴两条红带，现在回想起来有点滑稽，好像是卖仁丹游街宣传的乐队，那时却扬扬自得，满心欢喜地回家，没想到赢得的是一头雾水，'好呀！我还没死，就先穿起孝衣来了！'我触了白色的禁忌。……此后每逢体操课后回家，先在门洞脱衣，换上长褂，卷起裤筒。稍后，我进了清华，看见有人穿白帆布橡皮底的网球鞋，心羡不已，于是也从天津邮购了一双，但是始终没敢穿了回家。只求平安少生事，莫在代沟之内起风波"。在另一篇文章里，他又回忆说他的父亲对他穿白色衣服不以为意，只是交代他别让祖父看见就好。这也说明当时人们在衣服颜色上的忌讳已经大不相同了，稍稍开明的人对此已经完全能够接受了。同样还可作为证据的是，民国以后，新式婚礼新娘的服装以白色婚纱作为礼服已成为惯例。

西洋服饰的传入，在很大程度上改变了老北京的服饰结构，逐步在北京形成了一种中西混杂、光怪陆离的混乱局面。清末，随着国门的开启，一些留学归来的人、外交官和时髦人士开始穿西装，在北京街头就出现了西装革履、手持文明杖的中国人。当时，人们还不认可这一群体，视其为异端，骂他们是"假洋鬼子"。但庚子之变后，人们的看法发生了改变，大量西服成衣店的涌现即是明证。如果说清末在北京中西服装并存仅仅是个开始的话，那么辛亥革命以后这种混杂与混乱达到了空前绝后的程度。辛亥革命推翻了清王朝的封建专制统治，也将在服饰方面的种种束缚与限制彻底废除。诚如胡朴安在《中华全国风俗志》中所言："民国光复，世界共和，宫廷内外，一切前清官爵命服及袍褂、补服、翎顶、朝珠，一概束之高阁。"另一方面，当时北京街头，各种正式的、滑稽的装扮应有尽有。有穿长袍马褂的，有穿西装的，有穿中山装的，守旧的，新潮的，比比皆是。这倒没什么。但很多人却是"中西合璧"，不伦不类，十分滑稽。比如有人上身穿西装、打领带，下身却是绑腿裤，头上还扣着一顶瓜皮帽；有人一身长袍马褂，里面却穿着西服裤子，头上戴一顶西洋时髦礼帽；有人则将西洋服饰中的不同衣服来了个大一统。"中国人外国装、外国人中国装""男子装束像女、女子装束像男"这些事，也随处可见。因此，当时报纸评价这一时期的服装，是"西装东装，汉装满装，应有尽有，庞杂至不可言状"。

还有一段大鼓词，很生动地表现出这一时期男女穿衣之难。鼓词描写的是一个时髦富家太太的妆扮："拉翅头不爱梳，你说不时样，如今前清打扮不吃香，你爱梳万字头，蝴蝶头，你不是革命党，一高兴梳一个日本绷头学东洋。不搽官粉把朱唇点上，前清的衣服改瘦去长，穿一件大坎肩好像个秃和尚。纽扣上戴鲜花你又没进女学堂，手绢披在底襟上，赤金的镯子又重又黄，戴一副金丝眼镜愣说是把目养，马镫的镏子凿的是如意吉祥。旗装打扮穿裙子，实在是不合样，汗巾搭拉有多长，散着裤腿不把腿带绑，穿一双上海坤鞋，你愣说是改良。"

　　社会环境突变，各种服饰蜂拥而至，难免在穿衣上闹笑话。即使是洋学堂的学生，在穿西式衣服的时候也是事故不断。同样也是梁实秋，他在散文《衣裳》中，既点出了晚清民国服饰混乱的状况"自从我们剪了小辫儿以来，衣裳就没有了体制，绝对自由，中西合璧的服装也不算违警，这时候若再推行'国装'，只是于错杂纷歧之中更加重些纷扰罢了"，又回忆了他们第一次穿西装时候尴尬场景"那时候西装还是一件比较新奇的事物，总觉得是有点'机械化'，其构成必相当复杂。一班几十人要出洋，于是西装逼人而来。试穿之日，适值严冬，或缺皮带，或无领结，或衬衣未备，或外套未成，但零件虽然不齐，吉期不可延误，所以一阵骚动，胡乱穿起，有的宽衣博带如稻草人，有的细腰窄袖如马戏丑，大体是赤着身体穿一层薄薄的西装裤，冻得涕泗交流，双膝打战，那时的情景足当得起'沐猴而冠'四个字"。有些穿衣服的笑话，甚至闹到了国际上，成为国际笑话。据顾维钧回忆，在一次总统招待会上，京郊镇守使沈金鉴身着西服，但礼服后面却拖白衬衫，遭到了外国公使的耻笑。当别人告诉他衣着不整齐时，一脸无辜的他却不知道哪里不整齐，只好将过错推给了仆人。不仅男的闹笑话，女的笑话也不少。在一次外交使团举办的招待会上，一位中国官员的夫人身着半蒙半汉、颜色艳丽的衣服，头上却戴了一顶只有复活节游行时才会戴的西式女帽，让人感到十分别扭和可笑。

　　这种服饰上的不伦不类、变幻莫测、令人眼花缭乱的现象，实际上蕴含了典型的时代特征。一方面，反映了人们从等级森严的封建服饰制度下解放出来后，要尽情宣泄自己长期受压抑的审美情趣，力图用服装上的多样性和赶时髦，来表现自己独立的人格；另一方面，这也说明此时当数文化及审美发展的真空阶段，在新旧文明交替之际，旧权威、旧传统被打碎，新秩序、新权威还没有形成之前，人们心理上自然存在一种失落和无所适从的感觉。

这种混乱不堪的服饰状况，一直持续了近20年，直到民国中期才有所改善。到20世纪30年代，北京男子的服装以长衫、西装、中山装为主，女子服装则以旗袍为主流。

（二）近代北京服饰的变迁

在欧风美雨的冲击下，近代社会的剧烈变动也直接在服饰上体现出来。一方面是落后保守的服饰陋习被革除，另一方面北京人将西式服饰与北京地区的风俗习惯相结合，学习和创造出了新的服饰形式。

1.剪辫易服废缠足

近代以后，随着国际交往的增多，清朝传统服饰与国际通行的服饰之间的差别被越来越多的人认知，其不适应现代生活的缺点和短处也不时被提及，但出于朝廷体制等原因，公开提议改良还是在甲午战争以后。

清代官员身着长袍马褂、顶戴花翎、脑后蓄辫的服饰特点，在当时东亚中华文明圈内国家间的外交活动中，或许还能带有些许唯我独尊的特殊优越感，但当其走出国门与西方资本主义国家进行外事活动时带来的却是麻烦与尴尬。一次，郭嵩焘出席外国人的茶会，一位外国妇女"忽觉有触其颈者，觉其物松软，奇痒不可耐，按之不得，四顾又无所见。已而复燃。再三察之，始知中国钦使之花翎左萦右拂也"。有时甚至带来嘲讽和羞辱：一位驻欧使馆参赞去公厕时，有人"见其乌辫垂垂，纱衫宛宛，疑为女子误入男厕也，……携入女子厕中"，一外国妇女认出其后嘲讽道，中国"女子竟得为外交官，吾辈当开会欢迎矣"。（小横香室主人《清代野史大观》）

甲午战败后，国家民族危机日益严重。一些先进的中国人从各种角度提出救亡图存的方案。借鉴日本，与国际接轨呼声也一浪高过一浪，其中改变传统服饰及发型的主张，自然也包括在内。康有为在"百日维新"期间向光绪皇帝上奏"断发易服改元"折，认为："今则万国交通，一切趋于尚同，而吾以一国衣服独异，则情意不亲，邦交不结矣。……今为机器之世，多机器则强，少机器则弱，辫发与机器，不相容者也。……然以数千年一统儒缓之中国衰衣博带，长裙雅步而施之万国竞争之世……诚非所宜矣!……皇上身先断发易服，诏天下同时短发，与民更始。令百官易服而朝，其小民一听其便。则举国尚武之风，跃跃欲振，更新之气，光彻大新。"虽然康有为奏折的主张和建议并没有被光绪皇帝所接受，但在京城社会各界中引发了不小的反响。

与此同时，革命党人也号召人们剪掉象征清朝专制统治的辫子。当时，许多先进人士呼吁"欲除满清之藩篱，必去满洲之形状""革命，革命，剪掉辫子反朝廷"。（程英：《中国近代反帝反封建历史歌谣选》）他们用剪掉发辫的形式来表明自己的革命决心，以孙中山在日本断发易服为首倡，陈少白、章太炎亦纷纷剪辫，"剪辫"观念日益深入民心。而大批出国留学青年在国外接触了新的生活方式后，更激发了内心追求、模仿进步生活方式的愿望，剪掉发辫后开始着西装、改西式发型。留学生们从国外带回的剪辫之风不仅波及学界，还影响到军界，尤其是1905年新编陆军改变军队服式，更为剪辫提供了借口。一些保守派迫于社会压力，只是剪去一束头发，将剩余部分盘起塞入帽中。国内剪辫之风愈演愈烈，渐成燎原之势。

在各种压力之下，清廷的服饰政策有了一些松动，如对外交使节、留学生以及经常与外国人打交道的官员等，留辫子与否，听本人意愿。一些人开始剪掉辫子，如1906年端方等五大臣赴西洋考察时，其随员一多半剪掉了辫子。1910年资政院通过允许剪辫的决议案，剪辫之风突破学界、军界，迅速演变为一场遍及全国的群众性运动。

辛亥革命把清朝皇帝赶下了台，也把一些陈旧的服饰文化送进了历史垃圾堆。除了代表封建等级制度的清朝官服，代表民族压迫政策的辫子也是率先要革除之物。辛亥革命以后，社会上的有识之士和官方更是利用政权的力量来废除与共和政体相违背的剃发留辫的恶习。北京的中央和地方政府纷纷下令剪辫，形成了一股强大的剪辫运动的社会舆论。

剪辫运动先从北京的军、警、政、学界开始，到1914年，据

北京军警强行剪辫

《申报》报道，当时北京"政界中人，军界中人，警界中人，均已一律剪发；至于工商界、劳动界也有剪了发的"。"下至优伶走卒，无不除旧布新，毅然剪去"。甚至"八旗佐领全数剪尽，而旗丁剪发亦极踊跃。据调查已剪去四分之三"。但是受习惯势力的阻挠，剪辫运动一开始也受到了一定的阻力。当时老北京人曾传唱："袁世凯瞎胡闹，一街和尚没了庙。"言下之意是剪发令造成了社会上僧俗不分的情况。一些人想出各种方法来逃避剪发，甚至对强行剪发的军警进行打击报复。但剪辫毕竟是潮流，发展到后来，不剪的反而成为大家讥笑和捉弄的对象，十分孤立和尴尬。再后来，连退位居住在紫禁城内的溥仪也在其英文老师庄士敦的劝说下，剪掉了辫子，还在宫中领导了一场剪辫运动。没有几天工夫，他将紫禁城内千把条辫子一剪而光。面对这种情形，恪守祖制的太妃们除了痛哭几场，什么办法也没有。溥仪剪辫子的消息传出后，原本拒绝剪辫的前清遗老遗少们彻底失去了主心骨，无可奈何之下，也只好剪了辫子。到1928年，据统计北京留辫子的男子仅4689人，基本上是一些顽固老朽和僻野村民，在几百万人口的北京还不到1%。男子的剪辫，对女子也产生了促动，在"剪辫易服"的运动中，北京的妇女也曾一度流行剪发。

男子剪辫后，人们的发式和戴帽习惯也随之发生改变。男子短发样式多借鉴西洋，有留齐耳短发披于脑后的，有中间分开梳于左右的，还有后梳式、一边倒式、左开叉式，更甚者剪为短平头或剃光头。剪辫以后，原本的瓜皮帽已经不适宜了，但人们又不习惯光着脑袋，各种新式帽子应运而生。民国对戴帽子没有太多规定，除了职业装如军警帽外，往往由人喜好选用。当时，博士帽（西式毡帽）、草帽、卫生帽及毛绳便帽等各式帽子均在北京市面流行。西式礼帽多与西装搭配，瓜皮帽或硬檐列宁帽与长衫相称，工人中有戴帽者以鸭舌为主，冬季里还有皮帽，下雪时可将平时翻上的前檐和两侧翻下以取暖。

女子戒缠足，比男子剪辫开展得更早。女子缠足是中国汉族妇女中长期存在的陋习，在清代风气一度影响到旗人妇女。嘉庆年间，镶黄旗汉军之女已多有缠足者。道光年间，不少满洲旗人妇女竟然"仿效汉人缠足"。为此，清廷多次下令禁止旗人妇女缠足。近代以后，在中国南方地区，西方传教士以及国内的有识之士在19世纪60年代就开始了戒缠足运动，还成立了天足会、不缠足会等组织。但在风气保守的北京，汉人妇女的缠足状况依然严重。在强国强种的旗帜下，维新派代表人物就不缠足进行了大力宣传。在康有为等维新人士看来，缠足与"弱种""弱国"紧密相联，"试观欧美之人，体直气壮，为其母不裹足，传种易强也。迥观吾国之民，羸弱纤偻，为其母裹足，故传种易弱也"。缠足不但有害女性身体健康，进而损害孩子健康，最终影响整个中国民族。他呼吁光绪皇帝"特下明诏，严禁妇女裹足。其已裹者一律宽解，若有违抗，其夫若子有官不得受封，无官者其夫亦科锾罚，其十二岁以下幼女，若有裹足者，重罚其父母"。（康有为《请禁妇女裹足折》）

或许相对于辫子本身与政治、伦理的关联性，小脚从某种意义上说只是一种礼教社会产生的特殊审美观，与制度和祖宗规矩关系不大，加之清廷对旗人缠足始终持禁止态度，因而在革除过程初期中虽有波折，但就相对顺利。宣统元年（1909年），兰陵忧患生《京华百二竹枝词》载："坤鞋制造甚精工，争奈人多足似弓。庚子已过尚依旧，几时强迫变颓风？"并感慨道："以北京首善之区，放足之风，仍未大开。庚子岁以缠足致累，尚在目前，事过辄忘，积习中人，一深至此。"还有人将这种进展不利的状况，直接归罪于男子的愚昧保守。"脚根不定欲何之？一失足为千古讥。莫向女儿身上看，最无把握是须眉。"（吾庐孺《京华慷慨竹枝词·天足会》）但毕竟风气已经发动，加之女学的开办，进学校读书的女童越来越多，社会上对缠足且没文化的女性也越发轻视，因此除极端固陋保守之家，几乎都放弃了缠足。辛亥革命后，孙中山南京临时政府以及后来的北京国民政府继续发布命令，禁止妇女缠足。到1928年，北京女子缠足者有7249人，只占总人口的0.66%。

女子放足后，穿鞋的习惯也有所改变，适合三寸金莲的弓鞋逐渐退出了历史舞台。当时，布鞋、胶鞋、皮鞋都有人穿，洋式皮鞋尤其为北京女子所喜爱。她们在穿洋皮鞋初期，还不太"在行"，传统的以小脚为美的审美观仍在持续起效，许多人穿的洋皮鞋很窄小，而后跟甚高，感觉就像在受刑。

2. 引领潮流的女学生服饰

北京是一座传统文化浓厚的城市，近代北京社会生活所展现给人们的是一种保守、安逸的特点。因为北京并不是开放的通商口岸，其开放程度有限，所以它没有像上海等开放口岸那样在衣食住行方面都走在时尚的前沿，在服饰上仍保留有浓厚的传统气息。

近代以来，北京妇女的服饰审美观念及流行服饰悄然发生变化。北京女学生作为当时社会的新女性代表，新式学生装、文明新装等在当时独树一帜，在展现民国女学生的青春风采的同时，也展示了新女性对个性自由解放、男女平等的不懈追求。女学生清新、自由的服饰，受到了社会广泛关注，也是众多女性模仿学习的对象。在清宣统年间，有人曾对她们的装束大加赞扬："或坐洋车或步行，不施脂粉最文明。衣裳朴素容幽静，程度绝高女学生。"（兰陵忧患生《京华百二竹枝词》）同时，女学生也是社会仿效的对象。北京《十不见竹枝词》写道："大辫轻靴意态扬，女间争效学生装。本来男女何分别，不见骑骡赛二娘。"甚至在晚清一向引领时尚的娼妓，也开始学习女学生的装束。"妓捐上等者，榜以'清吟小班'，犹托于歌也。出局而貂狐金绣，仍为庸妓，自负时髦者，必作学生装。"（《都门琐记》）

出现这种状况的原因，一方面，是因为近代的女学生为当时新兴的群体，是先进、时髦的象征。近代学校教育所培养出的知识女性，打破了这些传统，不仅进入学校接受先进的教育，还积极参与社会活动，冲破礼教的罗网，改变了女性的社会生活状况。传统的女性将相夫教子、操持家务作为其全部生活，每日被各种生活琐事困扰，守在深深庭院中，担负着传宗接代的重责大任，却是身份卑微的男性附属品。以女学生为代表的知识女性率先起来反对这种生活方式，她们认为女性也是人，拥有独立的人格，也应该像男子一样有被尊重的权利，女人也需要有自己的思想、自己的人生，而不是把家庭作为生命的全部。再有，知识女性具备了谋生技能，从学校毕业后进入到各行各业中，拥有了经济来源，改变了家庭经济结构，不仅独立性更强，也减少了对男性的绝对依赖，进而改变了从属、附庸的生活状态。北京知识女性中最具代表性的是以女高师学生为主体的女学生，她们能够适应时代发展的趋势，追求独立自由，并且积极参与到社会活动中。此时她们的生活模式就已经发生了改变，从家庭走向社会，从被动转为主动。随着民族意识和国家意识的觉醒，政治生活也成为知识女性生活的一部分，是北京自古以来所没有的亮丽风景。她们不仅为同龄的普通女子所羡慕，也是受到新思想洗礼的男子赞扬的对象。

另一方面，也是服饰时尚与审美风气转移的结果。近代服饰上的变革大多体现在对烦琐服装和繁重首饰的简化，以及女服等级标准的淡化。长期以来，为了迎合男性审美，女人不得不以残害自己的身体为代价，缠足、束胸、戴着沉重的首饰，衣服也极尽镶滚刺绣之能事，用浓厚的脂粉掩盖本来姣好的面容。北京的传统服饰，向世人呈现的是一种做作繁复、慵懒拖沓的形象。随着近代社会生活节奏的改变，服饰的整体趋势已经开始由奢华繁复走向简洁实用。而以女学生为代表的知识女性出现之后，她们追求解放，追求自由，审美产生变化，其服饰也更加张扬个性、返璞归真，不施脂粉、朴素大方。女学生的服饰清新明快，显出一种简约自然之美，恰好符合这一趋势，因此得到社会的广泛追捧。

民国初年的北京女学生

近代的女学生服饰与一般妇女服饰最大的不同在于，多数学校的女学生有统一的校服。校服属于制服的一种，源于欧洲，出现于中世纪初英国教会所创办的学校，后传至日本。校服的本意除了身份的确认外，还可以避免学生因着装不同而引发的不平等、歧视、自卑等思想，重点是要体现校内学生平等的思想。

近代以后在中国一些女学堂中的章程多模仿日本或欧美，明确提出不缠足和衣饰整洁的要求，开设体操课的学校往往还有统一的"操衣"，成为引入校服的开端。近代女学生校服的引入，除了西方原有的功能外，还带有很多教化约束的考虑，这在官办学校内体现得更加充分。如1908年学部奏请设立北京女子师范学堂的"学部奏遵议设立女子师范学堂"折中强调北京女子师范学堂学生的服饰，"至学堂衣装式样，定为一律，以朴素为主，概行用布，不服罗绮。其钗珥亦须一律，不准华丽"。在"启发知识，保存礼教"两不相妨的宗旨下，要求学生"不但语言行事力戒新奇，即一切服饰皆宜恪守中国旧式，不得随俗转移。并责成国文、修身教习选取经史所载烈女嘉言懿行，时时与之讲授，以培根本"。可见，学部对女学生的言行服饰等提出如此严格的要求，其中规定，学生装饰式样统一，朴素不得华丽，统一穿布衣，相同的钗珥，反映了当局对女生形象的期望，也说明统一的校服在"保存礼教"方面的重要功能。

进入民国后，虽然不少对女子歧视和束缚的做法有所减弱，但是约束女学生服饰以"维持风化"的习惯仍然延续着。1911年9月3日，教育部公布《学校制服规程令》，规定"女学生即以常服为制服"，"女学生自中等学校以上着裙，裙用黑色"。但各地女校因应需要，都考虑女生着裤，即"操衣"，为学生出操时所服，其式样十分漂亮，领、袖、跨管上均饰有红镶边的宽黑条，穿上十分威武，后来成为校服。此种"上袄下裤"式的校服，满足了制服功能性的设计要求。1913年，教育部又重申黑裙为学生装，各省纷纷执行。上穿素色衣袄，下着不带绣文的黑长裙，放弃簪、钗、耳环、戒指等首饰，以淡素取胜，成为当时女学生校服的主要样式。

　　在相关规定的制约下，清末民初女学生的校服主要是被称为"文明新装"的上衣下裙或上衣下裤子的式样。周锡保在《中国古代服饰史》中选择了3幅宣统年间着女学生装的图像，图像中的女学生都穿着无任何镶饰的窄袖袄，长裤，脑垂辫，其中五人中有三人戴着鸭舌帽或有帽檐的分辫帽，这就是当时的一般女学生装束。后来，这种文明新装逐步定型："上衣多为腰身窄小的大襟袄，摆长不过臀，袖短露肘或露腕呈喇叭状，袖口一般为七寸，称之为倒大袖，衣服的下摆多为圆弧形，也有乎直状、尖角状，六角形等变化，略有纹式。裙为套穿式，裙上不施绣纹，初尚为黑色长裙，长及足踝，后渐短至小腿上部，取消褶裥，有时有简单绣纹。"（黄强：《中国服饰画史》，百花文艺出版社2007年版）这一时期，各个学校的校服由学校规定，略有一些不同。庐隐回忆在《庐隐自传》中回忆了1912年她初入北京女子师范学校时的情形："那时的教育正是极力模仿日本的时代，学制上学校设备上，甚至学生的装饰上也都效仿日本，所以一切的学生都梳着高棚式的日本头，——我认为是最难看的一种装饰，穿着墨绿色的爱国布的衣裙。"冰心回忆在贝满女子中学上学时的情况："她们都很拘谨、严肃，衣着都是蓝衣青裙，十分朴素。"（冰心：《世纪之忆——冰心回想录》，南海出版公司1999年版）女高师在校长方还、学监杨荫榆时期，规定学生一律穿草绿色布的衣裙制服，梳统一的高髻，白袜黑鞋。违反规定者则有可能被记过或开除。有的学校要求女学生"在上课时一律穿制服，冬季是黑棉布做的，夏季是白洋布作的，裙子无论冬夏，都是用黑素绸。鞋子是穿黑色的，袜子只穿白黑色"。（芳魂女士：《女学生生活写真》栏目中的一篇，《妇女杂志》女学生专号第11卷第6号）1916年，12岁的林徽因就读于北京培华女子中学时，在与同学的合影中，我们可以看到，培华女中的校服也是朴素的黑色短上衣配深色百褶裙。可见，当时的校服还是各有不同

林徽因（右一）与同学校服照

穿旗袍校服的女学生

的，但简朴、端庄的格调却是一致的。

到了20世纪30年代，由于旗袍的盛行，女校大多以旗袍作为校服，使得女子校服装扮趋向于时装化风格。上海《玲珑》杂志1937年第294期曾刊登北平五大学联合毕业典礼，图中女生均为朴素简洁的白色改良旗袍。改良旗袍从领襟、衣袖到摆衩的细节变化非常丰富且更新很快，反映出时装周期性流行的特征，说明女学生校服也是与时俱进发展变化的。值得注意的是，尽管不少学校采用了流行的旗袍作为校服，但旗袍的颜色、装饰等均采用素色、简洁的做法，与早期校服的价值取向是一脉相承的。20世纪40年代末，西风更盛，女校校服开始引入衬衫、西装、毛绒衫等内容，现代色彩更加浓厚。但相比上海而言，北京女校采用纯粹西式校服的数量并不突出，校服中西兼容的特色并未丧失。

女学生群体接受新思想、新文化，主张男女平等平权，标榜自由，不拘旧俗，与中国传统妇女形成强烈对比，她们自然也就成为社会关注的焦点之一。清纯的女学生装束成为当时的时尚，既是作为女性寻求思想解放的标志，又是文明、进步生活的有力的牵引力。

无论是20世纪20年代的文明新装，还是30年代的改良旗袍，抑或是40年代的西式装束，都是女学生展示自信和追求自由的体现。到20年代，女学生也开始意识到，服饰对于宣示自我、追求解放的意义。有人指出："女学生是女界的领袖，有作先锋的义务，所以各种妇女问题，该当先由女学生做起，而况这服装问题里，有许多女学生式的女子特产呢？"（姜麟：《女学生服装问题》，《妇女杂志》1924年第4期，第26页）服饰也是女学生追求男女平权的一种诉求方式。

比如，在辛亥革命以后，随着男性剪发的发展，不少妇女也发起了剪发运动。她们认为"现在女人的地位是同男人一样的，男人所能做到的事，女人没有不能的"，认为"剪发之事，既为世界文明国之通例，男子既割视殆尽，吾女子宜速去而无疑也"。（《我对于妇女剪发的管见》，北京《晨报》1919年12月8日）因此，女子也可以剪短头发。在这种思想的推动下，北京孔德学校的女学生在1920年率先剪去辫子，体现了妇女在装束方面追求解放的愿望。女学生的剪发也影响了很多社会妇女。1923年《妇女杂志》发表了一篇《妹子的剪发》：之前在故乡居住的妹子来北京前"对于头发的见地，简直与我完全一致。及至今年来到北京，呼吸几口都会的空气以后，思想都比我更维新了，大表示不满意，否认前说，并且深恶而痛疾之，……当天下午，便举行剪发大典礼"。20年代起，或用缎带束发或用珠翠宝石做成发箍套于头上，或在额前留一字或垂丝式刘海成为当时的时尚，她们寻求思想、个性解放的呼声涤荡着女子服饰上的陈规陋习。

此外，展示人体曲线之美，是女性不断展示自我、追求解放的方式之一。自唐代以来，中国妇女的服饰一直是采用直线，使得胸、肩、腰、臀部完全呈平直状态，没有明显的曲折变化。这种服饰希望通过隐藏形体，避免形体曲线带来的诱惑，服务于传统的纲常名教。女学生校服的出现，尽管有浓厚的当局借助服装来控制、约束学生思想与行动的初衷，但其发展的过程则完全不是当局可以控制的。女学生校服虽在裁剪上没有脱离传统的方式，但在腰部和下摆都做了改进，展示了人体之美。文明新装颜色朴素、款式简洁，簪钗、手镯、耳环、戒指等首饰全部摘掉，是对清朝女装华丽繁复的装饰的巨大颠覆，同时校服面料也由提花锻织物变为棉麻、绸类为主，更为轻便薄软，更有利于行动工作，体现了新女性自信的生活态度。

女学生服饰也颠覆了传统的审美观，对封闭保守的旧俗产生了冲击。同时，作为女学生的典型装束白衣黑裙，还突破了传统的白为丧服色，黑为寡妇服色的颜色禁忌。钟鲁斋《中学男女学生心理倾向差异的调查与研究》显示，女学生喜欢的颜色，白色最多，蓝色次之，绿色、黑色、红色又次之。女学生服饰在颜色上趋于淡雅，喜欢衣裙、衣裤同色，镶边多用本色或白花边，素静洁雅，而一袭灰色或黑色的罩袍和衣裙衬托出此时女性的沉稳与优雅，也表明女性对传统的大红、大紫、碧蓝等色彩的厌弃和对黑色、灰色、品蓝、暗紫等色彩的青睐。

当然，在学校统一着装之余，女学生的居家服饰有时则与校服反映的观念相抵触，有些甚至截然相反。平时里经济条件好的家庭的女学生会穿着奢华的服饰，如1921年第6期《新民报》曾发表了一篇题为《我对于女学生服式的研究》的文章，"许多女学生有的鲜衣华服，有的宝气珠光，还有的浓妆艳抹"。这样的装饰，"固然于经济上有关系，就是于社会风俗上，也是很有关系"。《妇女杂志》也发表文章，对一些女学生居家的服饰进行批评："除一般爱时髦的姨太太外，要算女学生了。"因为在文章作者看来，她们做套衣服，"好像造洋房一般；横量竖量，东比西比"。她们在礼拜六下午和礼拜日，"原来不戴眼镜的，一到这两天，眼镜也戴上了，高底鞋也穿上了"。1922年北京《晨报副刊》的一篇文章曾惊呼："北京某学校的女学生，自修室的桌上，雪花膏花露水的数目，竟比钢笔和墨水瓶的数目，要多两倍！"其中有女子爱美之心的体现，也有对千篇一律校服的不满。1925年4月25日的《现代评论》中《女学生与留学生》一文中指出："女学生与非女学生的区别，也一天天模糊起来，从前人对于女学生的观念，以为她们的长处是识字，她们的幸福是大脚，她们的短处是不会梳头，不会缝扣子。……她们虽然不把买书的钱完全买粉去，然而她们一定不肯把买粉的钱买书来。"还有的女学生，"清晨上学的时候，太阳挂的高高的，她还刚从床上起来，洗脸了，得细心的搽上一层白粉和胭脂，于是穿上一件时髦的旗袍，丝袜，擦一擦亮高跟皮鞋，穿上走两步，从镜子里看自己的姿态，起码梳十几分钟的烫过的头发，照上几次镜子，才拿了两本新新的洋装书，踏着有点近于跳舞的步子，一股劲儿扭着细腰去了"。（申挹清：《节约运动与妇女生活》，《公教妇女季刊》第4卷第1期，1937年1月）

20世纪20年代以后，在无政府主义等思潮影响下，一些女学生们也纷纷抛弃了素雅的装束，追洋求新，用不为世俗所容的穿着彰显个性。有些女学生甚至"赤胸露臂，短袖青衣，云环高垂，皮鞋耸底"，[胡朴安：《中华全国风俗志》（下）]以致社会上又出现了"妓女像女学生，女学生像妓女"的说法。对此，教育当局不断发文警告。教育部曾发布命令"各省女校学生，服色竞尚诡异，若不严加取缔，恐演成恶习"为由，要求"务必严定惩戒规则"。（《教育部取缔女校服装》，《晨报》1921年2月20日）

3. 中山装与旗袍

最能体现民国剪辫易服后的服饰文化成果的，当是代表中国民族的特点新式服装的问世。中山装、旗袍，便是其中最具有典型意义的服装。

清末以来，伴随着西方服饰的传播，北京地区市民的服饰呈现出中西并存、新旧杂陈的状况。中华民国的成立，必然要求从外表上与清王朝彻底脱离关系，服饰的改变就是这一要求的外在表现。然而随着剪辫易服对清朝官服、顶戴的捐弃，国人一时在服饰上失去了"风向标"。鲁迅在当时就曾对"穿衣"提出困惑，若"恢复古制罢，自黄帝以至宋明的衣裳，一时实难以明白；学戏台上的装束罢，蟒袍玉带，粉底皂靴，坐了摩托车吃番菜，实在也不免有些滑稽"。（鲁迅：《洋服的没落》，《鲁迅杂文全集·花边文学》）

1912年10月，刚迁至北京不久的民国政府和参议院颁发了第一个服饰法令，即《服制》，对民国男女正式礼服的样式、颜色、用料作出具体的规定："男子礼服分为两种：大礼服和常礼服。大礼服即西方的礼服，有昼夜之分。昼服用长与膝齐，袖与手脉齐，前对襟，后下端开衩，用黑色，穿黑色长过踝的靴。晚礼服似西式的燕尾服，而后摆呈圆形。裤，用西式长裤。穿大礼服要戴高而平顶的有檐帽子。晚礼服可穿露出袜子的矮筒靴。常礼服两件：一种为西式，其形制与大礼服类似，惟戴较低而有檐的圆顶帽；另一种为传统的长袍马褂，均黑色，料用丝、毛织品或棉、麻织品。"（《政府公报》，1912年10月4日。）此后至1919年期间，民国政府又颁发了10余项服制，如《推事检查官律师书记官服制》（1913年1月6日）、《外交官领事官服制》（1913年1月10日）、《海军服制》（1913年1月18日）、《修正警察服制》（1913年5月15日）、《铁路职员服制规则》（1914年5月22日）、《改订陆军常礼服并增兵科颜色文》（1917年1月30日）、《矿业警察制服等级臂章令》（1919年4月4日）、《遵订祭祀冠服文》（1919年9月9日）、《航空服制》（1920年5月1日）等。

早在辛亥革命前，西装这种新事物已经传入国内，为当时的国人所熟知。民国初期颁布的礼服服制多适用于官员就职、授勋或外交场合穿着，代表新思潮的西装便悄然行走在政府各部的府邸里，尤其是政治中心北京。"革命巨子，多由海外归来，革冠革履，呢服羽衣，已成惯常；喜用外货，亦不足异。无如政界中人，互相效法，以为非此不能侧身新人物之列。"（《大公报》，1912年6月1日）当时的政坛要人章宗祥、周自齐、朱启钤、曹汝霖等人都"着起了西装，穿上了皮鞋，提起了手杖，1914年在北京中央公园游园时，俨然一副洋绅士的派头"。《近代名人图鉴》收录的唐绍仪内阁全体10人合影中，有7个人穿的是西装。此外，像溥仪、载泽等人都有西装照留世。商界中亦多着西装。从穿着场合来说，西装多见于各类洋式场合或出入洋行的人身上，多为头戴礼帽，脚蹬亮面皮鞋，上衣小兜里掖一块折叠有致的手帕（深色西服必须配白手帕），颈间系着领带或领结。与之相配的，有各种装饰的领带卡、坎肩、背带。讲究者胸前垂着金壳怀表的金链，上面装饰着宝石雕成的小桃，石榴或翠玉琢成的白果、香瓜等。手上要戴各种石头的戒指或素金戒，出门则讲究戴上白手套，还要提着文明棍以显示风度气派。

上流社会的西装穿着成为当时北京求"新"派们的模仿对象，教师、青年学生、洋行和机关办事员们亦多为洋服打扮。据邓云乡《增补燕京乡土记》回忆，当时北京的"洋派学生，外面穿大褂、袍子，里面穿条西装裤子，这在当年是非常流行的时式服装了。清华、北大、燕京等校的夹着洋文书的大学生，几乎统一都是这样的服饰"。在崇洋风气的影响下，突显干练、明快、精神、朝气的西装在北京迅速流行起来，正如郁达夫在《说模仿》中所云："大家都知道了西洋文化的好处，中国人也非学他们不可了，于是乎阿狗阿猫，就都着起了西装，穿上了皮靴，捏起了手杖，以为这就是西洋文化的一切。"

但或许民初国会在制定礼服时，并未考虑过西洋化礼服的不足之处，西服在实际推行中遇到不少问题。一是气候因素，北京属北方城市，天气较寒冷，特别是冬季一般人均习惯用丝棉羊皮，但西服层层单夹，不利于御寒。二是传统习惯，西服敞胸露腹的样式，与人们习惯的包裹严实非常不同。为了弥补这一缺陷，人们开始在西服之外加一件具有京式风格的大氅（斗篷）。胡朴安《中华全国风俗志》载："年来北京人士需用大氅之数，比之以往，可加及数倍。"需求量增加的原因虽不确定，但似乎与西装的兴起不无关系。

然而西装毕竟是舶来品，并不完全适应中国人的生活特点，尤其是过惯了闲散生活的北京人。而在正式场合尤其是接见外宾时若着长衫，形式陈旧且不易与封建体制区别，适宜国人的新礼服——中山装遂应运而生了。1905年，宁波洪帮裁缝张方诚在日本为孙中山制作了第一套中山装。孙中山回国后，又多改制，成为七纽、立

穿中山装的孙中山

领、四个口袋的中山装，接近于新军军装。之后除掉肩部襻带，口袋改为贴袋，袋前加褶，领改为下翻立领，仍保留七纽，袖口外侧三纽为饰，长裤是前面开缝，用暗纽扣，左右各有一个大的暗插袋，裤腰处有一表袋，右后臀部挖一暗袋，用箭形袋盖扣上，裤脚是翻边的，翻领和翻边裤脚互为对应。1923年，孙中山又加以改造，把单层的企领加长并向外翻出，类似于西装的衬衣领，在保持挺括的同时免去烦琐；从实用角度出发，将暗兜改为"琴袋"式样的明兜，并添加倒"山"字形、带扣眼的软盖，前对襟并饰五扣，这基本就是大家在电影或相片中常见到的中山装了。中山装的雏形，则是众说纷纭。有说是改造英国式猎装而成的，有说是根据日本学生装改造而成的，还有人说是日本的铁路工人服，也有人说是借鉴在南洋华侨中流行的"企领文装"改造而成。另外还有一种与改造西装不同的说法，认为它是对满族的马褂进行改造而形成的。无可否认，中山装是吸收西方服饰因素，融合中国文化而制成的具有中国特色的服饰，其造型美观大方、庄重实用却是人们公认的。中山装既保留了西式服装平整、挺括、有衣兜的优点，又有中国传统服装高领、庄重的特色。可以说是既突出了服装的现代性，又很好地表现了中国特色与气派。

随着南方革命势力影响的扩大，以及人们对孙中山崇敬之情的增长，中山装开始受到国人的喜爱，并在20世纪20年代后逐步流行起来。蒋介石自称是孙中山的学生，在各种公开的场合下，均着中山装或军装。他在1928年担任中华民国政府主席后，下令将中山装作为文官制服，并进一步赋予"革命"的含义：四袋以同礼、义、廉、耻，立国之四维；软盖以倒笔架形指以文治国；前身五粒扣子加袖口三个寓五权分立和三民主义；封闭翻领寓三省吾身、严谨治国。这种富有创意的联想，恐怕是孙中山本人在设计这一服装的时候也没想到的。

南京国民政府还规定：在特任、简任、荐任、委任四级文官宣誓就职时，一律穿中山装，以示奉孙中山之法，继承孙中山遗志。北京作为北方的军事、政治中心，云集了新政府的大批高官显贵，因此穿中山装的政府文员数量众多。在国民政府的提倡和出于对孙中山政治威望的敬仰，北京云集着的众多政府官员、文化人士、革命志士等纷纷效仿，"官民合一"的中山装一时成为当时的风尚。中山装作为正式礼服后，还被列为公务员服式，穿着上只因社会地位和职业的不同而略有差异。社会地位较高的政府官员或地方绅士多穿毛呢中山装，春秋两季用黑色或藏青色面料，冬季外披呢大衣，夏季用浅色或白色薄呢料，戴草编礼帽。一般公务员多穿国产卡其布中山装，春秋两季着黑色，夏季着白色或黄色，一般不戴帽，有时也穿布鞋，服饰配套上不如毛呢中山装考究。另外一些教师和社会上层人士也穿着中山装，而普通民众则为数不多。民国以后，中山装逐渐成为被外国人士广泛认可的，可在各种场合穿着的中国男子正式礼服，直至今天，仍然是中华民族气魄的代表服饰，流行于世。

但是，在日常生活中，特别是居家或休闲的时候，中山装笔挺的形制似乎就显得不是很适宜了。以中山装为工作服的人们，在工作之外更不愿意仍旧保持工作状态。另外，无论是中山装还是西服，其手工造价均非寻常百姓能够承受的。因此，中国传统的长袍，以其随意舒适、造价相对低廉的特点，在此时仍占据着半壁江山，穿着者在当时的北京城内随处可见。民国时期，作为常礼服的长袍马褂，抛弃了旧式较为烦琐的装饰和等级差别，除了质料自身的花纹外，几乎没有别的装饰，其形式上相对于清代的臃肿肥大来说，也讲究量体裁衣，袍大襟右衽，长至踝上两寸，在左右两侧的下摆处开有一尺左右的。拥有丰厚文化底蕴的北京，文人众多，他们似乎对长衫偏爱有加，大家自觉不自觉地将其作为一种身份的象征。著名画家齐白石，不管在什么场合总是穿着一身得体的长袍马褂。适宜的长袍配上西服裤、头戴礼帽、脚踩皮鞋或布鞋、鼻梁上架一副金丝边的眼镜，成为当时北京城内的较为典型的"有身份"之人的流行服饰，既显民族风采，又增潇洒气质，于文雅之中显露精干，成为"知识分子的品牌"。这种中西合璧的装束，深受各个阶层人士的喜爱，一直延续到中华人民共和国成立初期。

与中山装只在北京社会上层流行不同，旗袍则成为几乎各个阶层近代北京妇女的当家服饰。从20世纪20年代至40年代末，旗袍成为主流，风行了20多年。1929年，中华民国政府规定蓝色六纽旗袍为妇女礼服。自30年代起，旗袍几乎成了北京乃至中国妇女的标准服装，民间妇女、学生、工人、达官显贵的太太，无不穿着。

北平街头穿旗袍的女子

旗袍起源于旗人所穿之长袍，由于现代"旗袍"这个词专指女装，所以又可以说旗袍起源于旗女所穿之袍。辛亥革命后，旗人大多都放弃了旗服，而汉族妇女穿旗袍者日众。20世纪20年代，受西方和日本服饰影响，上海妇女对旗袍加以改进，将刺绣和镶滚工艺由繁变简，收紧腰身，突出了人体曲线美。20世纪30—40年代，旗袍在长度、领、袖等部分又发生较大的变化，称改良旗袍。改良旗袍在领子的高低、袖子的短长、开衩的高矮等方面变化灵活，还吸收了洋装前后抓褶、胸线等立体缝纫技巧，使其轻便舒适。新式旗袍彻底摆脱了清朝服饰的老框框，改变了中国妇女长期来束胸裹臂的旧貌，让女性的体态和曲线美充分显示出来，更富有时代气息。

当然，北京的旗袍在风格上与上海的旗袍样式还是存在区别的，有人将两地的旗袍称为"海派旗袍"和"京式旗袍"。从文人回忆录、月份牌及老照片中，我们对上海流行旗袍的印象是身紧裙长大开衩，标新立异且灵活多样，商业气息浓厚，是中西合璧的典范，并将西式外套、大衣、绒衫等穿在旗袍外，用料上以西洋面料为主，并颇多讲究。修长紧身的裙形，较适应南方女子消瘦苗条的身材特征。北京女子身材比南方女子高大，从裙身上来说，北京盛行的旗袍自不如上海那般紧身适体，某种程度上说，仍旧保持着清朝满服乃至中国自古以来的"宽衣博带"，裙身多呈现平直之感，似乎要保持矜持与凝练，以彰显正宗。从穿着上来说，京城女性的穿戴虽然刻意模仿上海，但式样仍不及上海繁多，翻领、"V"形领、荷叶领，配以荷叶袖、开衩袖等的旗袍在京城里几乎是见不着的。虽无明文规定，京城女子们仿佛自成一规，不越雷池。从面料上来说，上海属开埠之城，洋布较为盛行，纱、绉、绸、缎等面料极其丰富，南方已经"细布、洋布、呢绒，……花样竞为技巧，质料日见名贵，力事修饰，追逐潮流"；北京地处北方内陆，春秋季时长非常短，冬季更为寒冷干燥，且风沙比较大，因而体现在服饰上就需要旗袍面料以及里料的选择上有更加良好的保暖性和抗风性能，尤其是冬季旗袍里料的选择上会相对厚重。不仅旗袍如此，而且套在旗袍之外的大衣，也多以呢质或皮质为主。

后来，旗袍还传至国外，为他国女子效仿穿着。但是，学习西方服装的旗袍传到欧美时，其变革之彻底、坦荡和快速，使西方人也大吃一惊，甚至有些恐惧，并引发了一些责难。特别是罗马教皇与天主教女教徒对两边开衩暴露雪白大腿的旗袍设计，感到无比惊骇，认为太色情、太诱惑，但西方设计师却充分肯定了这种服装的变革，也说明了中国旗袍的贡献。

总之，中山装和旗袍都是沿用西式服装的价值观念和审美习俗，结合中国人穿着的习惯和传统服装的形制而创制的新服式，在国际上亦被视为具有中国气派的民族服装。可以说，这是"西体中用"最成功之作。

（三）近代纺织服装业的诞生与老字号的兴盛

这一时期，北京近代服饰工商业开始诞生，虽然规模并不是很大，但在北京工业史上仍具有重大意义。在激烈的竞争中，不少老字号异军突起，它们承载着北京的优良工商业传统，许多在今天仍是一块金字招牌。

1. 近代服饰工商业

晚清以来，新式纺织品、服装巨大的市场和丰厚的利润，吸引了国内资本投资近代纺织服装工业，促进了北京近代纺织服装工业的诞生。光绪二十九年（1903年），清政府在北京开设官办北洋工艺局，包括机械、彩印、染色等11科，招选工徒200多人。之后，慈禧太后还在宫廷内开办女工艺局，购办机器，教授宫女织造毛巾等物品。光绪三十一年（1905年），京师习艺所创办，下设毛巾、织染、缝纫等科目。据清政府农工商部光绪三十年至光绪三十四年（1904—1908年）统计，生产各种布料14820件，各种床单、毛巾13750件，大小印花布1896件，染漂各色线料4385件，除了供应宫廷以外，剩余的部分还作为商品销售。

薄利呢革公司内景

北京近代比较正式的纺织服装工业的代表是薄利呢革公司。光绪三十三年（1907年），出于装备军的需要，陆军部在"不失利权"的名义下，奏请兴办官商合办的薄利呢革公司，得到了清政府的批准。光绪三十四年（1908年），薄利呢革公司动工兴建，公司定址于北京清河镇，投资60万两白银，从英国进口180台机器，并聘请英国技师任职，成为北京和全国当时最大的毛纺织厂，开创了我国大机器毛纺工业的新纪元。宣统元年（1909年），公司正式开工，主要产品为军呢和军毯等。与此同时，还有一批民族资本的织布厂如富华织布公司、启华织布厂、华盛织布厂、益华织布厂、京师毛织厂、同昌织布厂等先后创办，此后，又有惠善、裕华、德泉、聚祥等织布厂开业。这些织布厂的规模也都不算太小，如裕华有18台布机，聚祥有布机50台左右。由于当时北京尚无工厂电力供应，这些织机全部采用人力木机。后来随着工业用电的引入，新式纺织业逐渐采用铁制机器织布。民国以后，特别是第一次世界大战期间，北京的纺织工业发展很快，新工厂不断涌现。后来速度虽有所放缓，也出现一些波折，但纺织业仍然是北京最重要的工业部门。根据1934年国民党政府实业部《中国经济年鉴》有关统计资料，当时北平有纺织印染厂160余家、针织厂200余家、毛织厂3家、皮革厂12家。

在针织业方面，1912年，留日学生张执中在北京开设了华鑫针织公司。该公司资本雄厚，又因开设期间正值第一次世界大战，获得良好的发展时机。该公司的产品在大战期中，甚至一度远销海外，职工有100余人。在华鑫业务发展的影响下，陆续有人开设了一些织袜厂。据估计，大战结束后不久，北京织袜业发展到20余户。后来由于穿用线袜的人日渐增多，市场需求量有增无减，使织袜业继续得到发展。1924年《调查北京工厂报告》详细记载了以织袜为主的华兴（鑫）织衣公司生产状况："京师织袜业，现在据称有七十六家，资本多甚薄，其小者无异家庭工业，机只三四架，工不过数人。其最先开办而最大者，为十八半截沈袜子胡同之华兴织衣公司，创于民国元年，资本共一万八千元，总董为张执中（日本帝大机械科毕业），聘有直隶高工毕业生一人为管理兼充技师，有工头二人，职工二人及学徒二十八名……织物以袜居多数，外如卫生衣、汗衫、手套等，均有出品，每年销售额总计约价二万元。该厂有织衣机三台，内瑞西式者二台，日本大丸式者一台，缝纫机十一台，织袜机共三十一台，内计圆形织袜机十二台，横编机九台，横编机除织袜外，可兼织手套等，各机械多用手动。"

靴鞋业是北京古老的一个手工行业，前清时大量制作官靴，靴与鞋并重，而且只做男鞋，不做女鞋。民国以后，官靴除了卖给外国人用作收藏或者做寿衣下葬外，基本没什么市场了。但鞋的种类、式样却越来越多样化，很多店铺开始兼做女鞋。20世纪30年代，北京市仅鞋工就有3000余人。那时，北京的鞋帽店主要集中在前门外鲜鱼口胡同内，在街道的两侧聚集着9家帽店和7家鞋店，是北京最大的鞋帽店商业区。

在印染行业方面，旧式染房用国内原料，有河南的红花、昌平和怀柔的黄木、新安与献县的靛青等，设备简陋，只有漂缸、铁锅、案板、磁盆、炭熨斗等。民国以后出现西法染店，改用进口颜料，使用国外进口的电熨斗、电机锅炉、电力压光机等。30年代，北平有染房约60家，新式染房占2/3。

但是，近代北京社会的动荡，特别是日本帝国主义的侵略和掠夺，以及后来国民党当局的黑暗统治，严重制约了北京服装工业的发展，使北京服装工业几乎陷于破产的边缘。加之物价飞涨，人们不断遭受饥饿的威胁，直接影响到人们的服装更新与发展。

以溥利呢革公司为例，清朝灭亡以后，先后被北洋政府和国民党政府接收。1937年被日军强占，由满蒙毛织株式会代为经营管理。1945年抗日战争胜利后，被国民党政权接收，改名为华北被服总厂平津第一分厂。政权的反复更迭，不同利益集团的反复掠夺，使该公司开开停停，生产大受影响。到1948年2月中国人民解放军接管这座工厂时，仅存纺锭3200锭、工人752人，设备陈旧、产品低劣，当年的风光荡然无存。

1949年中华人民共和国成立时，北京纺织服装工业严重衰败，经营规模非常小，行业结构也不健全，纺纱、印花几乎无人经营，从事织布、针织的也只剩853户5400多人，织机2000多台，其中人力织机占83%，针织设备中80%以上是手摇袜机，漂染则大部分是"两棒一缸"的手工操作。从事成衣加工的缝纫业从业人员5200余人。部分店铺使用脚踏缝纫机，主要工具是剪刀、木尺、火烙铁。原本生意兴隆的老字号也因为各种原因变得只能勉力维持，奄奄一息。

在服饰市场方面，近代以后，随着社会发展变化，原本只有少量供日常生活所需的内城，在20世纪末逐渐开放。民国时期，内外城满汉分居的格局彻底被废除，大量商铺云集内城，京城的商业区发生了较大的变化。原本兴盛的前门外大街，因京汉铁路和津浦铁路的终点站的建立，商业更加繁荣。内城的王府井大街、东单、西单、西四等地，也形成了繁华的商业区。外城在天桥一代，又增加了一个人流密集的热闹市场。徐珂在1923年出版的《增订北京实用指南》中对北京内城的商业区做了介绍："外国使署及其商业多在东交民巷及崇文门内一带，楼阁雄壮，街衢整洁。内城繁盛之区，以东四牌楼、西单牌楼、地安门大街为最，商店林立，百货云集，往来游人盘旋如蚁。故都中有东四西单后门（即地安门）一半边（买卖大街常在大街东半）之谚。他如西直门内之新街口，东直门内之北新桥，东安门外之王府井大街，亦为商肆集聚之，惟较东四西单等处为逊耳。平日游览之所，则有东安西安各市场，而东安尤盛。茶楼、酒馆饭店、戏园、电影、球房以及各种技场商店无不具备，比年蒸蒸日上，几为全城之京华所萃矣。至若护国寺、隆福寺、白塔寺等处，每届庙期，游人尘集，亦几如市场也。夏日消暑，则有什刹海、积水潭，堤柳塘莲，风景清绝。"

在服饰商业形式上，在保留原来京师的经营形式如坐商（店铺）、行商、集市、庙会之外，新式综合商业中心在清末出现；民国时期，新式百货商场诞生。

清末的综合商业中心，以王府井东安市场、前门廊房头条劝业场、菜市口的首善第一楼、观音寺街的青云阁最为知名，并列为京城四大商场。

东安市场于清光绪二十九年（1903年）开业，是北京最早由政府创设的一个大型综合性市场。东安市场，位于今王府井大街，因临近皇城东安门而得名。东安门外的东安大街是家住东城的官员们上朝的必经之路，因此吸引了许多摊贩前来，久而久之发展成了一个市场。清末，东安门大街两旁摆摊设点越来越多，造成道路拥挤。住在金鱼胡同的步兵统领那桐等官员上下班，也痛感不便。加之这条街道也是皇帝出行和去东陵祭祀时经常走的，摊贩市场脏乱吵嚷，也有碍观瞻。为了整顿市容和修建马路，当局在光绪二十九年（1903年）将沿街摊贩悉数迁至东南角荒废已久的神机营练兵场上开业。练兵场原有高墙环绕，可说是现成的市墙（阛），又有现成的门（阓），颇有古代市场的传统味道。起初东安市场面积不大，占地仅30亩，商业经营的设施十分简陋。从东安门外迁来的商贩，大多是摆地摊、搭布棚，出售大众化的京广百货、日用杂品、儿童玩具；有的则是推辆小车或摆个案子，卖些地方小吃之类。市场初期的管理也十分松散、无序，完全没有规章可循。市场当局虽然派员管理，但只知收取地租，其他事情概不过问。商贩们早晨出摊，过午收摊，因此时有因争夺摊位引起争吵打闹的事件发生。光绪三十三年（1907年），由京师工巡局出面，对市场进行改造。改造后的东安市场，由南向北有一条正街，东西两侧各有一条街道，横贯东西有三条平行街道与之交叉。正街两边由政府盖起了一楼一底的铺面房，每间一丈见方，底下营业，上边可贮存货物，由商贩租用，其余地段由商贩自己营建，于是东安市场也由以摊贩为主变为以坐商为主。东安市场集购物、娱乐于一体，市场内行业众多。顾客到此既能选购各色商品，又能入座小吃，还可以听戏娱乐，兼有传统庙会的特点而又每日开放，因此生意日益兴盛，短短几年，已是北京内外城有名的繁华的大市场了。《京华百二竹枝词》夸赞道："新开各处市场宽，买物随心不费难。若论繁华首一指，请君城内赴东安。"后附注："各处创立市场，以供就近居民购买，东安市场货物纷错，市面繁华，尤为一时之盛。"

东安市场在发展过程中，曾经历过两次重大火灾。第一次是1912年，袁世凯不愿离开北京去南京就职，指使部下曹锟发动"兵变"。2月29日乱兵焚掠东安市场，会场各铺无一幸免。另一次是1920年，东安市场内锦益兴耍货铺掌柜文焕章因负债过重，在自己铺子里放火，企图赖账了事，但火势蔓延全场，除北部的吉祥戏院、稻香春、东来顺等数家外，其余均被焚毁。但是北京商人笃信"火烧旺地"，每次火灾后都立即重建，规模要远远超过以前。1920年火灾后，东安市场几条主要街道都建成了二层楼房，搭起了铁皮罩棚，场内路面铺以钢砖，形成了一个不怕风吹日晒的室内商场，规模更加恢宏。据1933年12月的统计，东安市场共有16个经营区，包括畅观楼、青霖阁、中华商场、丹桂商场、桂铭商场、霖记商场和东庆楼等7个小商场，分布着各行各业商贩915户，其中店铺257户、摊贩658户。

劝业场始建于清光绪三十年（1904年），最初为京师劝工陈列所，在前门外廊房头条，以展览各地工业品为主要目的，同时也销售一些商品，是清政府效仿外国陈列和推销商品的场所。光绪三十四年（1908年），陈列所发生火灾后，转到广安门内另设新馆，此处在民国后改为商场。1920年失火后，当年修复，改名北京劝业场，取意"劝人勉力，振兴实业，提倡国货"。

劝业场今景

北京劝业场位于前门外廊房头条中间，北门在西河沿街，是一座连通两条大街的建筑。今天所看到的劝业场的样式为巴洛克式建筑，为1920年重建后的建筑。设计者是中国近代第一批留学归国的建筑师之一沈理源。劝业场为钢筋混凝土砖混结构加钢屋架，是当时最先进的建筑技术。外装修为巴洛克式，以壁柱、窗套、圆拱形山花和阳台装饰立面，尽显华丽与高贵。商场地下一层、地上三层，内部以3个大厅作为人流集散处，四周为三层回廊。沿回廊设开敞式商店。顶层以大型玻璃天窗采光，体现了现代大型商场共享大厅的空间观念。劝业场一楼至三楼以商业为主，也有一些服务行业，最多的时候商户达到160余家，主要商品有服装、鞋帽、百货、绸缎、布匹、古玩、玉器、珠宝、字画、食品、茶叶等，还有镶牙、理发、球社、照相等服务项目。最引人注目的是首饰摊，虽大多是假货，但看上去花样繁多、琳琅满目，且售价十分便宜。

民国时期，服饰商业近代化的突出表现是百货商场的出现。北京百货业的网点是由经营传统手工业品的绒线铺、烟袋铺、荷包店、香蜡铺、绦带铺、刀剪铺、杂货铺等店铺发展而来的。早期这些店铺大多是前店后坊的手工业作坊。以往，北京的店铺各类商品是分别经营的，受行会约束，除了一些店可以兼营少数不属于自己范围的东西，如馒头铺卖唱本等，其余均得按类经营。即使像东安市场、北京劝业场之类的综合性市场，基本上还是各个行业商人的商铺的组合。随着近代各类轻工业产品的迅速增加，以及近代商业组织的变化，包罗各种日常生活用品的百货商店应运而生。据余钊《北京旧事》（学苑出版社2000年版）记载，北京最早的4家百货零售商是前门大街上的亿兆百货店，王府井的中华百货售品所、中原公司，西单大街的三友实业社。

亿兆百货店是20世纪30—40年代北京最大的百货商店，位于珠市口东大街16号，1935年开业，资本18000元，在当时是个大数字。店铺为十分气派的西洋石柱式门脸，在周边基本还是传统砖木结构的店铺中非常抢眼。亿兆百货商店直接从上海和日本进货，从业人员200多人，在日本和上海进货处都派有专人长期"坐庄"。亿兆采购人员从日本进白玉霜香皂、白兰香皂、"都四花"一号皂、霍为脱透明皂、双美人雪花膏、丽德雪花膏、狮子牙粉、蛤蜊擦手油、绒衣、背心、钢精制品、开士米毛线等商品，从上海厂家直接进墨菊牌和狼狗牌线袜、三花毛巾、双妹牌雪花膏、花露水、汗布衬衫等名牌货。亿兆百货商店不仅货色齐全，而且是日本名牌货双美人雪花膏、丽德雪花膏、狮子牙粉等的包销者。这几种商品在北平只有亿兆一家经销和批发，其他商店必须从亿兆进货。亿兆还利用许多小手工作坊，生产织袜子和毛巾等产品。这些作坊从亿兆领取毛线之后，按照要求加工为成品，再贴上亿兆的商标。

　1940年，经营高级针棉织品的王府百货店在王府井大街开业；1943年，金城百货店于西单开业；1945年，经营高级化妆品的丽都百货店于王府井开业。这时，王府井地区的百货行业已有中华售品所、中原公司、三友实业社、王府、丽都、天佑、上海百货商店和东安市场内的东升玉、盛兴等几十家商店。1946年7月，经营针织、衬衫、袜子、百货、高档化妆品的大华百货公司在金鱼胡同西口开业，使王府井地区的百货网点形成高中低档和专业店相结合的格局。据同业公会统计，日本投降前，北平有百货业353户1663人，香烛熟药业68户311人，煤油洋货业139户756人，绦带业92户296人。

　在近代，随着商品种类的增多，北京的专业商店类型大量增加。据《京师总商会各行商号》统计，清末北京商业已有40个行业，4541家商铺。各具特色的字号店铺种类繁多。在以描述清末店铺为主的《老北京店铺的招幌》一书中，收集了200多家店铺招幌的彩绘，从中可以具体看到食品、服饰、日用百货、财宝、文具等一些有代表性的主要店铺类型、标志和称谓。其中属于服饰业的店铺有布铺、绸缎布庄、熟皮房、皮货庄、成衣铺、裁缝铺、鞋铺、鞋面布店、鞋底儿作坊、木头底儿鞋铺、靴鞋店、老袜店、袜子铺、帽铺、帽店、草帽店、老翎店、马尾铺、假发铺、辫绳铺、马尾纂铺、包头布铺等；与服饰相关的日用百货类店铺有针铺、棉花铺、绒线铺、梳篦店、线麻店、绦带店、挂镜店、油布店；财宝、金融及手工业类的店铺主要有珠宝店、金店、银号、首饰楼、当铺、眼镜铺、铜器铺、刀剪铺、毯毡铺。此外，还有专门出售旧衣的估衣铺。

　民国时期，服饰商品的种类进一步丰富，与晚清相比出现了不少新的服饰门类。20世纪30年代，北平自己生产的日用商品，在当时出版的《老北京旅行指南》中有一份简要的目录，列举了将近150余种日用商品。与服饰相关的主要有丝线袜、毛线手套、背心、汗衫、毛巾、浴衣、裤衩、衬裙、衬衫、领带、领花、纱巾、运动衣、游泳衣、腰带、腿带、围巾、斗篷、发网、手帕、皮鞋、呢缎便鞋、呢草缎帽、拖鞋、皮包、武装带、皮呢大氅、布匹、哗叽、纱呢、油布、雨衣伞、刺绣物、戏衣、眼镜、耳坠、金银首饰、雪花膏、头油、香水、肥皂、猪胰、香碱、铁骨针、发髻、梳篦、纽扣、象牙、虬角、刀剪、驼绒、鸭绒、幸福绒。其中属于运动系列的运动衣、游泳衣等，是过去所没有的。

除了服装品类更加丰富以外，近代北京的化妆品作为一个部门不断发展壮大，在服饰产品中的地位不断提高。

我国化妆品历史绵长、悠远，早在公元前1000多年的商朝末期，已经有了美容品"燕支"，即今日的"胭脂"。当时是将燕地产的红兰花叶捣成汁、凝做脂，用以饰面。北平传统化妆品主要有金粉、胭脂、头油、香货、香碱、猪胰与肥皂等类。化妆品当时还没有独立的店铺，多为香烛店所附售。近代以后，面对西方化妆品蜂拥而入，国人也开始生产自己的化妆品。国产近代化妆品，首先在外地创设。扬州谢馥春始创于道光十年（1830年），主要生产香囊、香佩、胭脂、水粉及桂花油等产品。杭州孔凤春化妆品作坊创建于同治元年（1862年），其生产的化妆品曾作为贡品进贡朝廷。光绪二十四年（1898年），中国第一家现代化民族化妆品企业在香港诞生，名叫"广生行"，也就是上海家化的前身，这标志着现代化妆品工业在中国的确立。以后上海中国化学工业社、先施公司、天津造胰公司等也开始生产近代化妆品，并在北京设有分店。

民国期间，北京也出现10多家近代化妆品企业，推出了一些新产品，其中有清华大学试制的薄荷油，新街口宝兴斋香烛店试制的薄荷冰檀香油等。20世纪30年代，北平有专门销售新式化妆品的商店四五家，店员约有40人。而更多的新式化妆品，仍由其他店铺兼售，数量众多。在肥皂生产方面，建立了大小40多家企业，如兴业、惠民、日新、泰成等，还成立了造胰业同业公会。生产的肥皂有五福牌、如意牌、三洗牌、百花香、檀香皂、蜻蜓牌等。有些产品完全可以和舶来品媲美，如"中华日新肥皂足与英国利华公司之日光皂相抗衡，颇为人所称赞"。（娄学熙《北平市工商业概况》）

2. 服饰业老字号

在中华人民共和国成立以前，在北京服装业中，影响最大的还是一些老字号。自清末以来，北京流行着一段顺口溜："头戴马聚源，身穿瑞蚨祥，脚踩内联升，腰缠四大恒。"除了"四大恒"是指当时北京四家著名的钱庄——恒兴、恒和、恒利、恒源，其余都是北京服装行业的老字号。当时的北京人以穿戴这些老字号的产品为荣，直到今天，这些服装老字号仍在北京市民中享有崇高的声誉。

马聚源帽店是北京制帽行业中的老字号，坐落在北京前门外大栅栏商业街上，其所制帽子因用料讲究、做工精细、货真价实、品种齐全、花色繁多而著称于世。马聚源帽店始建于清嘉庆二十二年（1817年），至今已有200多年的历史。帽店的创始人马聚源是直隶马桥农民，嘉庆十二年（1807年）进京学艺，先在一家成衣铺学徒，后又到了帽子作坊学徒。学徒期满后，他开始加工帽子，然后到打磨厂、花市一带的旅店向客人推销。由于他做的帽子质量好，价钱便宜，日子一长便得到了顾客的认可。嘉庆二十二年（1817年），他买下了一间小铺面，经过简单的装修，选了个良辰吉日，马聚源帽店便正式开张了。开张以后，虽说只有一间门脸，但马聚源帽店天天宾客盈门。后来，经人介绍，马聚源开始为朝廷官员做缨帽，从一个普通的小帽店，成了专为贵族官僚服务的"官帽店"。在晚清，马聚源帽店主要商品是当时政要富绅戴的瓜皮帽和红缨帽。清朝灭亡后，帽店开始生产四块瓦御寒帽和各式各样的西洋礼帽，但选料优质新颖、做工认真精细的传统并没有因此消失，依然位居北京制帽行业之首。在全盛时期，马聚源帽店里的工人达50多名，这在买卖商号中可称得上是较大的一家店铺。

在北京制帽业中，与马聚源齐名的是盛锡福帽店。与马聚源主要经营传统样式的帽子不同，盛锡福以新式帽子为主打。盛锡福帽店创办于1911年，创办人是刘锡三，山东掖县沙河镇人。清朝末年，刘锡三曾在青岛一家美商洋行当练习生，专事出口草帽辫业务。经过几年实践，刘锡三在洋行里学习了英语，熟悉了草帽辫的采买和出口业务，就有意自己开帽店。1911年，他在天津估衣街归贾胡同南口租了一间门面房，开设了盛锡福帽庄。刘锡三办帽厂之时，正值民国初年，人们剪掉清朝遗留的长辫，新式衣帽替换了传统的瓜皮小帽。他适时引进英、法、美等国的呢帽，所以在帽子市场一炮打响。但他并不满足单纯进口外国的帽子，花巨资从法国、德国进口了制帽的机器设备，并高薪聘请能人指导生产，在帽子的款式、品种、质量上不断创新提高，很快赢得了市场。例如，他曾聘请了一位白俄女技师，设计出当时十分流行的女式草帽，因式样新、质量好，很快畅销各地。为了将产品打入国际市场，他还派大徒弟三赴日本考察学习，掌握最新技术。

盛锡福商标

20世纪20年代，高档帽子几乎全是进口货，盛锡福生产的帽子，因质量上乘，又比进口货价格低，在竞争中把进口货挤出了中国市场。在此期间，他还注册了"三帽"商标，将自己的名字"锡三"嵌入商标图案中。到30年代，盛锡福已盖起了前店后厂的五层大楼，除生产草帽外，还生产各式男女皮、缎、布、便、毡、绒及毛线等数百个品种的帽子，不仅畅销国内，而且出口到东南亚等国，声名远播。由于盛锡福的帽子质量好、式样新，所以从1924—1934年的10年间共获得当时各级政府奖状15个。1929年，在菲律宾举办的国际博览会上，盛锡福的草辫和草帽获得了头等奖，在东亚地区属草帽业之冠。

在20—30年代，盛锡福先后在南京、上海、北京、沈阳、青岛和武汉等地设立20多家分店。盛锡福在北京落脚是在1936—1938年。西单北大街、前门大街、王府井大街和沙滩等4家盛锡福帽店先后开业，目前还存在的王府井大街196号的北京盛锡福帽店开业于1937年。1946年前，北京盛锡福的帽子都由天津总号工厂供应；1946年后，改由自己在北京找小帽作坊加工。总号工厂生产的各种帽子，从进料、生产全过程到出厂检查，道道有人把关，所以每顶帽子的质量都是上乘的。改由小帽作坊加工后，同样要求把住质量关，一顶劣质帽子也不准进柜台。盛锡福用小帽作坊加工产品，采取领料加工，也就是在盛锡福领料，按盛锡福的工艺要求加工。盛锡福主要经营礼帽、毡帽、呢子帽、马猴帽、皮帽、老太太帽、童帽、草帽等，价格分高、中、低档，以满足不同层次人群的需求。先进的工艺，流行的款式，加之质量好、做工精细，深受北京人喜爱，使盛锡福在后来的影响甚至超过了马聚源。此外，近代在京城俗称"黑猴儿帽店"的杨少泉帽店和田老泉帽店也相当知名。它们以经营"黑猴儿"毡鞋、毡帽为主，还制造、经营各种西式皮帽。它们经营的皮毛帽子，有英式的、法式的，其中英式的又分为大英式、小英式、方耳英式和圆耳英式，选用的皮子多为水獭皮、海龙皮、貂皮、狐狸皮、灰鼠皮等。

"身穿瑞蚨祥"的"瑞蚨祥"，则是指老字号瑞蚨祥绸布店。它在北京绸布业的地位，与马聚源、盛锡福在鞋业中的地位一样。清代末年，北京有8个专卖绸布用品的老字号，合称"八大祥"。它们分别是大栅栏的瑞蚨祥绸布店、瑞蚨祥皮货店、广盛祥绸布店，廊房头条的谦祥益绸布店，珠宝市的益和祥绸布店，打磨厂的瑞生祥绸布店，前门大街上的瑞增祥绸布店和瑞林祥绸布店。其中，瑞蚨祥被誉为"八大祥"之首。瑞蚨祥绸布店始建于清光绪十九年（1893年），是由山东章邱旧军镇以卖"寨子布"（土布）起家的孟氏家族的孟洛川出资开设的，经理是孟觐侯。

瑞蚨祥绸布店

凭借孟氏家族雄厚的经济实力，瑞蚨祥一开张便被公认为"八大祥"之一，不久便占据了"八大祥"之首，成为北京城里最大的绸布店。瑞蚨祥的崛起，不仅是投资者资本雄厚，而且还在于其成功的经营方式上。瑞蚨祥在经营上有三大特点：一是商品种类丰富齐全；二是货真价实，从不弄虚作假；三是服务热情周到。当年，瑞蚨祥门市上分前柜、二柜和楼上三部分，分别满足不同层次顾客的需要。前柜卖低档的青、蓝、白布；二柜卖中高档的丝绸和洋布；楼上卖皮货和高档布匹。在保证商品质量方面，瑞蚨祥虽然自己不生产绸布，但对质量总是严格要求，产品合乎要求后，还要在产品上印上自己的招牌。在服务方面，顾客来买东西，便有4位老职工笑脸相迎，进店后还要看座、沏茶、热情招呼，另有人根据顾客的身份和需要拿出商品，供其选购。优质齐全的商品和热情周到的服务，使来瑞蚨祥的顾客很少会空着手走出店门的。

但是，好景不长。光绪二十六年（1900年），八国联军入侵北京，一把大火将前门大街大栅栏等商业街烧成了一片瓦砾，瑞蚨祥也未能幸免，店内所有账目和物品均化为灰烬。在这场巨大的灾难面前，瑞蚨祥的掌门人毅然向社会郑重承诺：凡瑞蚨祥所欠客户的款项一律奉还；凡客户所欠瑞蚨祥的钱物一笔勾销。这项承诺，在当时社会上引起巨大震动，一时传为佳话，为瑞蚨祥赢得了广泛的商业信誉。同时，瑞蚨祥在八国联军退出北京后，立即着手恢复经营。孟觐侯找回失散的老店员，在大栅栏的废墟上摆起了地摊。在摆地摊经营一段时间后，又在原址重新建筑起宽敞的店堂，并于光绪二十七年（1901年）秋天开始营业。此时，一般店铺还没来得及喘息，没有力量恢复营业，瑞蚨祥抓住时机迅速发展，在以后的两年里，开设了5家鸿记分店，分别经营绸缎、洋货、布匹、皮货和茶叶，使其龙头地位更加巩固。后来，随着民国政府迁都南京，日本帝国主义侵华，瑞蚨祥生意每况愈下，几乎到了破产的境地。1949年北平和平解放后，在各级政府的关怀下，瑞蚨祥从困境中解脱出来，业务开始恢复。最让瑞蚨祥人自豪的是，1949年10月1日中华人民共和国成立时，毛泽东主席在天安门城楼升起了第一面五星红旗，其中国旗的面料就是由瑞蚨祥提供的。

至于"脚踩内联升"中的"内联升"则是指内联升鞋店，该店生产的朝靴和布鞋名满京城。内联升鞋店创办于清咸丰初年，店址起初设在东交民巷，以后三次搬迁，中华人民共和国成立以后搬到今天的北京大栅栏商业区。内联升的创始人叫赵廷，早年

内联升鞋店

在一家鞋作坊当徒工，学得一手好技术，又积累了一定的经营管理经验。咸丰三年（1853年），在朝中的一位官员的资助下，他开办了内联升鞋店。在内联升的店名当中，"内"指的是皇宫"大内"，"联升"是个十分吉利的词，意思是穿此店的鞋可"连升三级"，很清楚地说明它经营之初的服务对象是达官贵人。内联升初期的主要产品是朝靴，其制作的朝靴底厚达32层，但厚而不重，黑缎鞋面质地厚实、色泽黑亮，久穿不起毛。如果沾了尘土，用大绒鞋擦轻轻刷打，就又干净又闪亮。这样的朝靴穿着舒适、轻巧，落地无声，显得既稳重又气派。宣统皇帝溥仪在太和殿登基时穿的那双靴子，就是内联升做好后送到内务府的。

内联升对来店购鞋的达官贵人的靴鞋尺寸、样式和特殊脚形，均进行详细记录，久而久之，汇编成册，取名《履中备载》。这样做，一则可免去这些人亲自到店里试鞋、买鞋，只要来个下人打个招呼，不用多长时间，内联升就可以将靴鞋直接送到府上，让他们感到非常方便；二则可为下级晋谒上司时，想奉献靴鞋作为礼品者提供便利。那时各地进京的官员、举子为巴结在京为官的"恩师"，或穷京官为谋得外放的肥缺，常常到内联升打听上司、恩师的靴鞋情况，花重金为他们定制几双朝靴送去，以求博得青睐和赏识，实现飞黄腾达。为此，内联升生产的朝靴身价倍增，一双可卖白银几十两。同时，内联升既要赚帝王将相的钱，又不冷落普通顾客。该店制作的"轿夫鞋"，

既跟脚又不易开裂，柔软吸汗，走路无声，而且价格也非常实惠，不仅轿夫爱穿，习武的人也喜爱穿它，称得上是中国式运动鞋。辛亥革命以后，作为清朝官服组成部分之一的朝靴也逐渐被淘汰了。这时，内联升调整了生产方向，以千层底布鞋作为主要产品。内联升的布鞋制作十分讲究，鞋面要用美国的礼服呢，千层底包边的漂白布要用日本的"亚细亚"牌的，袼褙必须用好白布打成，坚决不用杂色布，纳底时选用产自温州的上等麻绳。制鞋加工工艺也与众不同。仅千层底布鞋鞋底的制作，就要经过七道工序。纳底，要求每平方寸用麻绳纳81针以上，针孔细，针码分布均匀。纳好的鞋底要放到80～100℃的热水中煮，然后用棉被包严热闷，闷软后再用木锤锤平、整型、晒干，这样就使几十层布和十几层袼褙组成的鞋底变成一个整体，穿着柔软舒适，吸汗，不走样、不起毛。绱鞋的技术则更要细致严格，在鞋模子造型上下功夫，造型美观，大方。手工绱鞋时，紧绷模型，平整服帖，绱鞋的针码更是间距齐整，鞋帮与鞋底严合饱满，吃帮均匀。当然，这样的鞋价格也是比较贵的。当时能穿内联升的千层底礼服呢圆口鞋者，大部分是时髦的上流社会人士。

在近代北京，还有一家著名的鞋店步瀛斋。和内联升一样，步瀛斋也是一个拥有百年以上历史的老字号。据史料记载，步瀛斋鞋店创建于清朝咸丰八年（1858年），它的创办人是满族人李斌植，原址在前门西月墙，公私合营后迁进大栅栏街。当时的步瀛斋前店后厂，以生产和销售布鞋为主。在经营特色方面，内联升主要是服务达官贵人，而步瀛斋则是选择了名媛贵妇。步瀛斋生产的缎面手工绣花鞋在做工、用料上都十分讲究。这种鞋以穿着舒适、造型大方而远近驰名，深受当时贵族妇女，以及文艺界女士的欢迎。除了生产缎面绣花鞋以外，步瀛斋还生产一些平民穿用的布鞋。其中有实用耐穿、深受百姓欢迎的"棉花篓"，也叫大云棉鞋，以保暖和做工精细著称，深受很多老年人的喜爱。还有专为劳动者准备的股子皮双脸革面鞋，这种鞋以耐磨禁穿为特点，多为蹬三轮车的脚力工人所用。辛亥革命以后，随着社会的发展，皮鞋渐渐成为上层女士的主要穿用品，步瀛斋也及时调整经营方向，在生产绣花鞋的同时，也开始引进和加工皮鞋，从上海等南方城市购进皮鞋，成为京城最早经营皮鞋的专业鞋店之一。如此一来，南、北鞋荟萃，皮、便鞋齐备，步瀛斋以其领先一步的气势在京城鞋业中名声大震。另外，步瀛斋以"诚信待客"作为经商宗旨，享有"和气步瀛斋"之美誉。因此，京城内外，很多人慕名而来，步瀛斋的生意做到了大江南北。

除此以外，西服店的老字号当数新记。1912年以后，北京王府井大街地区先后出现了新记、鑫昌祥、陈振昌、陈森泰、应元泰、徐顺昌等西服店及华茂女子服装店等。其中，新记西服庄是上海人李秉德、李秉生兄弟二人于20世纪20年代在王府井大街西侧霞公府开办。开始，这里只有一个一间房子的"洋裁缝铺"，为顾客做来料加工。由于新记裁缝铺做活手艺好，而且款式新颖，因此生意越来越好。于是，兄弟俩开始雇伙计，招学徒，扩充店铺，由原有的一间店房增加了"量裁应活室""各种面料商品室""伙计做活室"等多处房屋，并将新记裁缝铺改称新记西服庄。新记西服庄在王府井大街一带影响很大，尽管其加工费比别家高，但慕名登门量裁西服者还是天天不断。这些像新记那样应时而生的西服店在以全优质量为生命线的主导经营思想下，不断研发新品种、新款式，并坚持信誉至上的原则，从而不断发展，形成北京加工制作高档西服的基础之一。

在化妆品业中，著名的老字号是花汉冲，"平式旧式化妆品商店中、以珠宝市明末开设之花汉冲香料店最为驰名"。（娄学熙《北平市工商业概况》）花汉冲是明嘉靖元年（1522年）开业的一家杂货店的主妇的名字，她制作的香粉在京城远近闻名，人们都以其名称称呼其店。嘉靖三十四年（1555年），该店正式以"花汉冲"为店名，在北京前门外珠宝市大街开业，专门出售化妆品，为有记载的最早的售卖美容日用品的老字号店铺。掌柜求得当时的宰相严嵩为该店题写了牌匾，一时名声大震。花汉冲位于现前门外珠宝市路西，前店后场，自产自销，虽门面狭小，但陈设朴雅。它的主要产品为脂粉、胰子、香货、头油等，其中以水粉、胭脂、香胰、汉冲香最有声誉。花汉冲自产的各种香粉选料精良、制作认真，香气持久、味正色艳。在香粉中，质量最好、档次最高的是阳高粉、养容粉，清朝的时候大多供宫廷使用。即使到了民国，旧贵族与戏曲演员仍然坚持选用。花汉冲出产的锭儿粉，则是普通社会大众欢迎的产品。锭儿粉俗称"窝头粉"，用铅粉加香料，和水调成糊糊状，用一个小漏斗，漏在纱布上，晒干后做成比荸荠还小的窝头形。使用的时候，用水调开，均匀涂于脸上，又白又香。讲究的皇宫妃嫔和贵夫人，则是用奶调开，并加冰糖，这样擦在皮肤上，显得更加滋润和有光彩。此外还有白玉粉沤，20世纪30年代在平津一带仍然十分畅销。花汉冲的胭脂饼是用上好的棉花，像絮被子一样，把棉花絮在一个小碗大小的铁模子里，再倒上适量的胭脂水，用一个铁杆压紧，取出风干，可以长期保存不坏。这种胭脂饼分两种，一种用作妇女涂口红腮红化妆之用，另一种则用来做绘画颜料。花汉冲的肥皂种类也很多，适应各个阶层的需要。最好的是上品的鹅油胰，为宫中专用。其次为引见宫胰、定中元胰。普通老百姓则用猪油胰，还有供回族购买的黑色香肥皂。花汉冲最著名的香货是汉冲香，做成香囊佩戴在身上，曾经畅销朝鲜。汉冲香用麝香、冰片与檀香作为主料，味道沉重悠长，是化学香剂所无法比拟的。

花汉冲民国年间广告

民国时期，花汉冲扩大了经营范围，除了自产，还兼营其他化妆品及女红之物，是老北京妇女经常光顾的地方。林海音在《北平漫笔》中曾回忆道："小孩的时候，随着母亲去的是前门外煤市街的那家，离六必居不远，冲天的招牌，写着大大的'花汉冲'的字样，名是香粉店，卖的除了妇女化妆品以外，还有全部女红所需用品。母亲去了，无非是买这些东西：玻璃盖方盒的月中桂香粉，天蓝色瓶子广生行双妹嚜的雪花膏（我一直记着这个不明字义的"嚜"字，后来才知道它是译英文商标Mark的广东造字），猪胰子（通常是买给宋妈用的）。到了冬天，就会买几个瓯子油（以蛤蜊壳为容器的油膏），分给孩子们每人一个，有着玩具和化妆品两重意义。此外，母亲还要买一些女红用的东西：十字绣线、绒鞋面、钩针等等。""后来我们学做婴儿的蒲包鞋，钉上亮片，滚上细绦子，这些都要到像花汉冲这类的店去买。花汉冲在女学生的眼里，是嫌老派了些，我们是到绒线胡同的瑞玉兴去买。瑞玉兴是西南城出名的绒线店，三间门面的楼，它的东西摩登些。"（林海音：《爸爸的花椒糖》，青岛出版社2015年版）

1952年，花汉冲的东家作出了关闭商铺的决定。从此，这家经营了近500年的老店，很长一段时间里在北京街头消失了。2018年，花汉冲在旧址重张开业。

在日用品行业中，天合成绒线铺是其中著名的老字号。

天合成绒线铺坐落在东城区西花市大街路北，清光绪三年（1877年）开业。开业之初，主要经营针线、胰子、绦带、绒线、梳子、篦子、头油、烟杆、烟嘴等生活用品。天合成绒线铺的创始人为刘福成，河北衡水人，家境贫寒，很小的时候就随家人逃荒到北京。为了谋生，他开始干杂活，后来挑起货郎担，走街串巷，叫卖针头线脑、头绳辫梢、网子腿带等小商品。在他的勤奋经营之下，除了衣食自给以外，还有了一些积蓄。经人介绍，他将花市大街的一个小杂货铺盘了过来。经过不长时间的筹备店面、招收学徒，他的店铺于清光绪三年（1877年）宣告开业。他给店铺起名为"天合成"，寓意是"顺天时，合人意，事业有成"。天合成绒线铺门前挂着个木质大烟袋锅做店铺招幌。这个招幌很独特，北京市民都习惯称天合成为"大烟袋锅"。时间一长，随着生意兴隆，"大烟袋锅"就成了天合成绒线铺的象征名扬四九城。

刘福成是货郎出身，长期在南城一带和近郊城乡游街串巷，广泛接触普通消费者，了解他们的需求和消费习惯。他熟悉杂货行"不怕不卖钱，只怕货不全"的规律，坚持要做到品种齐全。经过精心而辛劳的采购，天合成经营的货物品种越来越多，其中有妇女绣花和做衣服用的绣花针、大小钢针、顶针、剪子、各色棉线、丝线、绒线、各种纽扣，有妇女梳洗化妆用的胰球、玫瑰碱、梳子、篦子、梳头油、红绒绳、胭脂、锭粉、疙瘩针、头网，还有旱烟袋、荷包、布袜子等。除了品种、花色齐全，天合成还讲究质量，所选的商品都是在京城鼎鼎有名的。他们从南河漕有名的"钢针张"那儿批发，顶针从住在大石桥的"顶针李"作坊中选购，猪胰球和玫瑰碱专从前门外珠宝市的花汉冲进货。薄利多销是天合成坚持的一贯宗旨。当时的城乡消费者购买力低，买东西时精打细算，因此天合成总是想方设法进便宜货，同时努力降低成本。像棉线，天合成只进线坯（单股线），而后自己加工成合股线出售。由于价廉货真，生意甚为兴隆。

20世纪50年代，经过公私合营以后天合成继续保持传统的经营特色，又增添了男女汗衫、针织袜子、牙膏、香皂等一些新商品。在"文革"期间，店铺匾额被砸毁，幌子被弄走，店名被改，几乎濒于倒闭。1982年，北京市政府恢复了天合成这个老字号，牌匾又重新挂了出来，改为天合成百货店，经营的大部分是日用百货类商品。

五

当代北京服饰文化

1949年10月1日，中华人民共和国成立。新中国的成立，既使北京城市的性质发生了重大改变，从一个半殖民地半封建城市转变为社会主义中国的首都，又使北京的服饰发生了重大的变化。

（一）改革开放以前的北京服饰

随着人民政权的建立和城市经济的发展，北京普通民众的生活得到了很大改善，全面告别了昔日的衣衫褴褛。另一方面，在这个属于人民民主专政的时代，传统的服饰审美观被彻底颠覆，艰苦奋斗和集体主义作为时代精神浸透了服饰理念。追求着装的革命化，强调艰苦朴素的精神，成为这个时期北京服饰的主流。

1. 社会变动与服饰变迁

1949年1月，随着北平和谈的结束，人民解放军浩浩荡荡地开进了北平。解放军的入城，宣告了一个新时代的开始。这一时刻，几乎所有的北京人都相信，他们将用自己的双手建设一个属于自己的国家和城市。同时，他们也开始装扮自己，以焕然一新的形象为这个蓬勃向上、充满生机的时代增添光彩。

中华人民共和国是以工人阶级为领导、以工农联盟为基础的人民民主专政的社会主义国家，所以自成立之初就提出与封建主义和资本主义划清界限，十分强调与旧的生活方式区别开来。虽然新中国的官方并没有明文规定着装要向无产阶级方向看齐，但是在此之前比较流行的西装革履和长袍马褂，很容易与被打倒的买办资产阶级和官僚、地主的形象联系起来。人们对于上述人群的着装形象极易产生某种情绪上的抵触，因此变革是再自然不过的事情。在首都这样一个政治中心，人们的服装和着装方式的改变自然是最早出现的。

与此同时，作为先进代表的人民解放军和干部的服饰，也给北京社会提供了非常突出的榜样。首先效仿的是青年学生，革命的热情激励他们穿起了象征革命的服装，接着各行各业的人们争相效仿。一时间，军便服成为人们十分喜欢的服装样式。人们纷纷仿效军服制作衣裳，商店中军服、军帽和军用皮带的销售异常火爆。同时，鞋子也发生了变化，军便服也带来了橡胶底解放鞋的流行。那时，北京的西单、东单广场上到处都是卖解放鞋的。

50—60年代，比军便服更流行的是中山装。1949年10月1日，毛泽东等党和国家领导人身着中山装，登上天安门城楼，庄严地向全世界宣告了中华人民共和国的成立。领导人的穿着，无形之中也确立了中山装"国服"的地位，使其在北京得到了更进一步的推广。早在延安时期，中山装已经是共产党干部的服装，其质地多为棉布，色彩多以蓝、黑、灰为主。由于当时条件十分艰苦，干部的衣服总是洗了又洗，颜色都变白了，彰显了艰苦朴素的时代风气。北平和平解放后，大批干部穿着灰色的中山装进城，人们又逐渐把它和妇女的列宁服并称为"干部服"。

中山装在民国时期，原本就是公务员、学生常穿的服装之一，本身具备不少优点。在中华人民共和国成立之初穿着中山装，还被赋予了对新政权和对共产党领导的拥护，因此越发受到青睐。许多过去习惯穿长袍、西服的企业主、文人学者、艺人，都改穿了中山装式样。更有甚者，还有人把西服穿在里面，外罩一件干部服。在1954年全国政治协商会议讨论宪法草案时，有一张老舍、梅兰芳和梁思成的合影。这些原本习惯长衫和西装的人，无一例外地穿上了中山装。没有换装的也是迫不及待地要换装，否则就会担心别人觉得自己落后。20世纪50年代公私合营后，不少私营企业主也换上了

华罗庚、老舍、梁思成、梅兰芳合影

干部服。著名京剧表演艺术家马连良的戏班不少人纷纷找到他，要求换装。他们说："连资本家都穿上了干部服，为什么我们就不能把长衫换成干部服呢？"胡迎庆在《回眸建国30年百姓服装的演变》一文中回忆其曾祖父时写道，他的曾祖父是个不折不扣的"保皇派"，几十年跟着清朝皇帝做官，一辈子不肯脱掉长袍马褂。无论是日本鬼子的威胁，还是国民党政府许以高官厚禄的诱惑，都没能迫使他"出山"合作，宁愿一介布衣，清贫度日。北平和平解放后，政府邀请他

出任中央文史馆馆员，他欣然应允，并在80岁高龄时让人找来城南最好的裁缝，量身定做了一套灰卡叽布中山装。每当他去参加中央文史馆的活动，便会卸去黑布长衫，换上笔挺的中山服，白发、白须梳理得整整齐齐，从头到脚焕然一新。（《中国教育报》1999年7月8日）足见干部服在社会名流和一般群众中影响之大，大家都以穿上干部服为光荣和骄傲的事情。除了一般干部、群众穿着中山装，国家领导人也把它作为正装，使它成为北京乃至当代中国最具代表意义的男式服装。在1954年日内瓦会议和1955年的万隆会议上，周恩来总理身着中山装登上了大国政治舞台。人们不仅为周恩来总理的思想和人格魅力所折服，而且也认识了中山装的时尚美，将它作为中国社会革命的象征。

这时候的中山装的样式和传统的中山装相比也发生了一些变化，如领子从完全扣紧到领口开大，翻领也由小变大。而真正使新样式取代旧式样的，当以毛泽东主席为开始。其中，著名服装设计师田阿桐是具体的设计者，而毛泽东主席则以自己崇高的威望，发挥了引领示范作用。

1957年，中央要为毛泽东主席照一张半身标准像。生活一向朴素随意的毛泽东居然没有合适的服装，因此只得添置一些。那时，北京裁缝手艺最好的就是红都了。红都是红都服装公司的简称，它的前身是1956年8月由田阿桐等11名奉命调京的上海服装师组建的中央办公厅服装加工部。为毛泽东设计、制作中山装的任务，就交给了红都的服装师田阿桐。在服装设计过程中，田阿桐发现传统的中山装立领很难与毛主席的身材和脸型相称，于是对传统的中山装进行改进。最后，他将领尖适当拉长，与肩部形成一定比例，将衣领改成底窄外宽，将袖型、口袋和前后身的版型都重新做了修订和调整，使之更加大气、庄重，突出了东方文化精神。毛泽东很喜欢穿这种改进了的中山装，并穿着它照了全世界人民所熟悉的那幅挂在天安门城楼中央的标准像，流传至今。

国家领导人穿着改造后的中山装频繁出现在国内外各种场合，给人们留下了极其深刻的印象。当时，外国人称这种服装为毛式服装或者毛式中山装，这种称谓至今仍然在时装界沿用。而社会各界则纷纷模仿，毛式中山装在20世纪50—70年代一直长盛不衰，成为中国最有影响和代表性的男装。以后，人们又在中山装的基础上变形出青年装、建设装以及人民装等服装样式，成为这一时期男式服装的最主要的样式。其中，人民装款式的特点是尖角翻领、单排扣和斜插袋，这种款式既有中山装的庄重大方，又有列宁装的简洁单纯，可以说是老少皆宜。

工装宣传画

中山装在北京流行的同时，在工人和女学生中还流行工装裤。中山装的穿着者多为干部、文人以及企业家等，非体力劳动者居多，而一般工人群众只有在年节典礼的时候偶尔穿着。工装裤或工作服是北京工厂工人常穿的服装，不仅上班的时候穿，下班的时候也穿。随着对私营经济的社会主义改造完成，全民所有制和集体所有制成为我国公有制组成的基本形式，社会主义公有制经济成为经济主体。在一些大型全民所有制企业，往往会定期发放劳动布工作服作为工人的劳保，而工装裤就是其中最重要的一款。穿工装裤成为一种荣耀，那不仅代表自己是工人阶级的一分子，政治地位高，还表明自己进入了全民所有制的工矿企业，有了固定的工资收入。工装裤是一种宽松的背带式长裤，胸前有一口袋，两侧大多各有一个口袋。当时的工厂以体力劳动为主，因此需要耐磨、耐脏的日常服装，选用的布料是纯棉藏蓝或蓝灰结实耐磨的劳动布。在工装裤里面配一件红白小格子或者蓝白小格子长袖衬衫，有些人脖子上还围上一条白毛巾，男子头上戴一顶鸭舌帽或蓝布帽，就是劳动服的标配了。在潮流影响之下，一些学校的女生也开始穿工装裤，将其作为向工人阶级学习的标志。极少数头脑活络又爱美的姑娘还会将工装裤宽松的裤腰往里缝上几针，隐隐约约掐出个腰身来。

50年代中期以后的一段时间，北京服饰曾出现短暂的百花齐放的状况，这与当时的国家鼓励和支持是分不开的。一方面，以干部服和工装为代表的制服过猛的流行态势，使北京原本丰富多彩的服装过于单调和趋同，引起了政府和一些社会人士的重视；另一方面，也与苏联领导人的意见有关。据说，20世纪50年代，苏联领导人到中国访问，看到中国女性一律着灰蓝、黑色的服装，几乎和男性服装没有任何区别。他认为中国的服装不符合社会主义大国形象，建议中国女性要人人穿花衣，以体现社会主义欣欣向荣的精神面貌。

针对蓝、灰、黑三色取代了五彩缤纷，列宁装、干部服几乎"一统天下"的现象，当时纺织工业部副部长张琴秋说："穿制服的男女一年多似一年，近一二年不但是机关工作人员普遍的穿制服，而且普及到社会各阶层，无论是家庭主妇、农村妇女，甚至连小学生也有不少穿上了制服。""现在有很多人为了要适应社会风气和表现自己朴素，把过去原有的旗袍、裙子或男子的西服积压在箱子里不穿，保管不好就会被虫咬坏或褪色，这样又影响到衣料一定程度的坚牢度。另一方面反要拿钱出来做制服。还有一些人将原存的西服不穿，一定要重新加工改制成制服才穿。颜色鲜艳的旗袍和裙子不穿，一定要重新染过，染成黑的蓝的再改成制服衬衣才穿，这些做法是很不经济很不合理的，也是违背节约原则的。"

1955年3月，《新观察》杂志社邀请北京文艺界人士及团中央、全国总工会的代表座谈服装问题，并刊登座谈记录。1956年第4期又刊发了记者与全国政协委员华君武、叶浅予、丁聪关于服装问题的谈话录，并刊发了大量读者来信。一些人也反映，不仅城市如此，农村干部服热也同样严重，"结婚时穿的质地较好的嫁衣或在土地改革中分到一些质地优良的衣服，都放在衣橱的最底层，但是有喜事时，又要去借或者再做干部服，因为农村没有人提倡穿从前的衣服，所以连新带旧衣料费的积压是惊人的"。因此，各界人士疾呼要尽快结束服饰款式、色调单一的状况。张琴秋也代表政府呼吁改变这一状况，要求首先从机关的女同志做起，然后影响整个社会。

1955年5月17日，上海《青年报》刊登了署名"启新"的文章《支持姑娘们穿花衣服》，呼吁："现在有条件可以打扮得美丽一些了，然而姑娘们的服装大都还是'清一色'。我们不但要把国家打扮得像一个百花园，也要把姑娘们打扮得像一朵鲜花、一颗宝石一样。姑娘们，你们大胆地穿起花衣服来吧！"1956年1月28日，团中央宣传部和全国妇联宣教部联合发文《关于改进服装的宣传意见》，其中明确指出："在日常穿着的服装上仍然是颜色单调、式样一律，不仅和我们生活中的欢乐气氛很不协调，不能满足广大青年和妇女对服装的热烈要求，且为许多国际人士所不满。据我们了解服装改进缓慢的主要原因有两个，一是社会风气的束缚较大，二是服装式样少，好的花布少。我们提倡改进服装应当符合经济、实用、美观等原则。"不久，北京街道就开始出现了名为《姑娘们穿起来》的宣传画，动员妇女踊跃穿起各种花衣服。当时的《人民画报》也非常应景地将身穿花衣服的女子照片刊登为封面。画面中的三位女子衣着各异，发型也不同，很有些"百花齐放"的意味。

《人民画报》1956年第3期封面

经过宣传鼓动，人们着装有所变化。首先响应的是妇女和儿童。随后，女青年穿上了花布罩衫、绣花衬衣、花布裙子等，男子也穿着春秋衫、两用衫、夹克衫、风雪大衣等，还有的人把压在箱底的西服、西式大衣也翻了出来。在1956年第5期《人民画报》上，一群青年男女在颐和园"云辉玉宇"牌楼下合影，他们的服饰多样，夹克衫、青年装、西服等均有。一位女士在40多年后回忆说："到1956年，党中央提出'百花齐放，百家争鸣'方针，人们思想活跃，生活多彩，服饰上土洋同在。那时我5岁，记得妈妈烫发时也给我烫一个卷卷的齐眉穗，脑后上方扎系一个马尾巴，那米黄色的绸带被系成一个蝴蝶结，身上穿着浅蓝纱质连衣裙，白皮凉鞋。外祖母则是脑后梳髻，插着银簪，戴着金耳环，纯正的右大襟褂子。"（华梅：《东风夜放花千树（服饰百年路（六））》,《人民日报海外版》2001年05月17日第7版）

而那个时候的北大校园的师生的服饰，多多少少地体现了多样化的状况。北京大学55级学生黄修己回忆说："你穿着笔挺西装，脚登锃亮皮靴，在校园里招摇而过，没有人会羡慕你。你穿得破旧寒碜，也没有人瞧不起你。还有人穿长袍，老师中更多，他们来学生宿舍辅导，下楼时右手小心地撩起前摆，左手托着后摆，慢慢地一层层下台阶，那样子颇有趣。女生中穿旗袍的也不少，大画家徐悲鸿的夫人廖静文，平时也穿旗袍。少数特洋气的女生甚至敢穿背心式的连衣裙，虽然不及今天的少女那么暴露，在当时也够惊世骇俗的了。因穿者多半是西语系的，所以北大女生宿舍当时流传着这样的顺口溜：'西语系洋里洋气，历史系古里古气，中文系傻里傻气。'"可见，在北大，师生穿得很随便，也还自由。1956年，北京第一个专营妇女服装的商店在前门大栅栏开张，商店里陈列了2900多种妇女服装，从十五六岁的小姑娘到六七十岁的老大妈都可以在那里买到合适的衣服。据新华社记者报道："式样新颖、大方的衬衣、连衣裙、裙子，最受顾客欢迎，开幕不到两个小时就销售出了两百多件。"可见，只要允许，人们特别是女性还是喜欢能突出女性特点的服装的。各种新式服装的出现，原本的一些服装的重新穿着，再加上下文要叙述的苏维埃风尚的流行，使得服装单调趋同的局面有所改观，街道上又重新变得五颜六色起来。

但是，尽管出现了"百花齐放"，但并没有新的流行服饰取代干部服。在这一时期社会生活日益政治化的趋向下，映衬政治理念的干部服的主导地位是不易撼动的。另外，1958年，全中国人民都投入到"大跃进"运动当中，希望以自己的苦干，实现"超英赶美"。在大炼钢铁活动中，北京人不分男女老少全部投入到热火朝天的劳动之中，原先的衣冠楚楚就变得非常不合时宜了。从此，人们以艰苦朴素为荣，不讲修饰美了，短暂的追求服饰美化的"百花齐放"，逐渐淹没在艰苦朴素以及过分追求政治化的浪潮之中。

提倡艰苦朴素、讲究节约是中国人的传统美德，特别是代表工农阶级的中国共产党所提倡和发扬的优良作风。它是党领导人民度过长期战争的艰苦环境、保持革命本色的重要保证。反映在穿着上，当衣服穿破时，常见的做法是在衣服的破损处打补丁，缝上一块颜色相宜的布，继续穿用，这对于经济条件较差的人群和经济水平低下的国家是一件极为正常的事情。

一方面，传统的惯性，以及中国领导人的表率作用，使党内以及中国社会上形成了比较强烈的艰苦朴素的气氛，对吃喝穿戴等物质追求是持否定态度的。另一方面，社会进步、人民生活改善，人们开始追求美，也有能力把自己装扮得精神和漂亮一点。同时，出于各种考虑，政府也发动群众，要求大家穿得精神点、多样点和漂亮点，以显示社会主义中国的精神风貌。虽说提倡艰苦朴素、勤俭节约与在力所能及的范围内美化自己并不矛盾，但是在当时强调阶级划分的社会氛围下，两者之间的平衡建立起来还是十分困难的。

这种在北京人服饰上表现出来的矛盾，并没有持续很长时间。"大跃进"以及后来的困难时期，使人们已经不再具备追求美的条件。为了渡过难关，强调艰苦朴素更是自然而然的事情。在这种情况下，身着补丁衣服不仅是思想革命与进步的象征，甚至也是考察干部的重要依据。如果某人因穿衣而被称为"花大姐"或"公子哥"，那么这个人就糟了。当时每周开批评与自我批评会，穿着花哨，或有整理衣襟，即注意衣服是否洁净、熨帖的着装习惯，都在受批评之列。因为略显考究的服饰形象，会使人联想到"大小姐"或"公子哥"派头儿，是不愿意革命的，至少是不要求进步的。一句当年"讲吃讲穿"

的批评语，会成为散漫的非正面形象，就有可能日后招来厄运。人们开始怕穿新衣、好衣，穿上好衣服，不仅不能感到体面风光，反而浑身不自在。因此，人们开始将新买的衣服放在水中洗得发白，将没有破的衣服、裤子甚至袜子上补上几块补丁，以示节俭。

尽管1949年以后的10多年间，社会上存在着对服饰发展不利的因素存在，但服饰的多样化仍然得以勉强维持。刘仰东在《北京孩子：六七十年代的集体自传》中写道："'文革'前，孩子的衣服，品种并不算单调，尤其是女孩。北京孩子可以翻出小时候的相册看看，他们的打扮，即使以今天的审美眼光来挑剔，也说不上落伍。"这种多样化，到"文革"发动才戛然而止。

2. "苏维埃风尚"

中华人民共和国成立后，在国际上受到了西方资本主义国家的全面封锁，新中国的外交实行了"一边倒"的政策，全力和社会主义国家发展外交关系。苏联是当时和中国关系最密切的国家，用当时的说法就是"同志加兄弟"的关系。

1949年10月2日，苏联就承认了新中国。接着，中苏两国在1950年2月14日签订了《中苏友好同盟互助条约》，正式结盟。这一时期，中苏友好合作关系全面发展。在政治和军事上，中苏相互支持、密切配合，应对面临的外部威胁。在经济、科技、教育、文化上，苏联向中国提供了巨大的援助。苏联帮助中国建设了156个大型工业项目，奠定了中国工业化的基础，对中国经济的发展发挥了重要作用。

而作为新中国的首都北京，与苏联的交往自然更加频繁和密切。双方使馆经常举办活动，从正式宴请、酒会到非正式的网球比赛、郊游，跳俄罗斯的集体舞和交谊舞等，气氛十分融洽。苏联的小说、电影和歌曲也是北京老百姓最欢迎的，很多电影的台词和歌曲直到今天还被经历过那段岁月的人经常挂在嘴边。宇航员加加林、集体农庄、《列宁在一九一八》等，都是大家耳熟能详的，而《喀秋莎》《红莓花儿开》《莫斯科郊外的晚上》等歌曲一直传唱至今，也是当年中苏文化交流深入之明证。俄式风味的饮食也是大家非常喜欢的，到"老莫"（北京展览馆莫斯科餐厅）搓一顿，也是一件值得向同伴炫耀一整天的事情。今天，"老莫"依旧是上了岁数的男女追忆青春岁月的重要场所。

列宁装

至于苏维埃式服饰，更是受到了热烈的追捧。把它们穿在身上，就代表着对社会主义老大哥和新制度下的祖国的喜爱与拥戴。因此，在大街小巷，各种苏维埃式服饰随处可见。其中，又以列宁装、布拉吉和苏联大花布最具代表性。

所谓列宁装，就是西装领，双排扣，斜纹布的上衣，双襟中下方均有一个暗斜口袋，左胸有一个挖袋，有的还加一条同颜色的布腰带。衣服可以做成单衣，也可做成棉服。衣服的颜色并不多，基本上以蓝、灰、黑为主。这种双排扣的西式上衣本是苏联、东欧男性日常穿的上衣款式，因为受到列宁的喜爱，所以被称为列宁装。然而，在以裙装为主的苏联、东欧的女性中，几乎没有什么人穿着这样的男装上衣。列宁装并非在中苏建交后传入中国的，早在抗日战争时期的延安就曾经流行过。然而，本为男装的列宁装却阴差阳错地变成了女性服装。当时，与中国的男性革命者缺乏装饰性的简陋服装相比，列宁装除了表明中国女性对革命的明确诉求之外，双排纽扣和大翻领还或多或少带有一点装饰性的元素。这些多余的纽扣略显奢侈，但不失为一种有趣甚至可爱的小装饰。可以扣上或翻开的大翻领，则有别于男性中山装严格的对称性和规约性，给革命服装带来了一点小小的变化，附加上一条腰带的紧束功能则有助于女性身体线条的凸显，一定程度上满足了女性在衣着上对装饰和变化的本能欲求。

列宁装在北京女性，特别是女性干部和知识女性中十分流行，一如干部服和中山装在男子中流行一样，它们一起构成了革命的"时装"。穿列宁装、留短发，看上去既朴素干练又英姿飒爽，因此受到了很多人的欢迎，是那时年轻女性的时髦打扮。当年曾跟随毛泽东主席左右、家喻户晓的英语翻译唐闻生，在给毛泽东主席当翻译时，总是留着一头梳剪整齐的短发，穿一身灰蓝色的列宁装，10多年几乎没有变过。新中国第一个女拖拉机手梁君、第一个女火车司机田桂英等劳模，也都是穿着列宁装。那时，北京很多小姑娘都有这样一个愿望，希望自己赶快长大，也可以穿这么漂亮的衣服。"做套列宁装，留着结婚穿。"这句话在20世纪五六十年代的北京年轻人中颇为流行。青年男女结婚，新娘的礼服往往是双排扣的列宁装或裙子，新郎则是蓝、黑、灰的中山装。

除列宁装外，当时很受女孩子们欢迎的还有布拉吉。布拉吉是俄文的音译，即连衣裙。布拉吉的流行，也和苏联有着密切的关系。当然，布拉吉也被赋予了革命和进步的象征。在电影里，苏联女英雄卓娅1941年英勇就义时，就是穿着布拉吉。此后，从苏联传入的连衣裙布拉吉成为最受欢迎的女士服装，色彩鲜艳的布拉吉成了城市最亮丽的风景。一位北大50年代的毕业生回忆说，1956年春夏之交，北大校园风暴骤起，一夜间大小饭厅的墙上，贴满了大字报，还有讽刺漫

布拉吉

画、小品、小调等，主题只有一个：敦促女同学穿花衣裳。那种热闹景象，持续了大约一周时间。许多北大女生迎风而起，把各式各样的花衣裳都穿了出来。一时间，各种花色的布拉吉在北京街头到都处

是，和列宁装一样成为时尚。

当然，布拉吉受到欢迎，不仅仅是因为北京妇女想表达中苏间亲密的友谊，而且也是因为它是一种将审美与实用结合得很好的服装。布拉吉和现在的连衣裙相比，还是有区别的。它一般是棉质花布制成，不是那么油光水滑、曲线毕露的，家常而且轻便，裁剪也不是一体裁的，有腰线，有褶褶和泡泡，摆是篷篷或"A"字形的。布拉吉的上半身吸取了男式衬衣的式样，尖领子或简单的圆领，长方形的前襟，下部与裙子相连，整个造型正像一件男式衬衣与一条短裙合在一起。这种服饰造型简洁、明快，穿着方便、大方，能体现女性的着装要求，因此很受女青年的欢迎。王蒙的小说《青春万岁》就有这样的情节。书中的女中学生在义务劳动之后脱下满是尘土的校服，换上箱子里带有樟脑味的布拉吉，去参加周末联欢会。在彩袖轻拂的舞曲中，这群天真烂漫的女孩，以充满激情与磁性的嗓音宣布着自身属于青春的骄傲："所有的日子，所有的日子都来吧，让我编织你们。用青春的金线，和幸福的璎珞，编织你们。……"布拉吉正是那个时代的女性以热情和幻想编织的梦的衣裳。虽然布拉吉也不是无懈可击，它过于宽松肥大，碎花、格子和条纹布料的颜色花样变化太少，质料粗糙低劣，无法充分展示女性的风采。但是，在蓝、黑、灰色的人潮里，它的绚烂依旧是那样可贵。

这一时期，装点北京街头色彩的并不是只有女性的布拉吉，男性身着苏联大花布服饰，也使原本浓烈的苏维埃风尚更加强烈。据说当时苏联花布生产过剩，中国国家领导人为了帮助"老大哥"渡过难关，从苏联购进了大批花布。苏联大花布的"花"，绝非言过其实，它的花型特大且艳丽，根本不符合东方人的审美观。同时，大花布还有一个很大的缺点就是会缩水，一尺花布过水后往往会缩掉两寸，十分离奇。这既增加了老百姓的经济负担，又给服装裁剪加工带来不小的困难。虽然大花布有这些缺点，但是北京市民依然积极热情地购买苏联大花布。一时间，大花布成为各个家庭最常见的布料，床单、被面、窗帘用大花布，布拉吉、衬衫用大花布，甚至男子的短裤也用苏

布拉吉和花衬衫

联大花布做。一些中央领导人也不例外。据中国第一批女飞行员汪云回忆，有一次周恩来、邓颖超邀请她们女飞行员吃饭，邓颖超穿的就是一件白底红点苏联大花布做的衬衣。对于有些不愿意穿花布衣服的男子，人们还会说他太"封建"，在民主生活会上往往要给他提意见的。在这种情况下，北京除了少数国家领导人和军人、警察等特殊人群外，男女老少都是穿着苏联大花布上衣。

此外，还有一些苏联风格的服装也在北京出现，如鸭舌帽、哥萨克式侧立襟衬衣、仿苏联坦克兵服装设计的坦克服、背带裙、背带裤等。苏联等国家的少年学生装，被采用为中国少年先锋队的队服，并在20世纪50年代一直被全国中小学学生穿着。

苏维埃服饰给北京带来了浓厚的异国风情和革命气息，也使趋于单调和制服化的着装方式发生了一定的改变。但是随着50年代末到60年代初中苏关系逐渐紧张乃至最后破裂，最后，在"批判修正主义"的浪潮中，列宁装、布拉吉等慢慢从人们的服装中消失了。

3."文革"期间的服饰

1966年，"文革"爆发，以"横扫一切"的气势将个人的权利剥夺了，人们的穿着打扮更是首当其冲。在以"破四旧"和原有的艰苦朴素、勤俭节约的思想风尚的共同作用下，北京市民的原有服饰只剩下"老三样"（干部装、中山装、人民装）和"老三色"（蓝色、灰色、黑色）了。绿军装成为十年"文革"中最时尚的装束，它的穿法有一种比较固定的标准形式。这种标准样式是：穿一身不戴领章、帽徽的草绿色旧军装，腰间外面扎上棕色武装带，胸前佩戴毛主席像章，斜挎草绿色帆布挎包，胳膊上佩戴着红底绣金色或黑色"红卫兵"字样的袖章，脚蹬一双草绿色解放鞋。小青年们穿着这身行头，再拿本《毛主席语录》，站着丁字步，在天安门前照张相，是当年最为时尚和荣耀的举动。不光是北京人喜欢这样，外地人来北京更是非此不可。从那时人们的相册里，我们会发现许多这样的照片。成人、儿童与红卫兵相比，只是少了胳膊上的袖章，其他都一样。

"文革"十年，给北京妇女留下的除了穿上去能显示飒爽英姿的绿军装和背带工装外，还有一种服饰，就是一字领春秋衫，又称"迎宾服"。这是一种前翻一字小西服领、上肩、五个扣的布上衣，没有掐腰，只是在肩部和腋部向胸部缝出两个不大的褶子。衣服的颜色多为灰色和蓝色，与当年男人的布面中山服只有领式和口袋儿上的变化。这种春秋衫，虽说主要是春秋两季的外衣，但实际上是全能。夏季做衫衣，冬季套在棉袄外面做罩衣。当时，春秋衫非常普遍，无论是小姑娘还是老太太，都穿这种衣服。与中性的绿军装相比，这是女性的专属服装。后来尽管已显得土气，但在中老年妇女特别是部分女教师、女干部中一直延续到20世纪90年代中后期。它和花棉袄一起，在女性的面貌、行为、举止男性化的那个时代，多多少少给北京妇女留下了小小的属于自

春秋衫

己性别的服装空间。

"文革"是中国社会的浩劫，也是服装发展史上最严重的冰川期。社会形势让人们不可能对服装的样式进行变化，人们就在穿着方式和细微的修饰方面展示自己的爱美之心。北京的女子常将花棉袄有意无意做得比外罩长一点，这样就使得立领（因罩衣有些是翻领）、袖口，特别是下摆处露出一些鲜艳的花色。尽管这样容易弄脏棉袄的局部，可是人们往往热衷于此。辫子和服装的细小部分，被北京女性悄悄地做了些小动作，成为展示爱美之心的舞台。一些女孩子重新梳起了刷子或小辫子，并通过系头发的绳子的变化为生活增加情趣。起初，她们是用各种颜色的毛线缠绕在橡皮筋上，后来用彩色的玻璃丝（一种中空的塑料绳）来系头发。玻璃丝的颜色开始是黑色或白色的，后来出现了红、粉、绿、蓝、紫等颜色。玻璃丝的形状也逐渐由细变粗，由粗变扁，还有一种约1厘米宽，带彩色花纹的，后来则干脆出现了一种黑色或红色带金黄小点的松紧带。百货公司也设专门卖辫绳的柜台。"文革"后期，女性开始对服装局部细节进行改造，领子变大变小，领角或尖或圆；口袋由挖袋改贴袋，明袋里面垫上海绵或绳子，用明线压出凹凸的线条；纽扣也由原来单一的"算盘扣"变成有机玻璃扣、布包扣、琵琶盘扣等。

最能反映北京人爱美之心的，还是在衣领上花费的心思。"节约领"在北京女性当中大行其道，套在毛衣或外罩里面，把领子翻在最外面。这些颜色鲜艳的衬领为蓝、灰的形制呆板的外套起到了很好的点缀作用。妇女们大量购买节约领，既不失为一种修饰，也显得衣裳多，富有变化。

"文革"后期，服装的色彩和样式悄然增加。夏天各种图案的长短袖的确良翻领衬衫、松紧带人造棉裙子，冬季各种颜色的中式棉袄外罩，春秋两季花格子外套等，开始装扮北京的女孩。一位70年代曾在北京铁路二中上学的女士说，她曾经鼓足了勇气，和另一个同学把裙子穿到教室，立刻鹤立鸡群，被当作怪物对待，她还能硬撑着，同伴不堪指指点点，课没上完就哭着回了家。至于在"文革"初期被明令禁止的瘦腿裤，在70年代中期又重新出现了。一些北京青年，特别是中学生，以穿瘦腿裤为勇敢，自己动手把裤腿改细。他们公开穿着瘦腿裤到学校上课，即使是被挡在校门外，或者被学校用剪刀剪开裤脚，也在所不惜。

这些，都是对"文革"极左服装政策的反思，从这些微小的变化中，人们已经开始感觉到了，服装的春天就要来了。

4. 票证经济与服饰时尚

1952年，国民经济恢复工作基本完成，人们基本解决了吃饭穿衣的问题。然而，随着大规模建设战线的拉开，城镇、工矿区人口激增，非农人口对物质产品的需求急剧加大，国家所掌握的粮棉购少销多的问题日益凸显。粮棉的产需和供求矛盾尖锐起来，粮棉市场也出现了令人担忧的波动。在上海，曾有资本家叫嚷："只要控制了'两白（米、棉）一黑（煤）'，就能置共产党政权于死地。"可见粮棉和燃料问题的重要性和严重性。为了缓解危机，1953—1954年，国家陆续对粮食、油料、棉花、布匹等关系到国计民生的重要农副产品实行统购统销政策，同时适应计划供应的技术要求，采取了发放商业票证的办法。

1954年9月9日，政务院发布《关于实行棉布计划收购和计划供应的命令》，规定自同年9月15日起，所有国营、合作社、公私合营和私营纺织厂生产的棉纱、棉布，一律由中国花纱布公司统购统销，不得自由出售。在全国范围内，所有列入计划供应范围的棉布及棉制品，一律采取分区、定量、凭证供应的办法。居民的定量，在城市与农村、城市中不同阶层之间，以及南、北方由于气候差别而有所区别。

北京市布票

从此，北京人穿衣服进入了票证经济的时代。棉布、棉纱、成衣等纺织品以及棉花，也成为北京第一种凭票供应的消费工业品。没有布票和棉花票，即使有再多的钱也无法从商店买来一寸布或一两棉花。这种使用布票购置服装、布料的做法，一直持续到改革开放后的1983年。1983年11月22日，商业部发出通告：从同年12月1日起，全国临时免收布票、絮棉票，对棉布、絮棉等棉制品敞开供应。从此，流通了29年的布票正式退出了流通领域。

在发行布票过程中，北京作为首都，应该说是得到了照顾。1954年，北京市每人每年发放17尺3寸布票，而临近的天津市每人只有13尺，发放布票最多的冬季漫长又严寒的哈尔滨市每人每次不过24尺布票。虽说是北京得到了照顾，但17尺3寸布票也就刚够成人做一套蓝布制服。而且这个数字也不固定，往往会随着国家的棉布、棉纱的生产状况进行调整。在这种情况下，想用有限的布票和棉花票，解决单衣、棉服、棉毛衫裤、线衣、线毯、毛巾被、绒毯、浴巾、床单、毛巾、袜子、汗衫、背心、人造棉布、麻布、蚊帐、枕芯、枕套等穿的和用的问题，根本是不可能的。这个时候，北京的各个家庭都十分珍惜有限的票证，全家人的穿衣问题必须放在一起解决。不能给家里每个人每年都做新衣服，只能根据需要重点解决急需的人。

当时的新闻媒体也是经常发表文章，鼓励人们发扬艰苦朴素精神，节约布票。1957年新华社发表了这样一篇新闻稿："在北京市邮局里，有一位作了30年邮政工作的老职员张国桢，平时很爱惜衣服，新旧衣服倒换着穿，勤洗勤换，常常一件布衣服穿好多年。他现在穿的一件蓝衬衣，已经穿了七年，换了白领子，还不显得破旧。他过去积存了一些破旧衣服，准备把它们整补一下再穿。中国人民解放军驻北京某部上尉军官王玉珣，打算今年除了给孩子、爱人增添几件单衣外，尽量穿旧衣服，不到市场上去买棉布了。"同时，为了帮助人们节省布料，北京的服装合作社先后挂上了"兼营旧衣拆补翻修业务"的牌子。补破裤子，大衣翻新，衬衣翻领子、换袖口，大褂改制服，裤子改裙子，马褂改棉袄，各种旧衣服的拆补翻修都做。服装联社的技术研究委员会也把旧衣翻修作为一个重要课题来研究，目的也是为了帮助人们节约布票。

由于布票数量十分有限，因此人们有时把布票甚至看得比钱还重要。一对新人结婚，如果有亲戚朋友能送上几尺布票，那对新人来说简直是一份重得不能再重的厚礼。朋友之间，借了钱，可能不一定非要还，如果是借了布票，那一定要还，否则孩子过年就穿不上新衣服了。即使是亲戚朋友间赠送衣物，那买衣服所用的布票还是得要回来的。因为不多的布票，亲戚朋友反目，多少年不来往的事情也时常发生。

有限的布票，不能满足北京人对新衣服的需求，人们只能动旧衣服的脑筋，把旧衣服改改再穿。但是时间长了，原来那点存货也很快用完了，人们只能通过给旧衣服打补丁的方式来延长衣服的寿命，这时已经不再单单是艰苦朴素的思想认识问题了。严重的物质匮乏，使人们别无选择。为省布票，有些人只好在春天将棉衣里的棉花掏出做单衣穿，等冬天的时候再把棉花塞回去当棉衣穿。"新三年，旧三年，缝缝补补又三年""新老大，旧老二，缝缝补补给老三"，是当时人们经常挂在嘴边的话，也是穿衣的真实状况。大人的衣服改成孩子的，大孩子穿着太短了改成小孩子的衣服，在一般家庭随处可见，10多岁的孩子没有穿过新衣服也不是什么稀罕事情。那时，比较幸福的还是军人或工人家庭的孩子。军人每年有军装发，旧的军装就成为孩子的服装，如果是四个兜的干部军装，就更让人羡慕了。单位、工厂也根据不同工种发放工作帽、工作大衣、套装工作服、围裙、棉纱手套、套鞋、翻毛皮鞋等"劳动防护用品"，种类很多，而且不收布票和钞票。这些东西，稍微经过改造，就成了孩子的穿戴。

节约领

那个时候，还流行一种节约领，就是衬衫的"领头"。这是精明的上海人的发明，并逐渐传播到北京的。买衣服要布票，并且还不易得到，但当时有很多零碎的布头不用布票，就拿来做成节约领，不仅节省了布料，还可以尽情变换花色，更显得体面。

布票退出市场后，人们开始穿着完整的衬衣，节约领也逐渐被人们淡忘了。21世纪初，节约领在北京白领阶层中，又悄悄地回流。据出售节约领的摊主说，生意好的摊位，一年就能卖出上千条。虽说都是节约领，但前后却是两码事情，一个是出于贫困的无奈，另一个则是生活富足后追求的享受。

城市有城市的高招，农村也有农村的窍门。70年代，中国与日本恢复邦交正常化以后，从日本进口了大批化肥，那种化肥袋是尼龙布的，上面印着"日本尿素"的字样。精于俭约的北京郊区村民发现日本化肥袋可以做衣服，又便宜，又结实，正合贫困者的消费胃口。怎奈求大于供，一般人很难弄到。于是，农村传开来一首顺口溜："大干部小干部，八毛钱买条裤。前面是'日本'，后面是'尿素'。染黑的染蓝的，就是没有社员的。"现在回味这首民谣，让人在发笑之余更多感觉到的是心酸，干部花钱买条化肥口袋裤子还要引起群众那么多的不满。可见，生活在那个时代的百姓，能弄到一条进口的尿素服一定会非常高兴。

5. 北京服装业的新生与磨难

1949年1月，北平和平解放后，在党和人民政府的高度重视和积极建设下，北京的纺织服装工业得到了迅速发展。过去，北京的纺织工业基础十分薄弱，缺少纺纱和印染的部门，对服装生产的发展产生很大阻力。1951—1957年，北京市第一、第二、第三棉纺织厂先后建成投产。这些棉纺织厂大都使用比较先进的进口或国产机器设备，生产能力大大提高，使北京成为一个纺纱、织布成龙，生产、生活配套的棉纺织工业基地，为北京服装工业的发展起到了先导作用。1958年，北京纺织业试制出新品种、新花样2000多种。1959年上半年试制成功1500多种，其中投产360种，使北京的纺织品日新月异、丰富多彩。1961—1965年，北京纺织品向"高、精、尖、新"方向发展，产品水平步入全国先进行列。1962年，北京在国内首先研制并投产毛涤纶和棉涤纶，在纺织品更新换代上具有划时代意义，成为北京纺织服装业老人们津津乐道的"两纶起家"。1962年，新建的北京第二毛纺织厂投产，毛纺织加工体系趋向完备。1964年，北京研制生产出中国第一批羊绒衫。更让人自豪的是，到60年代初，北京生产的纯棉布、纯毛薄花呢、凡立丁、毛涤纶、人造棉绸、人造丝、美丽绸等纺织品已经赶上或超过日本同类产品的水平。纯毛薄花呢、山羊绒衫等已经达到或超过老牌毛纺织大国英国的标样水平。总之，20世纪50—60年代，经过10多年的建设、发展，棉纺织、毛纺织、棉针织、毛针织、印染、染织复制、化纤、丝绸、服装、鞋帽及纺织机械器材等行业逐步建立，一个门类比较齐全、基础比较雄厚的服装工业体系基本形成，在供应首都市场、解决人民穿衣、提供财政积累、安置劳动力就业等方面发挥了重要作用。

在加强工业基础建设的同时，北京市政府还十分重视服装业的生产组织工作。在短短的数年里，把服装行业的工人组织起来，建立合作小组、合作社，兴办服装工厂。在社会主义改造时期，北京服装行业为了适应"一化三改"的需要，各区相继成立了手工业办事处（管理组）。在此基础上，市总社经理部1956年1月过渡为缝纫联社和呢绒服装联社。1957年，两个联社合并为服装联社。1958年7月，服装联社撤销，各服装社归各区工业局管理。1961年，北京市轻工业局又正式成立北京市服装鞋帽工业公司，指导、管理下属13个厂的行政业务。

在政府的鼓励和扶持下，个体服装手工业大量出现，生产合作社应运而生，私人服装加工店相应发展。在当时的生产组，没有钱大家凑，没有工具就自带，没有活就到处找。在政府的帮助下，通过大家的努力，原本奄奄一息的服装加工业很快恢复了生机，并迅速发展壮大。1954年8月，17家私营布庄集资22.6万元，聘请上海一部分技术工人，共157人，组成了北京最早的专业生产西式衬衫的北京大华衬衫厂。1955年，全市服装生产合作社发展到49个，总人数达4579人，总产值1901万元。1955年，在社会主义改造过程中，北京部分个体缝纫户组成了7个衬衣生产缝纫合作社，共有社员735人，年产棉布衬衫60万件。1957年7月，第一、第四、第十五衬衣生产缝纫社合并成北京第一衬衫合作社，1958年10月又更名为北京衬衫厂，主要生产棉布衬衫。与此同时，服装加工的现代化程度也不断提高。1958年，北京大华衬衫厂、北京衬衫厂等服装工厂广泛开展技术革新、技术革命，实现了缝纫机改为电动，电裁剪刀代替手工裁剪，电熨斗代替火烙铁，相继研制和使用了锁扣眼机、钉扣机、扦边机等，并按合理程序组织流水生产线，大大提高了生产效率。另外，在个体手工业鞋铺、帽铺基础上，鞋厂、帽厂也建立了起来，京鞋、京帽实现了工业化生产。北京市政府也给合作社予以很大的提倡和支持。北京第一个服装生产合作社创始人、北京市第二十五缝纫生产合作社主任贾兰文，被选为北京市第一届人民代表。北京市手工业生产合作社联合总社（简称市总社）专门召开"状元会"，命名安均田、蔡逸民、邸裕源等为服装"老艺人"，并提高了他们的工资，使他们能更好地发挥技能。

一些老字号私营服装店在中华人民共和国成立后也陆续恢复了经营，业务有所改善。例如近现代在王府井地区十分有名的新记西服店，1950年重新开业，改店名为新丰西服行。在经营管理方面，这些老字号除沿袭旧制继续经营外，还大量为外国使馆人员服务；为招揽苏联及东欧各国的生意，聘请苏联人石金为翻译，同时还聘请了一批大连、哈尔滨的老师傅进店，从事裁剪、加工，并从上海购进一批进口呢绒面料，实现了企业的复兴。北京鞋业的老字号内联升，在传统项目的基础上，增加了皮鞋、女鞋以及特大、特小号和残疾人专用鞋，还为炼钢工人生产石棉隔热鞋，为电子行业工人生产白帆布鞋，为化工厂工人生产实纳帮靰鞋，还为农民生产毛布底鞋。新产品的生产，生产规模的扩大，使内联升迅速摆脱窘境，走向辉煌。

1956年，在社会主义改造过程中，王府井的徐顺昌、陈振昌、美琪、海燕、新丰、华茂、东方等17家前店后厂的老字号服装店合并组成东华服装店。重组后的东华服装店集中了北京服装加工业，特别是西式服装业的各路精英。一些身怀绝技的服装技师在这里相互交流、切磋，使东华服装店的服装加工水平有了很大提高，也吸引了很多顾客。由于东华服装店在西服款式上崇尚英美绅士风格，在中山装制作上采取久负盛名的徐顺昌剪裁方式，又能根据顾客不同年龄、身份、体形、爱好精心剪裁加工，因而受到民主党派领导人和戏剧界名人的赞扬。张奚若、黄炎培、章伯钧、金山、叶盛兰等人，都是这里的常客。他们在给黄炎培制作衣服的时候，根据他体形较胖、脖子较粗和手臂不能伸直的特点，在裁剪和制作的方法上都做了调整，使他穿起来合体大方。他们还针对苏联和东欧国家顾客的需要，研制出一种用各色纯毛华达呢面料，内絮驼毛做活筒，外镶各种裘皮领边和袖口的女式棉大衣。这种大衣穿上后，既轻便又美观，很受中外女士的青睐。70年代初，他们还为中国驻联合国代表伍修权、乔冠华制作西服，得到了他们的肯定。

同样在1956年，北京制帽业的老字号王府井盛锡福帽店也实现了公私合营。周恩来总理到王府井视察时，亲自过问了北京盛锡福的经营和发展，并且作出指示："要保持和发扬老字号的特点，更好地为首都人民服务。"当时的区政府以最快速度进行落实，盛锡福帽厂在八面槽韶九胡同19号正式开工生产。盛锡福走上一条为全社会服务的新路，开创了前店后厂，集产、供、销于一体的全新产销模式。盛锡福的员工们在一个不太长的时间里，使得各种帽子的品种激增200多种，像青年人喜爱的羊剪绒帽、适合中老年人的长毛绒帽、女士们戴的针织帽、多姿多彩的儿童帽以及各式草帽都增加了多种花色。他们还开展了自料加工、选料加工、旧帽翻新、特大（号）特小（号）定制、残疾人特制等多项便民服务，受到了广泛的欢迎和好评。

为了提高北京服装加工业的水平，中央政府和北京市政府还从当时的"中国时装之都"上海抽调高水平的服装加工企业到北京。当时，由于北京外国驻华使节和出国人员不断增加，制作西装的任务也随之加重，原本数量有限、工艺水平相对落后的北京西服加工店已经不能满足需要了。于是，周恩来总理决定，从上海服装行业中选调一些著名的店家迁到北京营业。此事由当时的北京市市长彭真亲自部署，派人去上海洽谈。很快，北京就派出一个选拔小组，对分布在上海市区的裁缝店进行了一番"海选"。在蓝天服装店的店史里有这样一段记载：1956年初，3位自带布料的顾客到店里做衣服。衣服做好后，这几位顾客当场进行试穿，感到十分满意。于是，他们就亮出证件，宣布代表北京市委邀请全店成员北上，支援首都建设。在中选的迁京服装店名单上，蓝天服装店排名第六。

经过选择，一共21家上海服装店和技师207人被挑中。这21家服装店中的8家是当时上海第一流的服装店。它们有的擅长制作男西服和大衣，有的擅长制作女呢裤和各式高级女衬衫。到北京后，经过市政府的合并和重组，最后成立了6家上海迁京服装店，即蓝天、波纬、金泰、造寸、鸿霞、雷蒙，先后于1956年6月至10月陆续开业。1957年11月，中央办公厅特别会计室附属服装加工厂移交给雷蒙西服店，从此该店承担了为国家领导人和外宾制装的任务。1958年4月，这些由上海迁京服装店合并组建了北京友联时装厂，总部在王府井大街原80号楼上办公，下属6个门市部。20世纪70年代初，友联时装厂正式更名为红都服装店。这些服装店的迁京，满足了外国使馆人员、出国人员和相关人员对服装日益增长的需要，对缓和北京高级服装制作难的问题作出了贡献，同时也为发展北京的

红都服装店内景

西服生产增加了新的技术基础。迁京上海服装店刚一到来，各国大使、访华外宾和各界人士便纷至沓来，业务十分繁忙。1957年4月，周恩来总理到东南亚访问之前，来到雷蒙西服店。在服装店经理的陪同下，他挑选了料子和款式，定做了两套西装。在量衣服的时候，他还特地嘱咐工作人员留住上海服装行业的传统，不要把海派西服的特色丢掉，努力把北京的服装行业搞上去。20世纪70年代，美国前总统老布什还是美国驻华联络处主任时，曾骑着自行车到红都服装公司做西服。红都的田阿桐师傅专门为他量体裁衣，所做的西服让老布什

非常满意。若干年后，老布什作为美国总统访问中国。面对中国记者，他一手拉开西服门襟，一手指着里面的标记说："红都，红都。"西哈努克常住中国，田阿桐也是他的首席服装师。由于西服在那个年代被视作资产阶级代表逐渐受到挤压，红都服装店的业务方向也增加了中山装等中式服装的制作。田阿桐为毛泽东主席制作的毛式中山装，就是典型的例子。除了为国家领导人制作服装外，红都也为出国人员集体制作中山装。作为第一批中国驻联合国代表团成员的吴建民回忆说，1971年，代表团从通知组成到启程那一天，总共才一周的时间，而出国的服装仍然没有准备。那时候出国都要置新装，可是市场上很难买到很好的衣服，所以他们就去红都服装店定做衣服。当时的红都也把为代表团制作中山装作为头等重要的政治任务，一路开绿灯，通过加班加点，仅用时两天就把几十套衣服做好了。在联合国大会上，中国代表团的服装也让人印象深刻。

除了在组织上和人员上对北京服装业进行支持，北京市政府还成立了专门的服装研究机构，促进北京服装业向现代化发展。1958年2月，经北京市政府批准，北京市服装工业公司、北京市服装联社、北京服装厂、北京市百货批发公司等4个单位联合成立了北京市服装技术研究委员会。北京市服装技术研究委员会的主要职责是统一服装规格标准、耗料定额，培养全面技术人才，总结服装专家多年积累的经验。研究会下设男装、女装、童装、便服4个专业研究分会，均设有专职人员负责技术和组织工作，对不同类型的服装开展研究。例如，男装研究分会集中研究男裤、中山服、两用衫、夹克衫、西服、大衣等剪裁技术，初步实现了剪裁的标准化、规范化，还整理了一套比较完整的男装制作教材；女装、童装2个研究分会也分别编写或介绍一些国外裁剪技术；便服研究分会编写了一些教材，对继承、发扬、推广我国传统服装起到了积极作用。服装技术研究会的成立，使服装加工和制作成为一门科学，对构建中国服装理论、促进北京服业发展发挥了重大的作用。

服装工业基地的建成、加工组织形式的变化、上海服装店的迁入以及服装科学技术的研究，使北京的服装生产的水平得到了很大的提高，也使北京从过去的服装消费城市转变为全国主要的服装生产基地，一些产品还出口国外。1956年，北京大华衬衫厂生产的衬衫开始出口到苏联。1958年，北京生产的毛料西装、大衣等开始出口到苏联和蒙古国。1960年，北京服装开始对中国香港、澳门地区直接出口，并间接出口远洋地区。1964年，北京大华衬衫厂和北京衬衫厂生产的天坛牌纯棉布衬衫、的确良衬衫、高级府绸衬衫等已经出口到世界10多个国家和地区，年出口量占生产总量的50％以上。内销衬衫除满足本市需求外，还行销到全国29个省区市，享有较高的信誉。到1965年，北京生产的纺织品出口额已占北京工业同期出口总额的51.72％，出口的服装在全国8个口岸中位居第二。

北京服装业持续迅速发展的势头，在三年困难时期受到了一定的影响，而1966年开始的"文革"则使服装业受到了巨大冲击。但在"把布匹抓紧"的动员下，北京纺织工业各厂仍加班加点，生产逐步增长，挖潜、革新、改造也取得进展。化纤纺织品和化纤产品仍有所发展，涤棉产品增加了纱卡其、半线卡其和全线卡其，中长化纤仿毛织物、维纶纤维、涤纶纤维、丙纶纤维等也研制成功并投产。1976年，工业总产值达14.5亿元。

而服装加工制造业就没有那么幸运了，领导瘫痪，机构解体，管理混乱。市服装研究所也被解散，技术人员下放劳动，研究工作中断。同时，一部分服装厂转产电子，服装生产下降，出口减少。1970年，北京被服厂、北京市呢绒服装厂、北京服装六厂、北京丰台服装厂4个单位共计2700余名职工转产电子，使服装减少200多万件的生产能力，高档服装的生产力更是元气大伤。仅北京被服厂和北京市呢绒服装厂所产毛呢高档服装减产量就占50％以上，每年出口额减少达4000多万元。转产后造成全市内外贸高档服装供应紧张，外汇收入减少。北京由"文革"以前中国出口服装占第二位的商埠下降到第八位。

由于受极左思潮的影响，全市人民的服装样式单调，男女制式不分，满街"老三色"泛滥，一些经营高档或者西式服装的老字号更是受到了沉重打击。1967年初，在北京经营了11年的雷蒙西服店被迫关门停业，全部职工均并入北京人民服装厂，雷蒙西服店从此在北京王府井大街销声匿迹达14年之久。与雷蒙一起来京的造寸服装店也同样受到冲击，被迫关闭停业，改为一家无线电修理部。除此以外，内联升等一批老字号企业也受到了很大的冲击。原本的店名被改，历史悠久的招牌匾额被砸毁，不少老字号有代表性的产品也被迫停产。例如，内联升鞋店在"文革"期间，先后被改名为东方红鞋店和长风鞋店，店内生产的高档布鞋也被当作剥削阶级的生活方式受到抨击，使其恢复不久的生产与经营又再次遭到重创。同升和鞋店和盛锡福帽店也没有逃脱厄运，两者曾一度合并为前进鞋帽店，其各自的优良传统也在"破除"之列，变得特色全无，与普通商店别无二致。

　　"文革"后期，北京服装业开始出现了一些复苏的迹象。服装研究所于1973年恢复后，通过整顿，调整充实了领导班子，重新开始了工作。1974年，经上级批准，创办了北京市服装技工学校，培训服装业技工数百名。另外，还开办了技术中专班和职工中专班。这些使饱受摧残的服装业得到了一定的恢复，但服装业总体停滞和倒退的趋势并没有彻底改变。

（二）20世纪80年代的北京服饰

20世纪80年代，是中国经济发生重大变革的时代，也是服装大变革的时代。当封闭已久的国门再次开启的时候，外面世界的时尚风潮涌入古老的京城。人们沉睡多时的时髦意识被唤醒，长久以来被忽视和压抑的自我与个性重新得到了认可，他们的心开始不安地躁动。变化奇快的炫目服装强光，让人们一时难以适应。

1. 叛逆的时髦

80年代是北京人思想大解放的年代。在接受一些新思想、新观念的同时，人们也逐渐摒弃了原来有些限制个人自由与人性的东西。尽管在长期的思想禁锢之后，人们仍心有余悸，但绝大多数人还是感觉到思想自由了。

80年代也是北京人腰包逐渐走向充实的年代。"文革"结束后，北京市的各项工作逐渐走向正规，发展经济和改善人民生活成为政府的头等大事。按照国家的规定和部署，北京市政府在1977年和1979年两次调整了部分职工的工资，并恢复了工资以外的奖励，1981年和1983年之间又全面增加了职工的工资。据统计资料显示，1977年以后，北京职工的工资以每年9%的速度增长，超过了以往任何时期。1988年北京城乡居民储蓄存款为111亿元，人均1033元，是1978年的11倍多。虽说与脱贫致富还有不小的距离，但人们的腰包毕竟充实了许多。

摆脱了"左"的思想禁锢，思想上的解放和经济上的改善，犹如两个轮子，使北京人的服装开始改观。但80年代初的北京人在服装上迈出的步伐并不太大。人们先是提出"吃讲营养，穿讲漂亮"，面料趋向考究，做工讲究高档。那时，在广东、上海等地男士服装已经多种多样的时候，北京的中年男性几乎还是人人争着做一件蓝呢子料的中山服，就连对不是工农兵常服的呢子大衣还有些心有余悸，害怕

穿喇叭裤的女明星

有脱离群众之嫌。

这个时候，北京的青年人率先行动起来，把他们的反叛精神在服装上体现出来。他们穿上了喇叭裤，并很快在北京形成了热潮。喇叭裤动摇了数十年的整齐划一和单调乏味，是北京流行文化里最初的冒险。这种冒险，也引来十分强烈的争议，甚至说在社会和家庭中挑起了一场"战争"。

喇叭裤，又称"喇叭口裤"，是一种短立裆，臀部和大腿部分剪裁紧凑合体，而在膝盖以下逐渐放开裤管，使之成喇叭口状的长裤。这种裤子原先是西方的水手服。水手们为了防止海水和冲洗甲板的水流入靴子当中，加大了裤管盖住胶皮靴子口。20世纪60年代，美国的颓废派青年开始穿着，后来在世界范围内流行，一直到70年代末。中国对外开放的时候，正赶上喇叭裤在西方接近尾声但依旧流行的时候。先是广东、福建的青年人穿上喇叭裤，后来迅速传播到全国，北京自然也不例外。

有意思的是，在北京，以往领导服装时尚潮流的是军人干部、工农、青年学生，甚至是国家领导人，而这一次最先采取行动的却是那些无业、待业或"不务正业"的小青年。他们"胆大包天"地把整个屁股绷得圆滚滚的，裤脚宽得足以当扫帚扫完几条大街的"奇装异服"穿在身上，并且招摇过市。喇叭裤的裤管也在不断地加宽，先是半尺多宽，后来发展到9寸，乃至1尺2寸。同时，光是裤管奇肥的喇叭裤还不够"潮"，还必须有配套的行头。一是黑色的蛤蟆镜。蛤蟆镜其实就是太阳镜，由于镜面很大，其夸张的造型而被人形象地戏谑为蛤蟆镜。二是留着大鬓角的长发或者烫着大波浪的卷发。三是花衬衫和黑色高跟皮鞋。四是手提式录音机。录音机要进口的，四个喇叭的，国产的和两个喇叭的就寒碜了。录音机里面放的绝对不能是古典或民族音乐，得是一般人只敢关上门小声放、偷偷听的邓丽君的"靡靡之音"。

这副打扮，严格来说，不管站在哪种角度，都是不好看的。一位当年为穿喇叭裤而在所不惜的青年，在20多年后认为，喇叭裤真是自己一辈子倒数第二丑陋的装束，倒数第一的是开裆裤。但是，喇叭裤还是流行了。就连一向着装管制很严的军营，也没有逃脱这种流行。

可以说喇叭裤的流行，给人们的震动比改革开放还具体，它就在自己身边，令人无法回避。历史有着惯性的力量，青年人的这些并不过分的穿着，还是引起了大众的普遍惊慌。在人们思想还没有十分开放和宽容的情况下，喇叭裤受到了强烈的批评和阻击。

人们还是习惯性地站在政治高度上谴责，说它是"盲目模仿西方资产阶级生活方式"的表现。1980年《大众生活报》发表文章，称："当下某些时髦的青年，头发留着大鬓角，唇间蓄着小黑胡，上身花衬衫，下身喇叭裤，足踏黑皮鞋，手提放着邓丽君《甜蜜蜜》情歌的双喇叭收录机，招摇过市。这些年轻人是在盲目模仿西方资产阶级的生活方式。"还有人看不惯这种上细下宽，不分男女拉链一律开在正前方的裤子。过去，女装裤从来奉行"右侧开口"路线，这种违反常规的裤子，自然被许多人视为"不男不女，颠倒乾坤"的恶物。许多报刊和文章批评喇叭裤"男不男，女不女，怪模怪样，又难看，又俗气，甚至从后面看已经难以区分男女了"，批判穿喇叭裤是"颓废"，是"腐朽"，甚至把穿喇叭裤的青年称之为"流氓"。几乎各种媒体都倾向社会各地方动员起来，禁止青年穿喇叭裤。若遇到不听禁令的，可以动剪子强行剪掉。

一时间，代表衣着"第一次革命"的喇叭裤遇到空前阻力，但是效果却适得其反。最后，年轻人运用游击战获得了这次战役的全线胜利，喇叭裤大大方方地流行起来了。然而，喇叭裤流行之日，基本上就是它的退潮之日。紧包臀部和大腿、累赘无比的大裤管，对于爱动爱闹的年轻人来说，实在是不方便。不是蹲坐的时候裤线开裂，就是走动的时候裤管绊腿，轻者趔趄，重者摔跤，得到的却是讥笑与奚落。而原来让喇叭裤流行的原因，是人们在其中灌注了太多的反叛意义，没有了社会的阻力，也就平淡无奇了。到80年代中期，喇叭裤就从街头消失了。即使有，也基本是来自外地小城镇到北京求学或出差的年轻人。

2005年冬季，喇叭裤又再次出现在北京街头，只是面料更加高级考究，裤管也没有原来那么夸张，被称为"微喇"。服装经过20多年，似乎又轮回了，但对它的反响却没有轮回，十分的平淡。这种喇叭裤更多的只是简单勾起了一些"50后"和"60后"人群的怀旧情结，没有人为之喝彩或为之侧目。在人们眼里，它只不过是多得数不过来的各种流行中的寻常一种而已，没有必要大惊小怪。

这一时期，和喇叭裤一起再次进入北京的还有牛仔服。和喇叭裤一样，牛仔服起初也受到了抵制，但获得社会承认以后，得到了广泛传播，成为改革开放后北京人乃至全中国人的日常服装之一。

牛仔服的发明，纯粹是劳动的需要，是美国矿工、铁路工人、拓荒者和牛仔的服装，后来才慢慢踏入时装的行列。

70年代末，随着中国的改革开放，牛仔服涌入了中国的市场。中国人心目中第一个名牌牛仔裤是香港的"苹果"。除了广告，日本电影《阿西们的街》、南斯拉夫的电影以及一些歌手也起到了引导作用。如80年代很受欢迎的歌手成方圆，她穿着牛仔裤唱英文歌的形象非常受年轻人欢迎。很快，牛仔裤在北京遍地开花。品牌店、个体服装摊位，甚至地摊上，都有牛仔裤卖。北京东四开了一家"苹果"专卖店，每天顾客盈门，特别热闹。虽说价格很高，每条大概要100多元，相当于当时工人两个月的工资，但不少人宁愿饿着肚子，也要把那时髦的裤子买回家。一些在校的大学生，从地摊或小店购买第一条杂牌牛仔裤的经费，甚至是学校义务献血后的补助。有些买不起的人就用劳动布做。

这一时期，牛仔服的类型很多，可以说是把国外50年的牛仔服样式一网打尽了：既有牛仔裤和喇叭裤相结合的牛仔大喇叭裤，又有紧身瘦腿的牛仔裤，还有被故意撕破的裂口、破洞、毛边的牛仔裤。

和穿喇叭裤一样，最初穿牛仔裤的也都是一些小青年。当时穿牛仔裤的人都还记得反对的声音。甚至到了1984年，媒体上还有穿牛仔裤会影响学生生理发展的议论。社会上一般民众也不能接受。有一位属于北京第一批穿牛仔裤的女士回忆说："第一条裤子是托朋友买的，穿上之后妈妈的眼就跟着裤子转，既有劝慰——一个女孩子穿衣服要规矩点，也有刻薄的评论——走在街上没有人觉得你是一个好人。"一些学校领导还视其为奇装异服，不许学生和青年教师穿着进教室。但是，和喇叭裤一样，牛仔裤最后还是取得了合法地位。

与喇叭裤不一样的是，这一个时期的牛仔服虽然也被寄托了很多反叛的精神，但是其结实耐用的特点，以及本身所表现出来的粗犷、田园、浪漫、嬉皮、野性、活力等诸多气质，在社会阻力消失后，依然维持着其独特的风格和魅力。在后来的岁月里，牛仔服在服装面料和设计上不断改进，始终保持着活力，得到人们的追逐，盛行多年而不衰，并发展成为北京人的常服，其穿着群体，也从青年逐步渗透到中年，甚至是老人、儿童。那些原先看不惯牛仔服的人，在时隔多年后也穿上了牛仔服。

2. 全民流行的潮流

在改革开放之初，作为西方服饰文化代表的喇叭裤和牛仔服在北京的传播遇到了很大的困难和抵制，而西方服饰文化最正宗的代表——西装的回归之路却异乎寻常地顺利，不仅在短时间内流行开来，到后来简直可以说"泛滥成灾"了。

西装在北京乃至全中国的城市乡村的流行，还得归功于改革开放后中国领导人的大力提倡和亲身表率。

过去，作为党和国家的最高领导人，毛泽东从不穿西装。即使在他一生两次出国——都是到苏联，也是穿着毛式中山装。中国其他领导人中，除了总理周恩来和外交部长陈毅等人，因为工作或场合的需要，偶尔穿过西装，其余基本都是中山装。中山装基本是中国国家领导人的常服，西装经常处于被排斥的地位。特别是"文革"中，西装更是作为资产阶级的象征，被打入冷宫，从人们的生活中被彻底放逐了。

改革开放后，中国的领导人为了培养开放意识，并向世界展示中国开放形象，在公开场合陆续穿上了西服。领导人的提倡和对外交往增多的客观需要，在1984年的北京掀起了一股"西装热"。出国人员自不用说，那时基本都是公派出国，单位根据出访国家的情况，会给一笔额外的活动费用，其中必有的一个费用就是置装费，就是买西装、领带、皮鞋的钱。当时，出于维护国家形象，人们仿佛每一个人一出了国门就成了中国的代表，在外面时要处处小心，生怕丢中国人的脸。在服装上，也是非常严格要求自己，即使到旅游景点参观游览，也要梳妆打扮一番。那时候出国的人拍回的照片也都是一个模样：夹着公文包，穿着西服（往往袖口还带着商标），站在有标牌的景区大门口，表情严肃不苟言笑。由于服装过于正式、统一，中国人出国时的这种造型，甚至在很长时间里成为外国人调侃中国人形象的一个典型性特征。

不少单位都纷纷给职工发放或以优惠价定做西服，也使许多人平生第一次拥有并穿上了西服。一位80年代初在北京某机关工作的人回忆说，他的第一套西服就是单位帮助做的。"我所在的机关也以优惠价给每个职工定制了一套西装，量体裁衣，据说还是有名的'奉化洪帮'缝纫师傅的手艺。这也是我平生第一套西装。"单位的行动，使西装成为职员和店员的工作服，大大推动了西装的流行和普及。

一些学校的校服也采用了西服样式。1984年10月1日，北京举行了中华人民共和国成立35周年的庆祝大典。一些高校的学生被编入了群众游行队伍，其中有些高校就采取了学生统一着装的做法。当时，北京师范大学参加游行的队伍主要是82级的学生，学校给每个男生发了一套蓝色的西装，让不能参加游行的学生好生羡慕。参加游行的学生穿着这些西服也是非常自豪，在校园里一身西服让他们的胸脯挺得比任何时候都高，一任羡慕的眼光在自己身上流转。

西装在80年代初，也成为结婚礼服。那时候，新娘还不时兴穿白色的婚纱，顶多是新人们到照相馆拍一张婚纱照，80年代中期以后，白色的婚纱才进入了北京人的婚礼。但新郎的礼服基本上是西服，新娘则可以根据季节不同选择西服或裙装。

社会的需要，也大大刺激了生产。当时，全国各地的服装厂都一哄而上生产西装，造成了制造西装的各种原料供不应求，随之而来的是各种仿面料的西装的出现。各种廉价的西装的大量生产，以及各地不切实际的开工生产，造成了西装的大规模的积压。不少服装厂本来生产其他服装品种效益还不错，但在"西装热"的影响下，盲目跟风生产西装后，效益急转直下，大量资金被挤占，连工人工资、奖金的发放都成了问题。为了解决工人的生活问题，一些企业想出了拿西装来抵充工人的工资的办法，有些服装厂的工人最多的时候能发到10多套西装。这些积压的西装，不少就成为家庭成员的日常服装。随之而起的则是，西装的打折潮。在80年代中期，在北京各个商场、服装市场以及个体服装店，都能看见西装打折的各式各样的海报，无一不是"打折西装""挥泪大甩卖""跳楼价贱卖""大出血"之类的话。西装的价格一降再降，最后连劳保服的价格都不到了。据说，当时一套价值200多元的西装，最后只能以30元、50元出手。最便宜的西装，甚至卖到了8块钱一套。原本属于服装中的贵族的西装，在这个时候变成了破落户，低廉的价格，也吸引了许多城市低收入居民的购买。这样，北京的大街小巷到处是穿西装的人。

西装的泛滥，却没有相应的服饰知识和规范的指导，使西装在人们的眼里变了味。不撕掉新西装衣袖上和

穿着西装的情侣

太阳镜片上方的商标以显示名牌，或是将西装前襟两粒纽扣全系上以示郑重，还有的西装上衣内不系领带却将白衬衫领扣系严。更有甚者，有些男青年里面穿一件大花格子衬衣，只系下面一两个纽扣，露着大胸脯，外面套一件皱了吧唧的西服，脖子上还挂上个自己也搞不清楚什么意思的十字架，脚上再穿上一双白色旅游鞋，让人看得非常不舒服。如此等等，表现出人们在西装穿法上的不成熟。

西装的不分职业、场合，不注意上下里外的配套，把本来是西方男子在比较正规的场合下穿的比较庄重的服装，在"西装热"过程中硬是被弄得不伦不类，严重破坏了西装应有的形象。

至于服装的流行更是让人应接不暇，喇叭裤热、牛仔裤热、西装热、运动装热、旅游鞋热、首饰热、乞丐装热……多得简直无法一一列举。过去，唯恐避之不及的"时髦"，在这个时候人们却纷纷捷足先登，唯恐落后于人。这10多年间，北京人的服装引进了很多令人眼花缭乱的流行样式，形成一波又一波的流行浪潮。而为这些流行浪潮推波助澜的则是电视、电影、时装杂志和贩卖服装的个体户。

进入80年代以后，社会更加开放了，我国港台电影和外国电影在北京大量上映。同时，先是80年代初的黑白电视，后是80年代中期后的彩色电视，电视也慢慢走入了寻常北京人的家中。电影、电视给了人们更多了解我国港台地区和国外时髦衣衫的机会，也为经营的服装个体户提供了进货指南。人们瞪大了眼睛在电影和电视剧中寻找新奇的服饰，在外国人和回国人员身上反复扫描，努力发现自己所没有的时髦。日本电视连续剧《血疑》让山口百惠成为北京人以及全中国的超级偶像，满大街"幸子衫""幸子头""光夫衫""大岛茂包"，不仅让个体户赚个盆满钵满，

山口百惠

也让中国大众第一次明白了什么叫"名人效应"。而电影《追捕》中高仓健所演的杜丘一身酷酷的风雨衣和女主角真由美的披肩长发，立刻得到无数的拥趸，让北京长城风雨衣卖断了档。也让看完《小街》剪了个张瑜式超短"叔叔阿姨头"的女孩子捶胸顿足，就恨自己头发长得太慢。

电影杂志、服装杂志也是北京时髦男女在服装方面充电、补课的重要工具。改革开放以来，为了推动中国纺织工业的发展，中央和各省、市、自治区相继设立服装研究设计中心或研究所、服装协会、服装设计师协会等学术组织，定期出版了《流行色》《中国服装》《时装》《现代服装》等专业杂志，传递国内外服装、色彩、面料的流行信息，介绍流行式样、指导流行趋势。尽管专业色彩比较浓重，可是读者依然众多。在图书馆、文化馆，最先被翻黑了、弄卷的，一定是这类和时髦相关的电影、服装杂志。一些涉外大饭店给外国人订的国外的时装杂志，更是受到女孩子的青睐。如果谁能托上关系，借出饭店的过期外国时装杂志，那么这人一定是当天女生眼里"最可爱的人"了。一些研究机构还专门从国外引进服装样式，供北京市民仿制。1988年，北京服装研究所从美国美开乐服装纸样公司引进了一批美国新潮时装纸样，并在北京市场上发售。这批纸样与人体的比例为一比一，分为不同尺寸和规格，便于剪裁，可以多次使用，还可以用别针别好试穿。这种纸样受到了社会的欢迎，上市后被抢购一空。而不久，北京街头也出现了美式新潮时装的倩影。

当然，营造北京80年代服饰流行最劳苦功高的那群人，却是获得夸赞最少的人，他们就是被北京人称为"倒爷"的经营服装的个体户。应该说，在北京这样一个政治气息和正统思想浓厚的城市，第一批"倒爷"的诞生是被逼无奈而形成的。他们往往是城市无业青年，或者是犯了事无法再进厂的人。为了谋生，在70年代末，他们中的一些人已经开始倒腾服装买卖。那时，北京市没有放开服装个体经营，他们只能偷偷摸摸地从广州、福建等地批发些时髦的服装后，大包小包、手提肩扛地运回北京，再用摆地摊的方式和城市管理者打起游击。70年代末，北京青年的新潮服装，绝大多数是从他们手里卖出的。1980年11月，北京市政府放开了政策限制，允许个体户从事饮食和小商品，倒爷们的经营获得了合法地位，经营的规模迅速升级。在北京的商场还是大量中山装、春秋衫等没有新意的服装之时，在服装理论家、设计师还在为什么是符合改革开放社会需要的服饰争论不休之际，精明的倒爷们已经先行一步了。他们虽然没有专家那样高深的理论修养，也没有工艺师的精湛技艺，但是他们也有专家大师所没有的服装市场经验、对消费者需求的了解以及绝少在服装方面思维的框框条条优势。更重要的是，服装能否销售出去，直接和他们的经济利益相关联，因此他们的投入和专注也是不少专家所不及的。

有人称他们是没有职称的销售专家、心理学家、经济学家、美学家、预测家，虽然溢美的成分多了点，但为了商品的销路，顾客消费心理、服装流行趋势与国外服装动向、国内的接受条件以及面料、款式、色彩、做工等问题，是他们必须要掌握的。当时，一位在西单商场经营服装的个体户就曾道出经营服装的难度："最难的是进货，选择一种款式的衣服时，不仅要掌握今天的'行情'，还要把握明天的流行趋势，要和国营市场竞争，个体之间也要竞争。在广州、上海等城市的批发市场上，有全国各地的服装摊贩，竞争十分激烈，稍不经心，便会赔本，没点钻劲，没点头脑是不行的。有人以为我们只知道赚钱，其实这笔钱不好赚，这也是一项事业！"他们的行动，为北京爱美的人们送来各式各样的服装。在80年代初，如果在大街上看见一位青年人衣着不俗又很有特色，甭问，一准是从个体服装摊铺那里买的。即使到了80年代末，要赶新潮流，买一件时髦一些的衣服，个体服装市场是一个很不错的选择。他们在为人们提供新潮服饰的同时，自己也积累了丰厚的财富，成为服装业一支重要的力量。那时，在众多从事经营的个体户中，赚钱最快的当数服装个体户。现在我们看到的很多企业家中当初许多都做过服装生意，从卖布匹和成衣起家，由布匹、成衣小贩到批发商、承办制衣厂，再进入其他行业。

个体服装经营者经营的成功，也把国营的服装生产、销售企业逼到了非改不可的地步。1983年和1984年，北京的国营商店经常挂出旧式服装削价、拍卖的招牌，但依然没有多少顾客，送到城郊和农村去卖，效果也不理想。严峻的形势逼迫国营服装行业进行改革，纷纷组建服装公司，开发、设计新款服饰，并和外国服装行业进行合作。国营企业设备先进，技术力量雄厚，完成转型后，它们的优势开始体现，反过来威胁到个体服装经营者的生存。正是通过倒爷的促动，北京的新式服装市场不断繁荣，一个个服装流行的热潮才可能诞生。

如今的人们，特别是女士，特别忌讳"撞衫"，两个人无意之间穿了一样的衣服，双方都会感到很尴尬，别扭劲儿别提多大了。赶紧把衣服换掉，成为第一选择，如果家离得远，即使中午不吃饭，也要回家把衣服给换掉。以后这件衣服的命运多半是要打入冷宫，或者送人了事。有些人怕撞衫，干脆在单位多备上一套衣服。而那个时候，人们并不计较"撞衫"，一群人穿一样的衣服，彼此也不会看对方不舒服，相反，认为这才显得衣服的流行和时髦。只要是一件色泽、款式、质地新颖的衣服，一件风格别致的装饰品，一有人穿戴，必然会旋风般地流传开来。虽然此时思想解放了，服装的政治性也减弱了，改革开放也带来服饰的明媚春光，但人们还是不由自主地随大流。当时人们想穿好看的衣服，也急于要摆脱掉长久的压抑来表达个性，却又不知道该穿什么，仍然非常迷茫和无知，对服装的独立审美意识也没有形成。于是，在传统的惯性下，大家都模仿影片里人物的穿衣打扮，在这样集体追随中，一些原本很能体现个性化的元素的服饰，在风靡整个北京和整个中国后，个性也荡然无存，很快就走向消亡。接着，人们又开始追逐新的时髦，然后再把它变成全国性的流行，再因为没有新鲜感而抛弃。如此的反复，一直贯穿着80年代，形成了众多的流行。

在各类服装中，流行最多、变化最快的是女装。在女装中，最早在北京女性流行的是踩蹬裤。踩蹬裤，又称踏脚裤、健美裤、紧身裤，其原型是舞蹈演员在练功、舞蹈等场合的服装。由于贴身合体，富有弹性，像人体的又一层皮肤，能清晰地展现女性的体态。踩蹬裤是健美裤的继承和发展，除富有健美的特点外，裤脚跟连有踏脚圈环，使双腿显出更加修长的曲线。有的在裤腿的正面还踩了一条筋，起类似裤线的作用，用以显得裤子挺括。踩蹬裤面料广泛，以长丝针织物较受欢迎，颜色以黑色为主，兼有其他颜色。把健美裤穿在大摆裙里，外面再来个蝙蝠衫什么的，就成当年最前卫的打扮。踩蹬裤一开始是身材修长、腿形健美的女孩子展示的工具，但很快又走向大规模流行。街头十之六七的女士都穿着这种裤子，瘦人穿上可显出优美腿部曲线，胖人肉滚滚的大腿则显得不够美观，最让人惊讶的是居然有不少男士也穿踩蹬裤。有句顺口溜叫作"不管多大肚，都穿健美裤"，说明了健美裤的流行之盛。那时，在小学里，学校举办的活动，老师经常要求学生穿红色的毛衣，黑色的踩蹬裤，白色网球鞋。而在中学，当时的一位在校女生回忆："校园里的女生人人健美裤，……这些服装不是人人穿了都好看的，环肥燕瘦，便丑美各异，形成一种奇异的风景。"到后来，踩蹬裤被弃置一旁。不管怎样，它算得上是千篇一律女性服装的最初反叛，唤醒了中国女性的审美和独立意识。后来，直筒裤、牛筋裤、老板裤、萝卜裤、背带裤、三股裤、裙裤等，也陆续在女性中流行。"文革"时期，单调的制服裤子一统天下的局面彻底结束，传统裤型经过喇叭裤、直筒裤、锥形裤等变化过程，向多样化、时装化的方向发展，款式更加宽松、舒适、潇洒。

裙装也是这一时期北京女性广泛穿着的服装，10年间也是不断推出新的流行风潮，是女装中最绚丽的一部分。在"文革"尚未结束的时候，一些爱美的女子已经开始脱掉长裤，换上体现女性特征的裙子，但是还是属于少数。1978年夏天，裙子又开始大量出现在北京街头。不过，这个时候，裙子的样式还比较简单，往往是一块长形布横着一围，再加上一根松紧带就成了。西服裙、斜裙、百褶裙在这一年也加入了裙装队伍，但数量还不多。到1979年夏天，街头出现了素花或素格子的裙子、布拉吉。

1980年，连衣裙成为夏天女子最主要的服装。但裙装的从众性和趋同性十分明显。要么街上都流行红裙子，要么都流行黄裙子、黑裙子、白裙子，女士们在街头或聚会场所经常能看到和自己穿着等同的各色人等，但似乎早已经习以为常了。1982年左右，无袖无领连衣裙出现在公开场合，而在以前女性只在家才敢穿着。此时，裙子也逐渐摆脱了以往的简单和单调，注重整体的造型变化，对花纹和色彩的搭配、缝线及衣兜的装饰作用也非常讲究，裙子的设计的艺术性得到了很大的提高。80年代中期，北京女性中流行太阳裙。太阳裙是一种肩带式连裙装，低方领、窄带肩、叠收腰，裙长过膝。它是在20世纪30年代由国外推出，因袒肩露背，更便于女性进行日光浴，故而得名。太阳裙布料以全棉、棉麻、真丝为主，款式设计简洁流畅，体现女性的妩媚，图案艳丽大方，穿上后充满凉意。不过，那个时候北京女性的太阳裙还不能让肩背享受日光浴。一方面，人们还不太习惯袒肩露背；另一方面东方女性以白为美，日光浴后的古铜色、褐色皮肤并不是她们想要的。因此，北京女性穿着太阳裙的时候，总是习惯在上身罩一件短款的短袖上衣。以后，又有长斜裙、塔裙、背带裙、宽松直筒式连衣裙、喇叭裙、一步裙、"A"字裙等裙装流行。从这时起，北京女性的裙装的时装化特点越来越突出，和国际流行的距离也逐渐接近。

在裙装时装化不断加强的同时，也出现了打破季节性的特点。过去，裙装是北京夏季服装，虽说在春末秋初也有爱美的女士穿着裙装，但冬季除了一些在京外国人，北京女子基本上是不穿裙装的。1987年冬季不穿裙子的历史被打破了。街上很多女孩子不约而同地穿上了粗呢裙子、黑色或肉色保暖秋裤、高筒靴，外面再罩上一件呢子大衣。在羽绒服统治的天地里，营造出别样的潇洒和飘逸。此后，裙装不再有季节性限制，几乎一年四季都可以穿。这让那些酷爱裙装的女士，实实在在地过足了瘾。这时，北京裙装另一大特点是明显趋向袒露。就像在那几年的时装杂志封面上显示的那样，连衣裙的领口由高到低，裙子的袖子从有到无，肩带由宽变细。穿太阳裙的女孩子脱掉了罩在外面的短袖上衣，一任健美的胳膊、胸背暴露出来。女士们一低头，浅浅的领口处露出的文胸和乳沟，让有些脸皮薄的男士不由得脸红心跳，也让年纪大的长辈们更是唠叨不已。最后，超短裙和迷你裙的出现，为这种袒露作出了最经典的注释。超短裙也是来自欧洲，据称，超短裙是年轻的英国女服装设计师玛丽在1963年专为年轻女性设计的。当年21岁的她在伦敦的一条街上开了个服装铺，自己设计自己加工，而且成品的价格也相对便宜，没想到一亮相便受到年轻女子的欢迎，并迅速风靡世界，成为当时的一种新时尚。超短裙的样式，顾名思义，就是比短裙还短的裙子。一般超短裙的裙摆下端都在膝盖以上，至于上面多少，有人定位说是15厘米，总之，得露出整个小腿以及部分大腿才能算是超短裙。1987年开始，超短裙成为北京年轻女孩的新宠。短小的裙子，再配上合体的T恤衫或短袖衫、白色的旅游鞋，伴随校园的女生度过凉爽一夏，也成为她们尽情展示修长双腿和健康活力的重要方式。在公司上班的女性，则把超短裙与西装搭配，形成另外一种风情。即使在冬季，厚呢或皮草超短裙与皮靴、羊毛衫，也是女孩子们十分喜爱的穿着。当然，穿超短裙是需要勇气的，过短的裙摆在展示美腿的同时，也经常将女孩的内裤曝光。另外，它也严重考验了家长、老师以及单位领导的视神经，因此从一进入国内就伴随着强烈的争议，一直持续到今天。

女外套和上衣的变化也十分突出。在外套上，色彩艳丽的羽绒服，特别是大红羽绒服，代替了原来的花布棉袄，轻便的羽绒服开始改变了北京女性冬季所习惯的臃肿，也是女子冬装第一次打破陈规。到后来，羽绒服也被认为太臃肿了，又换上了上窄下宽、紧身裙式的呢大衣。接着，又出现了裘皮大衣热。这种大衣，采用仿貂、仿豹、仿虎、仿狐狸等电子提花人造毛皮，价格较低，轻巧且保暖性好。1987年冬季，瘦型紧身呢大衣一下子又被宽松式呢大衣代替。这种宽松式大衣，在胸部、背部多拿褶、多圆领或立领，在肩部加垫肩以强调肩部线条，显得既雍荣华贵，又有几分天真稚气，较之紧身大衣更轻松舒适。80年代末，羽绒服时装流行。羽绒服的款式有长、中长、裙式、蝙蝠式、宽松式，颜色上趋向明快柔和的浅色调，如浅粉、乳白、浅绿、鹅黄等，突破了传统的红、蓝、灰色，为色彩灰暗的冬季增添了轻松活泼的气息。

女上衣的变化首先表现在衣领上，80年代初，北京女性对纯棉格子男式衬衣情有独钟，即使是花布或丝绸面料的衬衣，也要做成男式硬领。1984年，在男式西服风行的同时，女装也掀起了西服热。虽然这时的女式西装颜色单调、样式呆板，但是相比起肥大的制服，还是能体现一些女性的婀娜身姿，还能露出里面的花衬衣，因此受到了女性的欢迎。女式上衣在80年代中期曾经流行一系列根据仿生学特点设计的服装，如蝙蝠衫、喇叭袖、喇叭摆衫、鸽子服、袋鼠服、仿鸽体泡泡隆肩袖等，还有飘带领衫、针织绣花双绉衫等。其中，最有代表性的是蝙蝠衫。这是在两袖张开时仿佛蝙蝠翅膀的样式，具体为领形多样，袖与身合为一体，袖窿无缝合线，下摆紧瘦，面料多采用绒、丝绸等软料，以突出其飘逸感。它是伴随着牛仔裤一同流行的，与紧瘦的牛仔裤形成上下的反差。1985年冬季开始，在北京女性中流行棒针毛线衣。款式上主要有，棒针毛线多色交织套头衫，以色彩对比强烈为上乘，图案抽象而富有现代气息；素色棒针毛线衫则采用同色毛线织成提花图案，立体效果强烈，富有艺术性。到80年代末，这种棒针毛线衣逐渐被高档羊毛衫代替。同时，80年代初流行的格子的确良和绒布男式衬衣，也被真丝或纯棉绣花或镂花的衬衣所代替，衬衣的领子也由尖领、大翻领变成小圆领、小方领、青果领等，女性的色彩得到了彰显。80年代末的女上衣，一方面开始显露出强烈的时装化趋势，无论外套、衬衣、毛衣，都加垫肩，腰部线条由掐腰变直、收摆，讲究造型与艺术效果。另一方面，服饰在时装化的同时，也体现出很明显的便装化，套头衫和夹克成为女孩子最普遍的穿着。

80年代的男装的变化也非常大，但变化的速度要比女装缓慢一些。在70年代末，北京女性服装发生很大改变的时候，男式的主要正装还是中山装。80年代初，一种新式猎装在北京流行，才打破了这种沉闷的局面。以后，"西装热"则将男上衣的变革推向了高潮。后来，运动装、风雨衣、夹克、套头衫、棒针毛线衣相继在男士中流行，服装的样式也越来越丰富。男装的颜色也变得相当丰富，原来的黑、灰、蓝"老三色"逐渐隐退。

夹克在这一时期开始流行，并逐渐成为各个年龄段男女的常服，与T恤衫、牛仔服一起，组成深受人们青睐的三种经久不衰的服装款式。夹克，是英文jacket的音译，即短外套或短上衣，是休闲服的一种。夹克的一般款式是下摆和袖口收紧，有单衣、夹衣、棉衣、皮衣之分。作为一种着装，夹克最大的优点是松肩紧腰，穿着舒适，轻松时尚，方便随意，短小精悍，轻便实用，穿着精神抖擞，上下装搭配灵活，无论是在社交场合，还是家居或是室外活动都可穿着，是人人爱穿的一种上衣。早期的夹克衫，门襟采用明拉链，故亦称拉链衫。此衫起源于欧洲，1930年初传入中国，先是男性穿着，后来一些女性也穿着。现在人们广泛穿着的是近代夹克，是由第二次世界大战时美国空军飞行服逐渐演变而成的。近代夹克常见的有翻领、关领、驳领、罗纹领等，前开门，门襟有明襟和暗门襟之分，关合用拉链或拷钮，下摆和袖口用罗纹橡筋、装襻、拷钮等收紧，衣身可有前后月克。有的肩部装襻、一般采用分割、配色、镶拼、绣花和缀饰等工艺而形成各种款式。20世纪40年代，这种近代夹克也随着美军的活动传入中国。到中华人民共和国成立，北京也有一些人穿着夹克，一直到"文革"爆发。"文革"中，它作为西方资产阶级的生活方式表现之一而隐退。改革开放后，夹克又重新流行，其广泛的适应性和穿着的舒适自由，让北京人非常喜欢。不仅是青年人穿夹克，中年、老年以及在校的中小学生也穿夹克，而且男女都流行穿夹克，夹克一举成为当时最时髦的服装之一，而且一经流行就表现出经久不衰的趋势，最后变成人们的常服。1986年以后，在男式服装中兴起了"纯棉布"的热潮，由水洗、石磨、涤盖棉等纯棉布做成的牛仔套装——骑士服，迅速流行起来，成为80年代末最时髦的服装。这种骑士装前胸、后背多用皮革、穗线、图案、金属片等装饰，款式上采用前断胸、后断背、断袖肩的拼缝方式，增加了服饰的层次感，具有很强的摩登风味，很受男青年的喜欢，也得到不少女青年的青睐。同时，组合式服装也非常流行，组合式夹克、风雨衣、羽绒服均采用多层次表现手法、背心、披帽、衣袖组合简便，口袋也多用金属铆钉、拉链来装饰。衣袖、披帽与上衣之间的连接也用拉链或金属铆钉，装饰作用也很突出。这种组合式服装，可以适合多种用途，如组合式风雨衣、羽绒服，摘下帽子可以当上衣，摘下衣袖可以当马甲背心。同样，也得到了青年男女的一致喜好。

　　80年代是服装变革的年代，但变革的主流还是以青年为主，中老年中仍有相当一部分人依然保留了旧的穿衣方式，中山装和春秋衫还是他们的常服。甚至，在某些特定时期，旧式的服装也会变成流行。最典型的事例就是军大衣的流行。作为军便服的一种——军大衣，在80年代中期至90年代中期曾风靡了近10年。那时，北京人不分阶层、不分男女、不分职务、不分老少地几乎每人一件军绿色军用

军大衣

式棉大衣。究其原因，一是时髦青年进入舞场等娱乐场所后，需要着装单薄，而当时交通工具又以自行车为主，所以室内服装无法适应室外的寒冷气候。加之刚兴起来几年的防寒服衣身太短，不能保证腿部温暖。二是军大衣确实价格适中，又暖又轻，穿起来也比较精神。购一件裘皮大衣按当时的经济水平一般人很难做到。这时的权宜之计就是花上相当于一般月工资三分之一的价格去购一件价廉物美的军绿色棉大衣。三是求同从众心理的作用。年轻人一旦率先穿起，其他人也纷纷仿效，军大衣竟成了新潮时装。一时各工作单位发放福利品时也常有军大衣，各级领导干部去工厂、农村视察、检查工作及劳动时，凡冬日总是以军大衣为外套的形象出现。再接着，离退休老干部、中青年医生和教师等也都以军大衣为现代、年轻、精力充沛且不脱离群众的象征。这股军大衣风刮了近10年，直到90年代初期，皮衣大量上市，且低、中、高档价格能满足不同经济水平的着装者需求，再加

上解放军和警界人员的服饰屡屡升级换代，基本上与国际接轨。渐渐地，军便服成了陈旧过时的服式，人们开始舍弃军大衣了。

80年代旋起旋落的服装流行，打破了过去服装单调刻板的状况，使人们的服装变得生动多样，极大地丰富了人们的生活。同时，这种流行也反映了人们在服装审美方面的不成熟，对服装的取舍没有建立合理的标准。在这些流行中，不少也是不合时宜，甚至是存在一定问题的，成为当时保守人士诟病的理由和现在人笑话的对象。

除了在穿西装打领带方面的穿着的规范缺失以外，在流行中，"唯洋是尚""唯洋为美"的现象也比较突出，对服装的场合与身份的使用不加考虑。例如，80年代在北京女性当中曾经流行过一种"毛巾裙"。这种裙子用毛巾布做成，无领、无袖、短至膝盖，本来是日本妇女在家穿的近似睡衣或浴袍的便服。然而，不少北京姑娘却把它穿到大街上，穿到单位上班。至于一身睡衣或一身秋衣、秋裤出现在公共场合的现象，在北京还是经常可以看到的。戴蛤蟆镜不撕掉外文商标，穿西装不撕掉袖口上的商标，是其中的表现形式之一。另外，随着国外广告衫的流行和北京外语热的兴起，在服装上印有英文和日文字母也成为一种流行时尚。但是，不少穿衣者并不了解字母的含意，简单地认为只要有外国字就是时髦。不少少女穿着印有"Kiss me"（即"吻我"）字样的衣服，在大街上招摇过市，还有人则把印有日文尿素广告的外套穿在身上，不禁令人哑然失笑。还有一些服装，本来是西方色情团体穿着的，但在北京却是什么人都穿，也引发了不良的影响。

值得一提的是，在80年代的流行中，也曾经出现了在穿衣问题上男女性别角色的混乱，使追求美变得尴尬。女性男装，这在服装中是常见现象，一定程度上可以表现出女性的别样魅力。但是在80年代中期，却出现了男性模仿女性的装束，却让人不知如何面对。那时，不少青年男性烫大波浪头，穿高跟皮鞋、大红或大花衬衣、粉红色夹克、踩蹬健美裤，这些本是女性的装束，但却穿到男士身上，多少显得不伦不类。对此，一些媒体表现出了担忧，"男人穿红花衣已十分普遍，有的男装甚至用电脑绣上了花，纯白男衬衣基本上只出现在一些较严肃的场合"。一些女士则感到困惑不解："难道男人非学女人不可吗？现在到哪儿找男子汉？"

3. 服饰业新格局的诞生

改革开放以来，北京服装业进入新的发展时期，无论是服装工业、服装营销，还是服装研究、服装文化，都实现了大发展和大提高。

在服装工业方面，基本建设继续推进，北京纺织服装工业规模不断扩大。1978年4月，经国家计委批准，筹建北京化学纤维厂，1989年1月正式投产，年产涤纶短纤维1.2万吨，涤纶长丝5000吨。1988年，北京毛条厂、北京毛纺动力厂相继建成投产。1977年至1990年，搬迁建设了北京毛巾厂、北京纺织机械厂、北京丝绸总厂、北京羊绒衫厂、北京羽绒制品厂，扩建了北京第二印染厂、北京涤纶厂、北京涤纶实验厂、北京维尼纶厂，工农联营建设了北京玉渊潭棉纺厂、北京长毛绒厂、北京第二印染厂。在生产规模扩大的同时，服装工业的科技水平也得到了迅速的提高。在此期间，北京市相关部门按照高起点、新技术、大投入、快节奏的原则，对北京各个纺织厂以及大华衬衫厂、北京衬衫厂、长城风雨衣公司等生产企业进行了大范围的技术改造和技术引进，使其技术装备水平和产品质量明显提高。1985年，北京纺织系统全国优质产品金（银）奖和被评为部优产品的数量在全国同行居第三位。优秀产品的产值率已达30.52％，位居全国同行业的第一位。服装产品的构成也发生了根本改变，中高档西服、夹克衫、羽绒服、风雨衣、中高档衬衫等成为主导产品。北京的服装在历届全国质量评比中都名列前茅。从1979年全国第一次服装质量评比开始，到1987年，北京服装业共获得金牌2个、银

引进外国设备的北京衬衣厂

牌7个、轻工业部优质产品奖26个、北京市优质产品奖41个，另有8个著名商标，在全国同行业中位居领先地位。1984年，大华衬衫厂、北京衬衫厂双双获得轻工业部和北京市质量管理优秀企业称号。

在引进技术、更新设备的同时，北京服装业在企业经营形式和管理方式等方面也进行了改革。为提高企业管理水平，从1982年以来，主管北京服装生产的北京服装公司对下属企业进行了连续的整顿，成立了企业管理机构，加强对企业整顿工作的领导和管理。并组织各科室下厂实行对口帮助和指导，从领导班子、管理制度、基础工作、产品质量、技术标准、文明生产到后勤服务等逐一进行整顿。通过整顿，使18个直属企业先后验收合格，企业的生产状况得到明显的改观和进步。在服装企业的所有制改革方面，随着国家经济政策的改变，也出现了多样化的趋势，集体所有制和乡镇企业的服装加工与生产发展迅速，外商、港商以及私人投资企业也大量出现。1982年，北京涤纶厂与港商合资京通港高级家具有限公司成为北京纺织工业第一家合资企业。以后，相继成立了京澳毛纺有限公司、雪莲羊绒有限公司、高久雷蒙西服有限公司、佐田雷蒙西服有限公司、坦博衬衫有限公司、埃姆毛纺有限公司、金羊毛纺有限公司、京华棉纺有限公司、燕阳水带有限公司、京港物业发展有限公司、顺美服装有限公司等。利用外商、港商资金，引进

长城风雨衣

设备、引进技术、引进管理，促进北京纺织和服装工业发展。

这一时期，是北京服装业名牌迭出的时期，一大批名牌服装既改变了北京人的穿着状况，也为发展北京经济作出了重大贡献。长城风雨衣、铜牛内衣、雪莲羊绒衫、伊里兰羽绒服、顺美西服等北京人耳熟能详的服装品牌，都是在这一时期诞生的。长城风雨衣公司，是从原北京市服装三厂在1985年更名后发展演变而成的。1980年，服装三厂淘汰了老式棉服，改产风雨衣。此后，花色品种逐年增多，质量水平不断提高。1982年投产86种，1983年投产107种，1984年投产160多种。风雨衣面料从普通涤卡，发展到化纤、毛涤混纺、毛料、锦纶、丝光绸等多种。1985年至1988年，该公司通过引进美国的时装电脑系统，实现了风雨衣设计、裁剪的电脑化。还通过引进当时的联邦德国、日本的261台（套）设备，扩大了缝纫加工的能力，并使产品质量和款式向高档时装多用化发展。长城风雨衣不仅填补了华北地区的空白，还争到了全国风雨衣市场的半壁河山，并获得了20多个国家外商订货。当时，在中国流传着这样的说法：北有"长城"，南有"大地"，就是指中国两家生产风雨衣的名厂，其中"大地"是上海永新雨衣染织厂的产品。

长城风雨衣公司短时间内由一个从前是生产棉服为主的濒临倒闭的工厂，开拓出了长城风雨衣这个名优产品，一跃成为有世界影响力的服装企业，与公司经理张洁世的贡献是密不可分的。张洁世，1930年出生，山东掖县人，曾任北京市服装三厂副厂长，主管生产。1981年秋在厂职工代表大会上以全票当选为厂长，1985年5月担任北京长城风雨衣公司经理。其思想敏捷，对企业发展有其独到见识，他发现风雨衣生产在华北地区还是个空白，以一个改革者的毅力和决心克服了许多困难，推行浮动工资等一系列的改革措施，调动了全厂职工的积极性，用了三年时间打出了名牌产品长城牌风雨衣。

除了一大批新的名牌服装的涌现外，老字号服装企业也在改革开放的春风下重新恢复了活力，继续在北京人的生活中扮演重要角色。在80年代初，北京市政府作出决定，陆续恢复各行各业的老字号的生产。1981年，在"文革"中被迫关门停业的雷蒙西服店，率先在王府井大街恢复营业。1984年成立了雷蒙西服公司。1985年引进73台国外20世纪80年代先进水平的进口设备，为大批量生产高档西服创造了条件。北京雷蒙西服公司生产的雷蒙牌男西服、男大衣，采用各种中高档精纺、粗纺呢绒面料，内在工艺考究，技术先进，做工精细，是传统工艺和现代工艺技术的完美结合。产品集"轻、软、挺、薄"为一体，外形挺括，造型典雅，是根据亚洲人的体型特点，精心设计制造的，穿着舒适美观。盛锡福帽店在进入改革开放的新时期，也获得新生，不仅恢复了老字号的名称，也恢复了传统生产特色和技艺，受到广大消费者的欢迎。盛锡福不仅能生产高档礼帽、旱獭帽、海龙帽以及各式男女草帽，而且也生产各式大众帽子和少数民族用帽。他们生产的数百种各式帽子，不仅满足了国内各族人民的需要，而且还出口到东南亚、欧洲、非洲等70多个国家和地区。1986年，北京、天津、上海、南京等全国各地的八家盛锡福帽店，加强横向联合，组成了"盛锡福帽业联合会"，在市场竞争中，走出了一条新路。他们在弘扬传统商业文化、继承和发扬老字号的生产经营特色上，联手合作，使"盛锡福"的名字越来越响。在中华人民共和国成立初期设立的东华服装店，在1983年改为东华服装公司，成为一个经营呢绒、丝绸、裘皮服装、面料批发零售和服装零活加工的国有制中型企业。开业以后，该公司的经济效益一直在北京市同行业中名列前茅，销售指标和利润指标在5年内翻了一番。企业也由最初的一个营业大楼，发展到两个联营加工厂、一个服装经理部和一个裘皮服装分公司，形成了生产、销售、批发一条龙，经营的内容也从"文革"时的中低档服装发展为以经营中高档服装为主和为中外宾客定做高档服装的综合性商店。

改革开放改善了中国与世界各国的关系，同时服装生产水平的不断提高，各种服装名牌的诞生，使北京的服装出口贸易得到了很大的恢复和发展。从1978年起，北京服装出口创汇额平均每年以50%的速度增长，是北京最大的出口拳头产品，1984年至1988年，服装出口连续突破1亿美元大关。同时，服装出口不断扩大，依靠的优势已经不再是单纯依靠产品价格低、数量大、质量好、档次高、品种多等，这些方面的特点也不断突出。北京出口服装的起初主要是衬衫、裤子、睡衣等附加值很低的"大路货"，后来女时装、西装、夹克衫、风雨衣等加工层次多、附加价值高的品种不断增加，服装出口的档次不断提高。据负责北京服装出口的北京市服装进出口公司统计，1989年，北京服装出口品种增加了54个，其中4个品种年创汇1000万美元以上，16个品种创汇100万美元以上。出口服装的单件平均创汇值也由70年代的2.75美元，提高到4美元。世界上一些名牌产品的厂商和进口商纷纷前来订货，如YSL、ARROW、LEVI'S等，使委托加工和来料加工业务也得到了很大发展。到80年代，北京出口的服装已销往日本、美国、加拿大、英国、法国、澳大利亚等五大洲80多个国家和地区，发达国家和地区取代了原先的苏联、东欧国家成为北京服装的最大进口地。

改革开放不仅带来了作为生产环节的服装工业的巨大发展，而且使北京服装的销售环节即服装市场发生了重大改变，多种渠道的服装销售网络开始形成。改革开放前作为服装销售主渠道的分布在市内各个城区的大中型百货商场以及专门的服装店，在80年代依然还是北京服装销售的重要组成部分，销售额仍然占据服装市场的首要部分。这些商店在80年代初遭遇了个体服装经营者的强烈冲击后，逐步调整了经营的服装样式和档次，依靠比较优越的地理位置、品牌和资金优势逐步从被动中扭转过来，效益不断改善。80年代后，随着人们对服装需求的不断增加，一些专营服装的大中型服装商场也开始在北京兴办，如西单服装商场、隆福寺新新服装商场等。这些商店和星级宾馆的商场成为当时北京服装市场经营中高档服装的主要场所，人们要买正规一些的服装，还是把它们作为首选。80年代中后期，一些大中型百货商场开始吸纳中外著名服装生产销售商进场设立专柜，服装经营开始向品牌化、精品化的方向发展。80年代，一些著名品牌也陆续在北京开设服装专卖店和连锁店，经销自己生产的服装。它们也是北京中高档服装经营的重要形式，只是数量还是比较有限，价格往往让多数北京人只有看看的份儿。不少品牌特别是国际一流品牌，在当时人们经济还不十分宽裕的时候，经营这些店铺，广告的意义远大于经济的考虑。

　　还有不少原先从事其他行业的店铺也陆续改营服装，使北京的服装市场进一步发展。以北京商业比较发达的隆福寺街为例，80年代，是北京隆福寺街服装店发展最快的时期，服装店的经营远比当时的餐饮业和其他店铺更红火，除了街面闲置的门面房被租赁或购买后经营服装业，原先经营时间很长的店铺也转营服装。如盐店大院北口的万兴服装店，北京和平解放以后一直是经营糖果和儿童玩具的商店，改革开放后，转而经营餐饮，80年代则变为服装店。另外，在这条大街上，有着数十年经营历史的钟表店、金笔店和修理店等，也纷纷转营服装。到80年代末，服装店成为隆福寺大街各业当中数量最多的店铺。到90年代，更是发展成为服装一条街。据1995年统计，隆福寺大街除了隆福广场和隆福大厦以外，共有110多家商店，其中服装店就有90多家，占商店总数的85％以上。

　　80年代，发展最快的是个体服装经营。自从80年代初，北京市政府放开了个人经营服装小商品经营限制以后，后来又放开了外地人在北京从事个体经商的限制，北京的个体服装经营得到了巨大的发展。在不少地方，服装市场的形成，都是从无序的个体地摊，经过街道管理，逐步发展而成的。个体服装经营者先是从在街头摆地摊开始，后来地摊连成了片，逐步发展成为摊床经营，后来又出现了单人店面，后来单人店面又连成片，在北京人流比较密集的地方逐渐形成服装零售批发市场。北京目前比较大的服装市场如动物园、大红门、秀水街、雅宝路等，就是在这个时期发展起来，最终产生全国性影响的。其中，又以经营外贸批发零售的秀水街和从事服装加工、销售的大红门"浙江村"最具有代表性。

　　秀水街在北京城的建国门外路北，靠近使馆区，是一条上不了地图的不到200米长，8米宽的胡同。如今到北京的外国人把"登长城，吃烤鸭，逛秀水"，作为到北京必做的三件事情。秀水市场作为中国改革开放的一个窗口，在国内外享有很高声誉，外国人把秀水市场称之为"OK街"，北京的"小香港"，北京的"小巴黎"等，可见其影响之大。秀水街的发源最早可以追溯到1982年，那时有人在秀水东街南口、外交公寓墙外贩卖各式杂货、工艺字画和丝绸服装等，后来人聚集得越来越多，商品经营从几种发展成几十种，一个自发的市场形成了。当时的街道、工商等部门对这些无照商贩采取了驱逐的方法，但由于生意极好，小贩们自然不肯轻易放弃，于是和管理部门打起了"游击"，你来我走，你走我接着卖。这种"游击"一打就是3年，直到1984年北京市朝阳区政府批准成立秀水市场。1985年，秀水市场正式开张。市场将那些无照的个体小摊商组织起来，给每户摊商发了印有"文明经商，保持卫生，保质保量，收费合理。个体××××号"的布幅作为营业执照，并规定每个摊位月税费15元。这标志着秀水街的个体摊商从此取得了合法经营权，秀水市场也得到了迅速发展。从那以后，在秀水街上卖服装的摊贩多了起来，而且大家进货所针对的顾客群都是住在建外地区的外国人。因此，秀水市场经营的商品和北京其他集贸市场不同具有浓郁的中国民间特色。最初经营的是丝绸服装，满街挂的都是丝绸衬衫、丝绸睡衣、丝绸裙子等，有男人的、女人的、大人的、小孩的，服装的用料、颜色、款式也很讲究，做工也很地道。丝绸服装上，大都绣花绣草、描龙绣凤，中国民族风情十分浓厚。在价格上，这些服装却比离开秀水仅千米之遥的大商厦便宜很多，使中外顾客纷至沓来，不顾酷暑严冬，在这小小的市场上选购自己喜爱的商品。后来，秀水街的商品在坚持中国民族风情的基础上，又逐渐增加了各种名牌商品，质量相同，价格却很便宜，生意更加红火。到秀水街的客户，也不限于普通的市民，甚至外国元首及夫人和各国大使夫妇，也是秀水街的常客。另外，与秀水市场齐名的还有1988年形成的雅宝路市场，也是从80年代开始就从事服装交易，走过了与秀水市场几乎相同的发展过程，最终成为对东欧服装贸易的最大市场。

而"浙江村"的出现，却是另外一种情况。70年代末，温州乐清县两兄弟在包头经营服装亏了本，回家路过北京，抱着试试看的心理，把没卖掉的衣服拿出来"练摊"，没想到，服装被抢购一空。于是，他们在北京南部的丰台区大红门租了间农房，添置了缝纫机，搭起了裁剪台，这个专门加工时髦服装的作坊让两兄弟赚了不少钱。由于当时生意很好，自己做的衣服不够卖，到别人家去收又怕不能保证，于是就找来了家里的亲戚进行服装加工制作。这样分工体系和经营网络就自然形成了，大量本来根本不经营服装生意的人也纷纷来到北京。北京市场大，生意也好做，就这样，越来越多的温州人和浙江其他地方的人来到北京南苑乡的大红门做服装加工生意，人们便把大红门地区浙江人的聚居地称为"浙江村"。"浙江村"一开始只有10来户几十人，1983年和1984年浙江人急剧增加，达到了上千人。到1985年初具规模，形成聚落群体。此后"浙江村"快速膨胀，到1989年已达3万人之多，超过了当地24个自然村2万多北京居民的数量。90年代以后，"浙江村"人数不断增加，最多的时候接近了10万。"浙江村"的范围不断扩大，除了大红门地区以外，在丰台花乡和内城的东黄城根一代也形成了浙江人的聚居地。"浙江村"之所以会在大红门地区出现，是因为该地位于天安门正南方，距前门商业区仅5公里。大红门一带是交通要道，永定门火车站每天都有火车开往全国各地，附近又有长途汽车来往于北京、浙江、江苏、河北、山西等地，多条公共汽车线路也将该地与城区连成一片，对内对外联系均很方便。另外，与市区相比，这里的建设比较落后，本地居民大部分居住在四合院的矮平房中，房租比较低，适合长期租赁、居住。

　　服装业是"浙江村"一直占主导地位的支柱行业，已发展成北京民间最大的服装加工基地。服装业（包括制作、加工、销售等）从业人数占95%以上，像一个服装集团公司，既有制作加工"厂"，又有辅料、布料供应"公司"、推销"公司"、缝纫修理"公司"、交通运输"公司"以及几个专业市场。服装业的经营方式是以家庭作坊式为主的小规模简单加工，产品也主要面向国内外中低档市场。他们加工生产的服装不仅供给北京市场，而且还向全国提供，主要集中在华北、东北等地，部分产品则通过俄罗斯等欧洲商贩远销俄罗斯远东、东欧等国际市场。1988年以来，"浙江村"开始形成拳头产品皮夹克。在以后的两年里，大批东欧和俄罗斯客商直接入村采购，当时每户几乎都有过三四天连续不睡觉赶活的经历。不少"浙江村"的商户，除了在附近的服装批发市场向各地商户销售自己生产的服装以外，有的还在城里的前门、王府井、西单等繁华商业区租下柜台，出售自己生产的服装。"浙江村"的服装加工制造很会赶潮流，一般先是从香港、广东那边学习服装的款式，再进行仿造，然后再卖到上海、北京，因此销路非常好。当然，他们也经过了非常艰苦的创业过程。不少商户在面积不大的平房里，摆满了服装加工设备，连晚上睡觉的床都无法摆下去，"白天当老板，晚上睡地板"，这是许多"浙江村"人的发家经历。

80年代也是北京服装文化大发展的时代。通过改革开放，北京服装界与世界重新建立起联系，广泛学习先进国家的服装文化理念，使自己的服装文化，无论是时装展示，还是服装设计、教学研究均取得了重大的突破。

时装表演和模特，在今天已经不是什么新鲜事了。就连居委会的大妈们也会组织个时装表演，充当一下时装模特，向人们展示北京老年人的活力与风采。但是，在改革开放之初，它的发展也不是一帆风顺的。1979年3月，著名的法国时装设计师皮尔·卡丹亲自率领12名法国模特，在北京民族文化宫进行了一场时装表演。这场在当时象征着中法友谊的表演，在今天看来也许并不能代表什么，也没有展示特别出奇的时装，尽管他已充分考虑了中国的国情，尽管坐在前排的观众已经过严格审查，但美丽性感的法国模特在长裙旋转时所露出的秀腿，却强烈地冲击着

皮尔·卡丹像

中国人的观念。长时间受传统思想禁锢的人们，一时还不能接受这种表演方式。一些外贸部门人员以及行政官员，对法国模特穿着的"暴露性"和"带性感的"服装深感紧张。当时的《参考消息》曾转载了一篇评论，说"中国人吃饱穿暖尚且没有做到，引进时装纯属多余"。言下之意，对时装表演多有非议。

然而，追求美、展示美的渴望在这个时候已经很难压制了，而且各个服装外贸部门也迫切想通过服装展示，来获得对外出口的订单。很快，在上海、北京，时装表演队、模特陆续出现了。1980年，上海服装公司在其下属企业的3万多名女工中，挑选了12名女工组织了中国第一支业余时装表演队。她们在堆杂物的废仓库里开辟了一块空地，穿上自己认为最美的衣服，在那里悄悄地表演。经过一年多的训练，她们终于走上了前台，获得了人们热烈的掌声，然而，来自亲人、朋友的压力依然还是那么强烈。同年11月，在北京饭店西楼的大厅里，北京的10余名业余男女模特第一次穿上了皮尔·卡丹设计的时装，与他从法国带来的两位专业模特一起登上了T形台，为包括北京市党政领导在内的观众进行了表演。但这时的服装表演还只能限于服装界业内进行，主要是为销售服务，表演选样订货的服装。

1983年4月，当时的轻工部在北京展览馆举办了五省市服装鞋帽展销会，这是改革开放后第一次大型服装展销会，上海服装公司带来了那支活跃的业余时装表演队，每天上下午都穿着公司的展品出来亮相。当时的轻工部部长杨波看了她们的精彩表演后，欣然同意向国内宣传。随后，数十家新闻单位的记者才蜂拥而至，争相发出了有关的消息和专访。中央电视台也在《为您服务》节目里，播出了她们表演的录像。同年，《时装》杂志社发起举办了中国的第一次模特大赛。随后，中国大地出现了上百支时装表演队。中国模特由此而获得了公开走向社会的许可证，人们的看法也发生了很大转变。1983年6月，《北京晚报》刊登一则《服装广告艺术表演班招生启事》，招收男女模特。这则招生启事，是在中国历史上第一则见之于报纸的招考时装模特的广告，十分引人注目。广告一经刊出，北京青年男女反响异常热烈，很短时间内就有上千人报名，使原本以为没有多少会报名的主办单位措手不及，只得一次又一次加印报名表。1987年11月20日，经北京市经委和计委批准，北京市服装开发公司和北京市服装协会联合成立了中国第一支在工商行政管理部门领取《企业法人营业执照》的时装表演队。

北京的时装模特们也开始走出国门，到欧美各国进行表演。1985年7月，北京12名女模特受皮尔·卡丹之邀请，到法国巴黎参加他个人的时装展示会。北京姑娘的表演受到了热烈的欢迎，巴黎的8家报纸在头版头条的位置上刊登了这一消息，把她们的成功演出称为"征服法国之行"。随后，在意大利那不勒斯举办的"1988国际今日模特大赛"中，19岁的北京姑娘彭莉荣获大奖，国际媒体纷纷把1988年8月26日这一夜称为"彭莉之夜"。从那一夜开始，北京乃至中国的时装文化开始在国际舞台上崭露头角。

80年代也是北京服装教育与研究的飞跃发展时期。随着恢复高考，北京各个高校陆续恢复招生，北京的服装教育与研究也得以在遭受重创后恢复。1980年，原中央工艺美术学院（现清华大学美术学院）创办服装设计专业，还成立了"中央工艺美术学院设计中心"（1985年更名为"环境艺术研究设计中心"），招收服装设计专科生，开始培养服装设计方面的专门人才。1982年，该校开始招收服装设计专业本科生，1984年，又成立工业设计系和服装设计系，使服装教育研究的领域进一步扩大。1985年，停刊多年的《装饰》杂志也重新复刊。1988年5月，经过当年的国家教委和纺织工业部的批准，成立于1959年并在1978年恢复招生的北京化纤工学院，改扩建为北京服装学院，成为当时全国唯一以服装命名的高等院校。另外，在北京市服装技工学校、北京市服装研究所以及社会上各种专修班、业余班等多种类型和多种渠道的培养方式，也在改革开放以后为北京培养了一大批服装技术人员。

在中央和省、市、自治区，相继设立服装研究设计中心或研究所、服装协会、服装设计师协会等学术组织，北京服装协会也于

1984年成立，其宗旨是推动北京服装产业的发展，为政府、行业、企业提供与服装行业相关的各种服务。随着专门组织和协会的出现，服装业的各种交流、比赛和研讨也迅速活跃起来。1983年，中国首次派团前往巴黎考察国际时装博览会，考察当时男装女装和针织品的国际流行趋势。同年，《时装》杂志举办的"中国时装文化奖"大型服装设计竞赛在北京举行。1985年，首届由官方组织的全国服装设计大赛——"金剪奖"在北京举行。1986年，中国第一场服装流行趋势发布会在北京人民大会堂举办。1988年，第一届国际服装理论研讨会在北京举行，中方代表30人，国际专家12人出席了会议。

一些专业杂志也开始出现并定期出版，如《时装》《流行色》《中国服装》《现代服装》等。它们在传递国内外服装、色彩、面料的流行信息、介绍流行式样、指导流行趋势、交流设计经验等方面做了很多工作。其中，《时装》杂志是由中国丝绸工业协会1980年在北京创刊，是新中国第一本时尚类的杂志。它的出现对中国时装文化的启蒙和时装业的发展都做了很大的贡献，不仅在时装界具有重大的影响，而且在社会上也具有相当大的影响，在专业刊物中发行量名列前茅。创刊于1985年的《中国服装》杂志，则是北京第一份服装行业产经类刊物。这些刊物连同不少各类报刊针对当时社会上出现的混乱与繁荣并举的穿衣现象，大力宣传介绍相关的服饰文化，对改革开放后在服饰文化方面的缺位进行弥补，促进了人们消费意识和文化品位的进步与提高。

（三）服饰的新潮与创造

20世纪90年代以后，是人们迈入新世纪，充满憧憬与希望的岁月。随着经济实力、自我意识、自我反思以及审美能力的提升，人们的服饰时尚意识不断加强，个性化特点越来越突出。消费文化、资讯文化、休闲文化、高科技环保、民族文化等时代特征，也越来越多地在北京人的服饰上体现出来。

1. 追求多样化和个性化的时尚

自20世纪90年代以来，是北京改革开放不断深化并结出累累硕果的时期。经济的迅猛发展，生活条件的不断改善，加之与国际交流的频繁与深入，人们的头脑更加解放，眼界也更加开阔了。人们越来越主动自觉地展示个性，通过奋斗来实现自我价值。个性的舒张，使人们从80年代一窝蜂地盲目追赶时髦当中解脱出来，变得理性和成熟。90年代以后，再也没有哪种服饰可以一呼百应、一统天下，大街上再也看不到黑乎乎、蓝花花、灰蒙蒙或别的单色调的景致了。只要能愉己悦人，穿出美丽就是流行，基本已经成为普遍共识。于是，多样化和个性化，就成为90年代以后北京人的服饰最突出的特点。

北京人的服饰多样化的一个重要表现是，服饰的分类越来越细致，种类越来越丰富。服饰可以根据消费群体的不同年龄段分为婴儿服、小童服、中童服和大童服，男装、女装、中老年装等。根据不同的场合需求和功能又细分为职业装、休闲装、运动装、户外装、孕妇装、家居服、情侣服、亲子服及礼服等。各色品牌与各种档次的中外服饰，让人们在选择的时候更加从容自如。服装的质地，传统的棉、麻、丝、羊毛、羊绒、羽绒等天然原料依旧受到欢迎，而层出不穷的高科技产品如莱卡、暖卡、大豆纤维、竹纤维、纳米材料、智能穿戴等也不断加入到衣着的行列之中。这种趋势，在20世纪80年代末已然显示出来。1988年夏季，有人在北京西单商场门前对过往的女青年服装状况进行随机采样。调查者惊奇地发现，从商场门前走过的100个女青年中，竟然没有人穿着款式和色泽完全相同的服装。服装者经营对此趋势，则更早察觉。北京一家服装店的经理在接受调查时说："现在经营服装比以前可难多了，竞争非常大，市场行情也很难把握。前几年，北京青年人的服装很容易形成一股风，一旦出现大家认同为时尚，便一窝蜂地模仿，那时只要看准机会，进一批流行时装，很快就能售出。现在可不同了，款式变化太快了，新款式太多，周期也太短了，进货要非常慎重。有时一件款式新颖的高档服装，只敢进一两套，否则就会滞销，一旦滞销，拍卖都很难。近几年服装的流行虽然也有一个大趋势，但具体什么款式最时髦，就不好说了，能够形成一股风的越来越少。"到了90年代以后，服饰的种类和样式更加丰富，让有些时髦的男女为穿衣打扮犯了难。衣柜里琳琅满目，可是出门前左挑右选，却不知道穿什么好。不少职场女性，不想好第二天的着装打扮，再晚也绝不会睡觉。这种穿衣难，实在是一种幸福的磨难，也正是在这种犯难中，人们告别了单调的流行，走上了适合自己的多样化服装道路。

北京人服饰的多样化，还表现在流行时尚的多元化。90年代以后，改革开放的深入，中国与世界的服饰交流越来越深入迅捷。除了欧美、日本以及我国港台地区等自改革开放之初就已经进入中国的各种服饰以外，90年代以后韩国服饰以黑马的姿态异军突起。90年代中期，在北京街头人们经常可以看到"哈韩一族"。他（她）们的标准打扮是：头发凌乱支棱并染成扎眼的金黄或黄黑相间等怪异颜色；耳朵上戴着异状的一个或数个耳环，有的甚至还有鼻环；身上穿着所谓的"垃圾装"或"乞丐装"，肥肥大大，做成脏兮兮的，裤子油光锃亮，膝盖处还要撕个洞，任凭那些毛边飞着；此外，还总要背个鼓鼓的大包，包上缀满各种各样的标牌。对于这副邋遢的造型，很多人特别是家长和老师看不惯，也不免对学生提出各种劝诫和批评。但毕竟已经改革开放相当长时间了，见惯了各种服装流行的人们变得宽容理性，哈韩一族的垃圾装没有像当年喇叭裤和牛仔服那样受到全社会的口诛笔伐。很快，这股让老师和家长不舒服的时尚就过去了。21世纪初年，韩国的电视剧《蓝色生死恋》、《人鱼小姐》以及电影《我的野蛮女友》等在北京热映，其中男女主角的服饰对北京的少男少女的影响同样强烈。这一时期的韩国服饰风格，与十多年以前的"垃圾装"反差特别大，简直可以说是干净得一尘不染，奶白、浅粉红，淡蓝、淡绿等，都是水灵灵的衣裳颜色。服装市场和杂志也越来越多地出现"韩版""韩款""韩流"等等时兴词语，还专门把韩国时装做了独立分类。"韩版"的外套、毛衣、衬衣、围巾等，在市场上随处可见职场男女白领们非常喜欢将这些韩国风情的服装用来展示自己的"小资"情调。

在服饰的风格方面，也是中西和平相处，复古前卫、严谨和暴露并行不悖，均成为流行的时尚。90年代以后，顺应国际着装趋势，着装风又开始趋向严谨、端庄，特别是白领阶层女性格外注重职业女性风采，力求庄重大方。袒露之风开始在某阶层、某场合有所收敛，尽管超短裙依然存在，但是相当一部分年轻姑娘穿上了长及足踝的长裙，逐步去表现女性的优雅仪态。而在追求严谨、端庄的同时，"薄、透、露"的素材大量被采用，突出性感设计服饰也屡见不鲜，而且愈演愈烈。在80年代低袖、无袖、超短袖还曾引起舆论讨论，而露肩、露背、露脐装的出现，除了上了年纪的爷爷奶奶们抱怨几句，没有太多的反对意见。原先，北京女孩子穿吊带裙必定在里面穿打底衫，到90年代末期，敢穿的女孩的打底衫不见了，吊带也变得越来越细，甚至被透明的窄带取而代之。前卫点的凉鞋发展为无后帮，且光脚穿，脚指甲上涂色或粘彩花胶片，戴

露脐装

趾环。与露异曲同工的还有"透"。这种透与袒胸、露背、露肚脐的直接暴露相比，显得朦朦胧胧、遮遮掩掩，既含蓄又引人入胜。透的方式有，小立领与前胸稍敞的些微透，吊带裙与披风配套的朦胧透，透明衣加内衫的立体透，还有针织衫与镂空工艺或镶拼蕾丝的局部透。提包过去是放置私人物品的，也是服饰的重要点缀，此时有些女孩的提包也采用全透明式的了。其他如"鱼网装""透视装"、露背装、低腰裤等展现女性柔嫩肌肤和妙曼身材的服装，也曾一度在北京流行。2006年，张艺谋导演的《满城尽带黄金甲》上映，影片中上千宫女，包括巩俐饰演的皇后，其着装暴露，高腰束胸，用聚拢文胸将乳沟甚至部分乳房暴露出来。这种着装方式，很快引来很多的模仿者，至今未衰。值得一提的是，90年代以后，许多暴露而前卫的服饰已经不是青春少女展示叛逆和大胆的专利了，很多中年妇女也加入了这一行列。

服装多样化还表现在人们对服装的认知方面。90年代以来，数不清的着装理论被人们制造出来。如四季色彩搭配理论、十二星座穿衣理论、职场穿衣理论，甚至连情绪低落时该穿什么都有理论，虽然其中亦真亦假，有些时候让人摸不着头脑，但它们也是服装多样化的一个表现。

人们的着装意识发生了显著改变，面对目不暇接的流行时尚，人们已经表现非常淡定了。不管流行什么，大多数人都开始根据自己的情况，审视适合自己与否。越来越多的女孩子开始从头到脚，从内衣到外套来考虑自己的穿戴。不仅考虑服饰色彩搭配、服装面料质感与光泽的配搭、服装款式与服装风格的整体统一，而且善于考虑发式、脸部化妆、服装配件等凡是跟人体装备有密切关系的附件的整体完备与协调性。由于职场竞争原来越激烈，人们开始更加注重自我形象，专业的形象设计成为独立的行业。"形象设计"原本是舞台美术的一部分，后来被时装表演界人士使用，用于时装表演前为模特设计发型、化妆、服饰的整体组合。这原本是演员和模特才需要的服务，如今已扩展到越来越多的寻常男女中间。2004年原国家劳动和社会保障部发布了形象设计职业正式成为我国社会中的新职业后，各大专业院校才成立相关的专业教育方向，逐渐从业余到专业培养复合型人才，从擅长一门（或化妆，或美发，或服装，或饰品）到注重整体设计，取得了长足的进步和社会的认同。

在服饰多样化的同时，也意味着人们对服装个性化的追求。服饰的多样化，又为个性化提供了无比广阔的选择空间，反过来个性化又进一步加强了多样化。"人穿我不穿、我穿人不穿"的意识，将服装的个性化显示得异常突出。1994年，北京服装学院就着装心态问题对北京市民进行调查。在"穿着要考虑整体美"的问题上，61.3%的被调查者持完全同意的看法，23%的人持一般同意看法，而完全不同意的人只有2.5%。而在"爱穿与周围人相类似的服装"问题上，超过一半的人持反对态度，非常愿意的，也只有10.2%。说明着装考虑整体美，强调服装的个性方面，人们的认识开始趋同，昔日无差别的服装意识也已经被大多数人摒弃了。20多年过去了，估计今天再做这样的调查，绝大多数的人会认为纯属多余，甚至会纳闷怎么会有人反对衣着整体美和追求个性呢？

服装个性化，表现在原来的穿着秩序的打破。90年代初期，以往人们认定的套装秩序被打乱了，打乱这种秩序的最典型的代表是"内衣外穿"和"反常规"着装。"内衣外穿"，是内衣的外衣化现象。把内衣这种本不愿让人看见的"隐私"拿出来"曝光"，将自己的内在美公开化。有的把腹带的一部分裸露于外表，与外衣的色彩进行搭配，化解了单调感，也将女性的身段显得十分可爱而无负面效果；有的在外衣上暗示出内衣的造型，把外衣设计成内衣状，好似外衣又像内衣的衬里；有的直接把内衣当外衣穿，如过去出门只可穿在外衣之内的毛衣，这时可以单穿而不罩外衣堂而皇之地出入各种场合，这其中也与毛衣普遍宽松的前提有关。"内衣外穿"的极致，则是把中国传统作为内衣出现的肚兜作为时装穿出来，并在各种场合出现。

如果说，"内衣外穿"打破了传统的内外之分，那么"反常规"

着装则颠覆了长短的秩序。过去，外面如穿夹克，里面的毛衣或T恤衫应该短于外衣，但是小青年们忽然觉得肥大的毛衣外很难再找件更大的外衣，所以就将小夹克套在长毛衣外。时隔不久，服装业开始推出成套的反常规套装，如长衣长裙外加一件短及腰上的小坎肩，或是长袖呈三层递进式，外衣袖明显短于内衣袖。另外，90年代流行的"小一号"着装，也是这一现象的有力说明。所谓小一号就是穿得比合体衣装的号码略小，即短而紧瘦。90年代中后期，随着复归、怀旧思潮一浪高过一浪，女装的带有男性化的宽肩和直腰身式已经过时，代之而起的是收紧腰身，重现女性的婀娜身姿和淑女仪态。在青年中，由于女性衣装越来越合体，进而流行"小一号"。"小一号"也是对原本服装合体观念的一种颠覆，在另外一种角度阐释了个性化。

文化衫

服装的个性化还表现在，人们开始用服装来宣泄自己的情感，表达自己的思想。其中，90年代初期流行的"文化衫"和现今流行的DIY服装最具有代表性。

所谓"文化衫"在样式上并没有什么特别的，就是把过去的圆领汗衫印刷或写画上各种各样的文字或图案。文化衫，其实是舶来品，国外称为"卡通衫"，在纯棉T恤上绘制卡通动物和人物，非常有情趣。在改革开放以后，文化衫就开始在北京出现。一些旅游点如长城、天坛、颐和园等地，出售旅游纪念品的商贩们把景点的图案印刷在圆领汗衫上出售给游人。例如，在长城，文化衫最多的用词就是中英文的"我登上了长城"，或者毛泽东主席书写的"不到长城非好汉"等，并配以长城的图案。文化衫的颜色以白色为主，后来又增加了黄色、绿色和红色等颜色。文化衫起初是用比较廉价的滞销的那种圆领衫制作，后来不断改善，与寻常体恤无异。

1991年夏天，北京的街头一下子冒出了很多的文化衫，很多青年男女，甚至中老年人也身着文化衫，使原本作为带半袖的贴身汗衫，就因为印上几个字，一跃而成为时装。人们利用这种汗衫，或购买，或自己制作，把自己的情感在上面尽情地挥洒。文化衫上的词汇多种多样，有来自流行歌曲歌词，有诗词、影视、习语、卡通等话语或关键词的混合，其内容有一本正经的，也有诙谐调侃的；有怀旧的，也有时髦的；还有到不同时候抒发自己心情的。《太阳最红，毛主席最亲》《大海航行靠舵手》等歌曲，是对那个时代的"毛泽东热"比较直白的诠释。《跟着感觉走》《世上只有妈妈好》《我的未来不是梦》《好人一生平安》《来自北方的狼》《我很丑，但我很温柔》等，既把穿着者喜欢的歌曲表现出来，又将自己的各种情绪表达出来了。高校大学生毕业的时候，"依依惜别情""兄弟，走好！""期待再相聚"的文化衫，把不舍的离别之情生动地表现了出来。当然，像"我一无所有""真搓火""烦着呢，别理我！""拖家带口""我没钱，别爱我"等带有个人情绪的调侃话被堂而皇之地印在汗衫的前胸背后，成为青年人最喜欢也是当时销量最大的文化衫。一些人还用文化衫来展示自己的职业。一位蹬三轮的人，不仅把自己的三轮车擦得铮亮，配齐了各种铜活，而且在身上穿了件写着"祥子"字样的文化衫，一路骑来，倒也十分威风。甚至还有一些在京的外国人也跟着凑热闹。"我没有美元"等话语的文化衫，也随着他们的脚步，出现在北京的街头巷尾。除此以外，印有明星头像、动物花草图案的文化衫，也是人们十分喜欢的类型。

文化衫原本是民间自发的服装艺术行为，后来一些官方和企业的活动也纷纷采用文化衫作为宣传手段。1991年，南方发生洪水，在政府组织的赈灾晚会上，所有出场的演员均身穿"风雨同舟"字样的文化衫，使文化衫对全国产生了很大的影响。后来的几年，官方各种经济活动、学术会议、体育比赛等，都会有宣传该项活动的文化衫发放。精明的商家，自然不会放过利用这种流行开拓商机的机会，文化衫在他们手里变成了"广告衫"。另外，一些企业也把自己的商标或产品印刷在汗衫上，低价或赠送给消费者，让他们变成自己的流动广告。能白得一件汗衫，当时不少人还感觉是赚了便宜的事情，于是乎，一时间北京街头广告衫有点泛滥成灾。带有"天磁""邦尼炸鸡""Nike""Adidas""柯达""博士伦""银箭"等各种商品、各式服务内容的文化衫都在街头展出，甚至连手纸、卫生巾的广告衫都有人穿，不免令人尴尬。还有一些商家如"果珍"则把自己的公司或产品印在帽子上赠送给消费者，这样不仅有文化衫，而且有"文化帽"了。文化衫当时的价格只有几块到十几块钱一件，十分经济。其抒发感情的直接，使其很快成为一种潮流席卷了京城，并迅速影响到全国。但文化衫的热潮持续不到一两年，就逐渐消退了。原因一方面是当时文化衫的质量大多不怎么样，洗过几水以后，领口懈得快赶上露肩装了，非常难看。另外，文化衫就是借助文字宣泄心情，服饰本身并无特色。新鲜劲儿过去以后，它的简单和粗糙就凸显出来了，让人无法接受。

如果说90年代的文化衫还是人们展示个性和思想的初级阶段，那么近些年流行的"DIY"服装则是利用高科技和人们的细巧心思的产物，使个性化服饰日趋成熟。

"DIY"是Do It Yourself的英文缩写，就是亲自动手做的意思。它20世纪60年代起源于欧美，已有50多年的历史。在欧美国家，工人薪资非常高，所以一般居家的修缮或家具、布置，能自己动手做的，就尽量不找工人，以节省工资费用。从90年代开始，"DIY"在北京逐渐成为一种流行，从攒电脑、布置家居到制作服装服饰等，大家都喜欢采用DIY的方式。通过DIY设计制作出的服饰，避免与他人雷同的尴尬，还能展示自我个性和品位，因此始终具有较为稳定的市场和需求。

服装DIY一种形式就是烫画服饰，即通过要将事先准备好的图片，在电脑上进行设计处理，并用特殊的服装热转印纸打印出来，再转印到棉质服装上而制作出的各种流行服饰。人们把影视体育明星、生肖星座、动物、花卉、科幻等图案，甚至个性化的照片如把自己或家人、情侣的照片等，通过电脑设计加工，再烫印到自己的衣服上。这种服装DIY加工方式，可以说是原先文化衫的现代翻版，不同的是无需批量生产，人们可以更广泛地根据自己的需要选择图形文字，选择自己喜欢的服装，再进行加工制作。服装的质地、样式、以及印刷的精美，是原先粗糙的文化衫无法比拟的，而且，自己选择图片文字，更有利于展示个性，反映自己的思想与个性。情侣们可以在自己的服装上印自己喜欢的情侣派对图，向世人宣布自己的爱情。过去这种服装需要到印染店现场去做。如今，在淘宝等相关购物平台，顾客只要通过网络将自己的需求或设计告诉商家，很快快递就能将货物送到家中。DIY服装的制作另一种是对成衣进行再加工。通过给服装印花、改颜色、改时尚流行款式、加修饰物、上点缀物等方式，改变服装的形象。在北京一些服装店开展了DIY业务，顾客可以在购买服装以后，在服装店按照自己的设计要求店主修改，或者干脆自己进行加工修改。五彩蕾丝花边、造型各异的扣子、带有民族色彩的布绳、以及一些零碎的布块、项链等都可以成为服装修改的原料，简单的修改弥补了原有服装老套呆板、毫无个性的缺陷。此外，电脑技术普及以及网络的发达，使人们拓展服饰文化空间的难度降低。不少北京人从网上购买服装DIY的原料，自己动手设计出自己喜欢的服装样式和图案，然后再加工成服装。最简单的做法是，从网上购买各种图案或形状可粘贴的布片，在衣服上一粘了事。简简单单的一个动作，批量生产的寻常衣服从此拥有了个性。

2. 讲究品牌与注重休闲

90年代以后，北京人穿衣也开始进入一个讲究品牌、注重休闲的时代。

讲究服装品牌，是与北京人的收入迅速增长有密切关系的。进入90年代以后，随着中国经济的发展，北京人的收入不断提高。在80年代中期到21世纪初，北京人均收入以每年提高10%的速度快速增长。据北京市统计局网站公布的数字表明，1985年，北京市城市居民人均家庭总收入为1158.8元；1994年为5585.9元，首次突破了5000元大关；1998年为10098.2元，突破了万元大关；到2006年11月已达到20552元，突破了2万元大关；2010年为55464元，突破了5万元大关；2016年为105161元，突破了10万元大关。同时，食品烟酒开支占消费的比例的恩格尔系数也由1986年的50.9%，下降到2018年的20.0%，说明人们的生活已经得到了很大程度的改善。

收入增加以后，人们手头可以支配的余钱越来越多，相应地用于美化生活的服装的开支也随之不断提高。90年代中期，北京市曾进行过统计，1995年，北京城镇居民家庭人均购买衣着类商品支出为757元，比1994年增加了14%，高于上海、深圳、广州等城市，居全国首位。另外，1994年的有关统计资料表明，北京市个人衣着消费中，成衣所占的比例为76%，服装面料占24%，说明自己加工服装的数量还是比较多的。到2018年，北京市居民人均衣着的开支为2176元，约为1995年的3倍。其中，服装成衣的销售量不断上升，个人服装面料的购买不断下降。经过10多年的发展，人们的服装消费逐渐从中低档的成衣化、时装化、名牌化消费转向追求高档化、品牌化消费。穿衣讲档次，讲品牌，成为北京市民在90年代以后形成的又一种强烈的服装消费时尚。

当然，北京人的服饰品牌意识的形成，也经历了一个曲折的发展过程，逐渐走向成熟与自主。同样是1994年北京服装学院的北京人穿衣行为心态调查显示，在"着装应讲究品牌"这一问题上，还有36.5%的被调查者持反对或坚决反对的看法，39.2%的被调查者持不赞成也不反对的看法，基本赞成的有18.6%，只有5.2%的被调查者持完全赞成的看法。而在"穿着应讲究华丽"的问题上，完全不同意的占22.1%，一般不同意的占29.7%，既不同意也不反对的占26.2%，一般同意的占11.7%，完全同意的占10.2%。可见，当时人们对服装的高档和品牌化还不能认可，报纸杂志上也不断有文章对追求名牌进行批判。

尽管如此，很多人还是认为，服饰是一种无声的语言，在人际交往中，人们更多的是通过服饰打扮向对方传递与自己的地位、经济状况、审美情趣等有关方面的信息。在部分先富起来的人眼里，名牌服装是身份和身价的象征，而在工薪族看来，名牌则等同于优质。在这样的思想的驱动下，名牌服装依然是各大商场的服装销售中销量最大的。据《1995年北京市亿元商场服装销售市场调查汇总资料》表明，在女装、男西服、牛仔服、皮衣、男衬衣和羊毛（绒）衫中，名牌产品的市场占有率逐年上升，各类服装的市场容量也在不断扩大，单件服装的平均零售价也较以前有大幅度的提高。在女装中零售额前几名的是"万乐佳""利德尔""π""叶青"等品牌，男西服是"皮尔·卡丹""观奇""胜龙"等，牛仔服是"摩特思""蓝灵顿""苹果"等，皮衣是"奥豹""芭菲尔""丹尼"等，男衬衣是"绅士""金利来""金吉列"等，羊毛（绒）衫则是"雪莲""珍贝""鹿王"等。这些品牌既有世界著名品牌，也有香港以及大陆著名品牌，显示出激烈的竞争。同时，资料也显示，像"皮尔·卡丹"等世界著名品牌在服装销售中体现了极其强劲的上升势头。"皮尔·卡丹"在男西服中销售名列榜首，其衬衣从1994年的销售量第18位上升到第4位，皮衣也进入了销售量的前10名。原本生意清淡广告效益大于经济效益的名牌服装专卖店到90年代以后，效益也不断改善。仅到1994年，北京就已经有了不下50家的高档时装店。北京经营服装的个体户说，那时最赚钱的生意就是卖高档服装，买主除了名演员、歌星以外，还有一些像个体企业主等来钱比较快的特殊职业人群。高档名牌服装的穿用群体，在当时人们心目中的社会形象多少带有一些负面性质，一定程度上也产生了不好的影响。

90年代中期，北京人对于名牌服装是比较敏感的，人们已经能够列举出"皮尔·卡丹""金利来""蒙妮莎"等不少服装名牌，但品牌十分集中。而对于自己所穿的外衣，只有四分之一左右的人知道品牌，说明服装的品牌意识还不是很强。当时社会上也存在追逐名牌闹出笑话的现象，一些人穿上一件国际名牌服装，生怕别人不知道，连服装上的商标也不撕掉。一些本无经济实力的人也硬撑着买名牌服装，还有一些人干脆以价格的高低来衡量服装质量的优劣。另外，品牌意识落后还表现为盲目追求国际名牌，而不考虑其实际的功能。运动服本来是用于运动的，一些人购买耐克、阿迪达斯等国际知名品牌运动装、运动鞋，并非因其功能细分性、专业性，而是对这些品牌的盲目追求，有相当一部分人购买了以后只在特殊的公众场合才舍得穿着，很少在体育运动的时候穿着。结果运动服成为礼服或交际装，服装原本的功能得不到发挥。

这种状况并没有持续太久。1996年，由于国内企业与外方合资合作生产的品牌增多，原本高高在上的名牌服饰，价格逐步下降变得有点亲民了。还有一些品牌甚至主动降低价格，向"大众名牌"发展，也增加了人们与名牌亲密接触的机会。如"真维斯"休闲装在价格方面，当季就开始每周推出一种削价产品，如50元两件T恤，29元一条短裤，而且同一类产品在颜色与款式上多样化，让一般消费者既能买得起，又有很大的选择余地，真正地享受名牌。进入21世纪以后，随着人们的生活改善，包括汽车等高档商品不断进入寻常百姓家，人们穿衣也变得越来越成熟。世界著名品牌服装不再是炫耀财富的工具，而是人们生活中一个平常的组成部分。

90年代，也是北京人休闲服装发展的高潮，服装休闲化趋势也是服装发展的最突出的方向之一。

休闲服装是相对于正装、礼服而言，在过去统称为"便服"，主要是用于户外非礼节性的劳作、园艺、外出、郊游、采风、体育运动等场合穿用，也可以作为日常生活的便装使用。休闲服装在形式上主要包括T恤衫、羊毛衫、夹克、运动服、牛仔服等，还可以根据用途分为办公休闲、运动休闲、户外休闲等几大类。

休闲服装的流行，是人们不再满足于服装的实用性功能，转而追求服饰的舒适性和时尚美的产物，也是人们闲暇时间增加的必然要求。现代高科技所造就的信息化和工业化带来了效益和速度，也带来精神上的紧张和压抑，在心灵深处人们渴望无拘无束、自由自在，休闲服正好可以满足人类的这种情感需求。另外，随着经济发展和生活水平的提高，过去烦琐的家务事变得越来越简便，北京市民在工作之外拥有了更多的休闲娱乐时间。再加上1995年5月起，国家实行了双休日制度以及2000年"五一""十一"开始放长假，人们每年休息的时间达到了一百多天，从事休闲娱乐的时间更加丰富。在休闲娱乐当中，职业套装、西装、制服等在工作时穿着的服装，显然已经不能适应闲暇的运动与旅游的需要，方便舒适的休闲装也就应运而生了。伴随着90年代休闲意识在普通人生活中的普及，休闲服装也逐步向社会各个层面扩展。起初，休闲服装最大的购买群体是公司企业的白领阶层，后来则转向收入较低的工薪族、在校学生，直至离退休老年群体。休闲服的消费也逐渐从高消费转向大众化消费，消费市场不断扩大。休闲服的单价从低至几十元到高至数千元，服装的材质面料以及品牌也多样化，适应了多种市场和消费群体。因此，休闲装市场越来越大，并与男装、女装形成三足鼎立的态势。1996年12月，中国服装协会男装专业委员会和女装专业委员会之外，成立了休闲服饰专业委员会，还举办了96中国休闲风的主题活动，正是对休闲服装强劲流行作出的正常反应，也进一步推动了休闲服装的设计与生产。此后，休闲服装的影响越来越大，越发得到人们的喜爱，使得一些正装也出现了休闲的色彩，并产生了"新正装"的概念。所谓"新正装"，就是继承了正装和休闲装的两种元素，介于两者之间的一种服装。同样的一身衣服，工作时间穿着给同事、客户的感觉是职业、智慧和非凡，下班之后同朋友一起休闲娱乐又会给人一种休闲、洒脱和亲切的感觉。休闲西服、商务男装等，都是新正装的重要组成部分。

在北京人的休闲服装中，普及最广，影响最大的当数T恤衫，自始至终它都是休闲服饰中的宠儿，深受各个阶层的男女的喜欢。

T恤衫，是英文"T-Shirt"的音译。它产生于第一次世界大战期间，原本是美国军队使用的圆领、短袖、白色纯棉内衣，后来民间也开始生产和穿用，但一直是作为内衣来使用的。1934年，电影明星克拉克·盖博在电影《一夜风流》里面有个脱去外衣、露出T恤衫的镜头，让美国观众大哗。这时候的男士的T恤衫就仿佛是女性的胸衣和双脚，是不能露出来的，一旦露出来，就多少带有一些性暗示的成分。以后随着电影中多次出现T恤衫，到了20世纪60年代，纯棉T恤衫的性暗示的特征消失了，它成了人们最常见的一种外衣，完成了内衣外穿的蜕变。很多厂商开始大量生产T恤衫，有些人发现了它的广告效果，纷纷在胸前印上一些宣传口号、图形。而其中受益最多的是摇滚乐队，他们把自己的名字、形象印在T恤衫上，在巡回演出的时候兜售，60年代T恤衫上文字和图形，大都跟音乐有关系。

改革开放后，T恤衫也开始进入中国，也进入了北京，成为北京街头最早的休闲服装之一。和喇叭裤、牛仔服不一样的是，最先穿用T恤衫的不是追求时髦的年轻男女，而是以稳健、庄重形象出现的白领阶层。白领阶层们长期为硬领白衬衣加领带所禁锢，特别是夏天尤其苦恼。T恤衫的出现，其集汗衫与衬衣双重功能于一身的优势，成为白领阶层的青睐对象，使他们在T恤衫的包装下，更显得洒脱、浪漫。T恤衫的简洁、舒适和多样色彩的变化，以及各种价位俱全的特点，也很快让北京市民所接受。一件简洁的T恤衫，再配上浅蓝色的牛仔裤和白色的旅游鞋，使穿着者更显出青春活泼，不失文化品位，成为男青年追逐的时尚。在80年代中期以后，T恤衫就成为北京夏季最主要的服装之一，在服装市场上畅销不衰。后来，女性也加入了T恤衫的阵营。伴随着女装男性化和中性服装潮流的出现，女性也开始穿着T恤衫。年青女士或少女穿上T恤衫，下配牛仔裤、长裙或者超短裙，可使穿着者更显苗条和轻松，给人以健康与和谐、协调美的感受。后来，T恤衫的设计上也根据女性特点进行了改造，更适合女性的穿着。在颜色、图案方面，各种奇花异草、风光景色、绚丽图案均成为女士T恤衫的创作题材，使其更加鲜艳和风情万种。在款式方面，也不断翻新。有应用复古设计突出女性的胸部线条的紧身T恤衫，有展示女性颈部丰润的"U"形领T恤衫，有表露性感腹部的超短T恤衫，还有显示女性肩臂和后背的无袖低领T恤衫，种类繁多。各种时装设计因素都加入到T恤衫当中，使女士T恤衫更加融合了时装的风格，在女性的夏季服装中独领风骚。

除了T恤衫以外，运动装也是北京人最钟爱的休闲服装。在80年代流行运动装以后，90年代的运动装更加趋向时髦和高档。各种运动品牌如耐克、阿迪达斯、李宁、格威特等，在青年人中具有相当大的人气，运动装也使他们更显示出青春活力。而且，运动装的类型也不断增多，适应各个季节需要的各种风格运动装如运动风衣、夹克、棉服、羽绒服等，让酷爱运动的人一年四季都可以穿着他们喜爱的各式运动服装。过去在北京人春秋便服当中占据主流的夹克，在90年代以后也得到了很大的发展。在款式上更新潮，在面料上更多样化，而且在颜色上也有很大突破。男式夹克不再是比较简单黑、灰、蓝、棕等颜色，一些过去一般只是女士穿用的颜色枣红、铁锈红甚至大红以及各种模仿自然的颜色如电光蓝、田园蓝、酸绿、橙色、金黄、太空银等，均成为男式夹克的颜色，使相对在颜色上比较单调的男性服装发生了很大的改观。另外，90年代以来休闲服装在不同时期也有一些新的流行，例如，在90年代后期的松糕鞋，近些年夏天流行的肚兜等，使休闲服装内容更加多彩。

3. 中华风再起（汉服以及民族服饰的流行）

进入90年代以后，北京人已经从温饱逐渐迈向小康生活，对生活的质量要求越来越高。随着人们物质文化生活的提高，在追求生活目标的多项选择中都把健康摆在首要地位，健康第一的生活观成为人们生活方式的重要内容。同时，社会经济发展所带来的环境问题，也得到了越来越多的关注，珍惜资源，保护环境，成为人们的共识。在服饰方面，倡导健康环保的着装，也被大多数人所接受。人们穿衣不仅要穿出品位，穿出个性，而且要穿出健康，穿出环保。

90年代科技的发展进步，使人们追求服装的健康环保成为可能。信息科学、材料科学、化学、机械制造、生物学、生态学、环境学及医学等方面的发展给服装及服装穿着方式注入了新的内容，使人们能够在美观与健康环保之间实现两者兼顾。同时，也给90年代北京人的服装中加入了高科技的元素。

北京人服装的健康环保时尚，首先表现在对面料和服装的绿色环保的追求。

在70、80年代风头很盛、压过纯棉衬衣的的确良衬衫，到90年代以后受到了冷落，市场上几块钱到十几块钱一件甩卖，也很难出手。从80年代后期开始，人们开始钟情于那些天然材质面料的服装，纯棉、真丝、羊毛、羊绒、亚麻等服装越来越多地补充到人们的衣柜之中。但相对于化纤服装易洗、易干、挺括、结实、廉价、颜色丰富等优点，这些天然材质的服装，在穿着、洗涤、熨烫、贮藏时有许多不便之处，直到90年代初期，人们还是在两者之间艰难地选择。90年代中期以后，随着高科技技术陆续在纺织面料中的运用，天然材质服装经特殊处理后，具备了耐磨、耐压、抗皱、抗缩功能，原先存在的缺点与不足得到了很大的改善，因而迅速在竞争中取得了压倒性的胜利。化学纤维面料在人们的心目中身价大跌，基本从高档服装的行列当中退了出来。进入21世纪后，"生态服装"的概念也逐渐被北京人理解和接受。生态服装是指从原料到成品的整个生产加工链中不存在对人类和动植物产生危害的污染；服装不能含有对人体产生危害的物质或不超过一定的极限；服装不能含有产生对人体健康有害的中间体物质；服装使用后处理不得当对环境造成污染等。虽然完全意义上的生态服装还不多见，但是消费生态服装的潮流已成为不可阻挡之势。一些生态绿色纤维纺织品及服装如从牛奶提炼的蛋白纤维、从大豆中提炼的大豆纤维、从木材中提取的莫代尔纤维等，无一不受到人们的欢迎。一些含有"绿色纤维"的面料及服装一直俏销，而且高科技带来的高附加值也让服装厂商获利颇多。在市场上，这些绿色纤维服装单件售价都达到数百元以上。

当然，最能体现人们绿色消费意识的还数彩棉服装的流行。长期以来，人们只知道棉花是白色的，其实，有色棉花在自然界中早已存在，并被人们所利用。1819年，我国江浙一带就生产紫花布并出口欧洲，这种紫花布就是用彩棉织造而成的。但天然棉花色彩毕竟种类有限且偏淡不够明亮浓重，所以人们发明了染色技术以使纤维具有了人们想要的颜色，从而生产出花色繁多、鲜亮明快纺织品。而白色当然是染色的最佳选择，从而导致了人们大量地种植白棉，而不再培育、种植其他色彩的棉花，渐渐的其他色彩的棉花被人类所抛弃、所遗忘，消失在人们的记忆中。在20世纪，最早穿上彩棉服装的群体，可能就是陕北革命根据地的八路军战士了。在抗日战争期间，陕北革命根据地为了打破日寇和国民党政府的封锁，曾种植过一种颜色发紫蓝的野生棉。但这并不是主动的选择，这些野生棉的产量低、纤维短，种植它们是由于不得已的因素造成的。进入70年代，河南、安徽等地也种植过很少的一部分彩棉用于研究。彩棉在我国的正式大规模研究种植还是在90年代，特别是90年代中后期，利用现代高科技培育出彩棉品种，将彩棉的种植与应用推到了世界领先的地位。在新疆，彩棉品种已大面积推广种植，其彩棉品质达到甚至超过了白色棉花，而且在种植过程中严格按照环保标准种标准进行，如不施农药、化肥等。用彩棉生产服装在纺织应用过程中无须化学漂染、煮炼等工艺处理，对环境没有任何污染。同时，其色泽古朴典雅、自然天成，穿着舒适，亲和皮肤，抗静电、不起球、透汗性好、对皮肤无刺激，符合环保及人体健康要求。其产品被誉为"人类第二肌肤"，是世界公认的纯天然"零污染"绿色生态纺织品。彩棉服装在北京上市以后，虽然价格不菲，但还是立刻获得了人们特别是女士们的青睐，成为一种流行时尚。一位女士说："彩棉最打动我的却是她朴素的、淡淡的色彩，好似她与生俱来的高贵优雅气质。去年恋上环保迷上环保以来，如今正在感受环保带来的种种乐趣。我觉得内衣起码要环保，它与肌肤亲密接触。于是我买了一件彩棉做的内衣，贴身穿起来确实非常舒服，想到它由全天然棉花经无污染工序制作而成，对皮肤完全无伤害，心里也踏实安然许多。"彩棉的热销与流行，无疑是北京人乃至中国人追求服装的健康和环保的最好注释。

北京人追求健康环保时尚的同时，还对服装的高科技性能也十分重视。

90年代以后，人们对服装面料和服装的御寒保暖以及透气、透湿、吸汗、杀菌等提高人体健康的功能也提出了更高的要求。保暖内衣的流行、整合过程，很好地反映了这一问题。90年代以前，甚至到90年代相当长一段时间，人们比较注重的是外衣，而对穿在里面的内衣并不是非常重视，内衣的材质和款式都很单调。90年代中后期开始，随着生活的不断改善，衣着水平的精致化，人们对内衣的要求也开始提高。内衣不仅要保暖，而且要卫生时尚，成为一种潮流。1997年上海首先出现了保暖性较强的内衣产品，深受消费者欢迎，一度出现热销。保暖内衣的流行，使保暖内衣的生产厂商数量不断增加，产量不断提高。1998年全国保暖内衣市场有10多家企业，市场实际销售量300万套；2000年，生产企业超过300家，销售量突破3000万套。如此众多的厂家和产品，使得保暖内衣市场品种繁多，却良莠不齐。当时几乎所有的保暖内衣都以腈纶、涤纶等化纤合成物为面料，而填充物则是杂七杂八，经过几次水洗后往往出现起毛、起球、抽丝、卷套等现象，加上广告过多过滥，言过其实，引起消费者反感。因此，从2000年冬季开始，许多城市的保暖内衣销量急骤下降，一些品牌退货不断。2001年以后，经过调整后的厂家纷纷推出了集美体、保暖、轻薄"三合一"概念的保暖衣，使保暖内衣市场又重新由冷转热。新品内衣采用了天然蓄热纤维，面料则为天然绿色纤维，贴身、塑身、轻薄柔软，线条简洁。其中，北京的婷美公司在薄暖内衣中采用的是中科院的"暖卡"技术，在保暖性、透气性、导温性、健康性、亲肤性以及弹性等方面有了全面的提高，部分的性能甚至超过了优质羊绒。在运用各种高科技天然纤维做到保暖的同时，不少新品内衣强调修身美体塑身。一般在上衣下围运用月牙形罗纹，起到托胸作用，后背和腰部都采用了加强型设计，令着衣者直背、收腹。臀部的设计为整圈细罗纹，具有提臀、修腿效果。在加工方面，一些保暖内衣实现了电脑设计、无缝编织，整个内衣浑然一体，穿着无比舒适。还有的保暖内衣则吸收了古典设计理念，同时融进时尚流行元素，将中国传统的刺绣和唐装风格，风靡欧美的珠片，苏格兰风情的扣子和谐统一，打破了保暖内衣只能内穿的传统模式。保暖内衣的这些转变，既反映了生产厂家的市场意识的精明，也折射出消费者对高科技保健的要求。

20世纪以后，冬季流行冲锋衣。一件比夹袄都单薄的冲锋衣，却能够抵御北京冬季的严寒，而且透气透湿、色彩艳丽。随着性能的不断改善，价格也趋于合理，因此，受到各个年龄层的消费者的欢迎。

4. 从模仿追风到自我创造

改革开放以后，中国的服装开始全面与国际接轨，各种新式服装涌入人们的生活，中国的服装业也发展迅速，缩短了与世界服装发达国家和地区的差距。在一些少数民族地区，各少数民族在与外界频繁接触后，服饰基本现代化。尤其是男性，防寒服代替了毛皮大袍，西式的衬衫代替了自织棉布对襟袄，军裤或牛仔裤代替了自织布中式裤，球鞋或旅游鞋则取代了布鞋或草鞋。至于作为一国之都的北京，服装的现代化脚步更是迅捷，影响更加深入服装的各个方面，国际化的特点异常突出。

然而，面对汹涌而来的西方服饰大潮，人们在尽情享受多姿多彩的服装的同时，逐渐开始产生一丝失落感。毕竟，服装是科技、艺术和文化的复合体，它总是要体现一个国家和地区的独特的民族文化精神。人们可以做到"洋装虽然穿在我身上，我心依旧是中国心"，但渴望有自己特色的现代服装的心情却变得越来越强烈。在越来越频繁的国际交往当中，失去了民族风格的服装，不能体现自己的国家和民族特色，也让很多人感到遗憾和不满。有一位学者参加国际会议，与会时，他发现多数学者都身着自己的民族服装，十分醒目，令人一看就知道是某国人，就想起某种文化，只有他，穿着笔挺的西服，面目模糊。为了找回并标明自己的文化身份，他此后出席国际会议，一律穿汉服。成龙、李连杰在好莱坞及国际影坛，俨然就是中国（功夫）的代言人，但他们以中国人身份出场时，一定身着中式服装。张艺谋、谭盾、陈凯歌等越来越多的人，在国际场合也不约而同地选择以中装示人。这样的展示，与其说是一种个性表达，不如看作是对自己的最起码的文化自信。同时，作为东方的文化古国，底蕴深厚的中华服饰文化，给西方的服装设计师提供了大量的创作灵感，在90年代国际时装舞台上，率先刮起了清新的"中国风"。手工绣花、盘扣、立领对襟、弧形下摆以及蓝印花布，织有星星点点、小花小草的锦缎面料等富有中国传统文化风采的服饰元素，频频出现在具有前卫性质的时装上。中国风在西方时装舞台上的出现，也给了中国人很大的信心和启发，加速了中国时装民族化的脚步，使90年代以来成为北京人追求服装的民族化的一个重要时期。

90年代，北京的服装中或多或少地出现了中国传统服装的回归。中国传统的丝绸服装再印上唐诗、汉字或京剧脸谱等中国文化元素，成为北京女性展示中国文化和北京文化的一种重要方式。蓝色印花粗布对襟上衣、蜡染长裙、带团花或寿字图案的丝绵袄、大红色的中式坎肩、小立领的棉布或麻布衬衫也陆续加入北京人的服装之中，在各式各样的西方现代服装大潮中，顽强地展示着民族风格的魅力。

一些传统服装也在90年代重新回到了人们的生活之中，并借助影星名人在世界上产生重大影响，再次焕发了青春。旗袍在60年代以前的相当长一段时间是中国女性和东方女性的传统服饰，具有浓厚的东方文化的魅力，但在"文革"中，却被打入冷宫，在中国大陆销声匿迹长达10多年之久。只是在80、90年代复出的旗袍又遭遇了另一种尴尬。当时，在北京以及全国很多城市出现了一种具有职业象征意义的"制服旗袍"。为了宣传和促销等目的，礼仪小姐、迎宾小姐以及娱乐场合和宾馆餐厅的女性服务员都穿起了旗袍。这种旗袍千篇一律，多用化纤仿真丝面料，色彩鲜艳，开衩很高，做工粗糙，实在有损旗袍在人们心目中的美好形象。一些精英女性为了区别自己的身份，更不敢贸然穿旗袍了。但是，90年代后期以来，作为一种最能衬托中国女性身材和气质的中国时装代表，还是再一次吸引了人们注意的目光。经过名设计师设计修改，推出了有国际风味的旗袍，甚至是中国旗袍与欧洲夜礼服的结合产物，在影星名人的推广下，在国际时装舞台上再次赢得喝彩。2001年，王家卫导演的《花样年华》中，20多款精心裁剪的旗袍，衬托出张曼玉的曼妙身材，迅速成为中式服装的新宠。2002年，巩俐以几款改良的旗袍装亮相威尼斯电影节担任国际评委会主席，艳惊四座。从此，旗袍成为中国女性在国际场合展示自身的特别有效的服饰。后来还出现张柏芝的超短旗袍秀、TWINS的可爱旗袍秀，都证明了现今旗袍仍是风尚。2004年雅典奥运会闭幕式上，作为下一届举办地，北京要表演一个节目以示接替，14名中国女孩，身穿改良的超短旗袍，用琵琶、二胡等民族乐器共同演奏了《茉莉花》。旗袍，依然是中国以及北京女性服装中最具"中国味道"的服装。旗袍的复苏，使北京出现了许多专门设计旗袍的工作间，为顾客量身设计、定做时尚旗袍，使旗袍更加个性和优雅，一改原先的低级粗糙，成为北京时尚女性服装民族性的重要代表之一。

21世纪初年，代表中国传统服饰的唐装在中国悄然流行。而引导中国民族服装热的一个重要事件，是在2000年上海召开的APEC会议。那年10月21日，上海科技馆大厅内上演了一场最高规格的"时装展"，主要展示的服装是体现中华民族特色的团花织锦缎中式上衣和真丝衬衫，而身着中式服装的"模特"正是前来参加会议的各经济体领导人们。身着中式红色锦缎唐装的江泽民主席站在大厅中央迎接来自各成员国和地区领导人，而美国总统布什和俄罗斯总统普京则是一身蓝色锦缎唐装，其他各国和地区的领导人也穿着各式各样的唐装出席了会议。上海APEC会议上各经济体领导人一身唐装，华贵大气、舒适自在，仿佛一下子唤醒了人们的民族情怀，使国内唐装热迅速升温并达到了沸点。

继APEC会议以后，北京在上海、广州之后也出现了唐装热。在2001年元旦的北京秀水街，许多专门卖牛仔裤、皮包的摊位上也挂着几件唐装，小贩们就直接吆喝着："APEC！APEC……"北京街头穿唐装的人越来越多，穿唐装过春节已经成为当年北京人的最新时尚。新东安市场经销唐装的营业面积不到100平方米，在那个春节日销售额高达40万元，是平时销量的几倍。而在恒基千百千广场迅速建成了"唐装一条街"，参加销售唐装的商店近百家，展出的服装款式品种多，生意同样比较红火。以后数年，唐装成为人们服饰中的一种，虽然没有太多的人在日常穿着，但遇到重大喜庆事情的时候像拍婚纱照、参加婚礼以及过年过节的时候，人们总是要穿上喜兴的唐装，既衬托了喜庆节日的气氛，又因唐装团花中有"福、禄、寿、喜"字的图案，人们可以根据需要送出自己的祝福。

继唐装流行后，21世纪初年的北京街头又出现了一次民族服装的流行，那就是女性肚兜的流行。

兜肚，又称兜肚、裹肚，即挂束在胸腹间的贴身小衣，具有暖胃、护胸之功能。肚兜的历史可追溯到几千年前，据考证和民间传说，它的起源可以追溯到女娲氏时代。比如关中五月端阳节，娘家要送给女儿端阳礼，其中的代表物就是一件手绣蛤蟆纹的花肚兜儿，实际是古老的蛙（女娲）图腾保护神的实用化。唐代女子的"裒衣"，薄纱低胸绣花衫，颈上套的带子，富贵之女用金链，中等之女用铜银，小家碧玉用红绳，就是今天肚兜的原形。肚兜的面上常有图案，有印花有绣花，印花流行的多是蓝印花布，图案多为"连生贵子""麒麟送子""凤穿牡丹""连年有余"等吉祥图案。绣花肚兜较为常见，刺绣的主题纹样多是中国民间传说或一些民俗讲究。如刘海戏金蟾、喜鹊登梅、鸳鸯戏水、莲花以及其他花卉草虫，大多是趋吉避凶、吉祥幸福的主题。肚兜一般做成菱形，上端部分裁为平形，形成五角，上面两角及左右两角缀有带子，使用时上面两带系结于颈，左右两带系结于背，最下面的一角不用带子，正好遮挡住肚脐小腹。由于肚兜只有前片，没有后片，所以穿着时背部是外裸的。20世纪中期以后，随着近代内衣的发展，肚兜基本从城市女性身上消失，只有一些婴儿在夏天仍将其作为一种服饰在穿用。

然而，到了20世纪最后一年，古老的肚兜又再次被人们发掘利用，成为展示东方情调的重要题材，再加上"内衣外穿""重叠穿衣"等时髦的着装方式，为时尚肚兜的流行推波助澜，使其作为一种时装在街头亮相。中国的、东方的设计师不断对肚兜进行重新演绎，许多西方服装设计师也把眼光聚焦于东方，从中国传统服装肚兜中寻找灵感，表现"东方情调"。1999年，在北京的香港著名服装设计师张天爱已经穿着自己设计的红肚兜出现在记者面前，并预言肚兜暂时不能被人们接受，但流行是迟早的事情。同年，GUCCI的设计师汤姆·福特（Tom Ford）在春夏发布会上将中国民间的肚兜演绎成金色的高级成衣，上面缀以金色串珠流苏，将古典与性感融合在一起，肚兜肌理的改变使其成为一种时尚的装束，肚兜成为时尚。张天爱的预言很快应验了。2000年，秀水街的不少摊位上都摆上了令人眼花缭乱的肚兜，棉的、丝的、绸的、麻的，古典的，改良的，外穿的、内穿的，琳琅满目一大街。走在北京街上，满眼的大红、洋红、桃红、粉红、橘红、土黄、翠绿、浅蓝，以及更多间杂着数不清颜色的肚兜在招摇过市。一位香港记者记述道："北京打造服装时尚之都，提前引领今年肚兜外穿的流行风潮，有绣上龙凤的性感肚兜，也有绣上唐诗的肚兜。这些中国元素的服装，老外们趋之若鹜；被封为时尚女王的李敖长女李文，也对这些中国服饰情有独钟，穿出古典和流行品位。"而把肚兜推向时尚高潮的，则是中国影星章子怡。2002年，在意大利水城威尼斯，当章子怡身着一件大胆的宝蓝色三角肚兜出现在威尼斯电影节的星光大道之上时，这一性感出场立刻吸引了中外记者的眼球，她胸前那款带着东方神秘气息的肚兜使她成为当晚的明星。以后，以肚兜作为设计原型的时装不断出现在T台和街头，面料、款式、裁剪方式等有所变化。面料的选取更丰富，毛的、皮的、纱的、丝的应有尽有；设计的细节也不尽相同，有全露背的、半露背的，还有几乎不露背的，像吊带装一样。依然不变的是：颈上的丝带，胸前的菱形，和尖尖的不经意地垂在肚脐的下摆。这种被包装后隆重推出的肚兜可以和多种服饰搭配，并可以出入多种场合。配上休闲裤子和裙子，可以在街头充分享受阳光和闲适；配上裘皮大衣，可以做晚礼服出席正规场合；而搭上一条披肩，则可以参加轻松热闹的聚会。

　　近些年来，在北京的青年男女中又悄然出现了汉服热。汉服并非汉朝的深衣的现代转型，而是一些服装设计师和青年学生，将古代中国服饰的一些元素组合的产物。它的形制没有一定之规，可以是上衣下裳，也可做成上下相连的样式，但一般交襟、高束腰、绣花、长下摆等特点是常用的设计元素。在大学里，有关汉服的讲座不少，人们努力为汉服造势。不仅是社团活动，日常生活当中也有不少男女穿着。打开淘宝等网站，搜索"汉服"，数千家各式各样的中国风的男女服饰就会呈现出来。

当然，面对西方服装大潮的冲击，北京乃至全国的民族服装的兴起和流行，深层的原因在于中国这些年来政治稳定，经济腾飞，民族自豪感加深，进一步激发了人们心中的中国情结。但这种民族服装的流行，似乎更多的照搬了过去的一些东西，流行一段时间后又归于沉寂。说明创造多种多样、长盛不衰的既代表先进服装文化理念，又体现中国文化传统的服装，不能仅仅依靠从古人那里借助几个符号与元素，还要深入研究传统文化，找出传统与现代的有机契合点，才能创造深刻的服装文化精品。

5. 打造世界时装之都

90年代以后，是北京纺织服装工业在调整中向前发展的重要时期。随着北京纺织工业的迅速发展，其内在的结构性问题开始突出，如产品体系落后老化，高精尖产品比重低，人员编制庞大等，使北京纺织工业发展速度变缓，效益低下。从1992年起，按照首都总体规划，北京纺织工业进行大范围的结构调整。

首先，实行了资产重组，通过合并、兼并和破产等方式，压缩生产企业数量。1997年，北京毛条厂破产，其财产由北京第二毛纺集团收购。北京第一、第二、第三棉纺织厂重组，成立北京京棉纺织集团有限公司。北京第二、第三针织厂并入北京第一针织厂，成立铜牛针织集团有限责任公司。经过调整，北京纺织工业企业由1992年以前的95户，变为1998年的70户。

其次，压缩生产能力，分流富余人员。从1992年起按照国家以及北京市部署，北京纺织业先后淘汰落后棉纺织生产能力14.5万锭，使棉纺织生产能力由原来的54万锭调整为39万多锭，毛纺、印染、化纤等部分生产能力也逐步压缩、转移。通过职工分流、下岗、再就业，从1992年到1999年减员5万多人，在很大程度上精简了机构。

同时，为了配合北京市城市建设，在三环路以内的纺织工业企业因污染、扰民等问题而搬迁，企业由46户减少到10户。东郊的部分纺织、针织、印染企业也实行了生产转移，让出黄金地段，开发房地产。这样，从1992年到1998年，北京纺织工业在全国纺织工业压缩总量的背景下生产滑坡，效益下降。此后，北京纺织工业经历几年的结构调整，产业结构和产品种类不断升级，从而逐渐走出困境。其中，棉纺行业精梳纱比重达60%，空气捻接无接头纱比重达100%，无梭织造能力比重达46%，毛纺行业轻薄产品的比重达50%以上。同时，纤维原料业高功能高性能纤维开发不断取得成果，丰富了纤维品种，同时多纤混纺，纺纱工序连续化、自动化、高速化等方面进步十分明显，不仅适应了市场的要求，还对拓展产品应用领域提供了坚实基础。北京的纺织服装工业在新的格局下继续发展，企业数量重新增长，到2005年北京拥有服装纺织企业1500多家。同时，企业的经济效益也不断改善，2000年，服装产量达8亿件（套），服装纺织行业工业生产总值近100亿元，其中服装近50亿元，服装纺织品出口遍布世界上近200个国家和地区，服装纺织品出口创汇约12亿美元，占北京市地区出口创汇的三分之一，是北京出口创汇的支柱行业。在产业发展的同时，一些服装加工基地也逐渐形成。北京已经形成了以朝阳、顺义、通州、平谷和密云五区县为主体的东部服装工业带。其中，朝阳区的叶氏集团、金吉列集团、万乐佳公司、爱慕公司、东方仙玛公司、利德尔公司、蓝地一族公司；顺义的顺美服装有限公司；通州的华联公司、五木公司；平谷的中燕集团和密云的奥克斯特公司等一批企业已经初具规模。

这一时期，北京的服装品牌也不断发展壮大。在国内外一大批知名品牌加盟进军北京的同时，北京积极培育自主品牌、努力推进名牌战略，培育了数量较多的全国品牌和北京名牌。在这些品牌中全年销售额超过亿元的有爱慕、白领、滕氏、玫而美、赛斯特、顺美、依文等。铜牛针织集团公司、雪莲羊绒股份公司、顺美服装股份公司等都曾在全国百强企业排名中榜上有名。

在服装销售方面，北京通过不断加强规划、完善市场体系，积极与世界著名的大都市合作，建设具有拉动效应的全球顶级服装时尚品牌街（店），形成不同功能、不同时装类别、多档次的商厦、街区和分销中心。据《北京市统计年鉴（2005）》统计，截至2004年，北京已有各类服装批发零售市场71个，市场成交额达到35亿多元。北京已成为北方地区重要的服装集散地，服装零售和批发市场颇具规模。北京的城市生活水准和居民消费能力均居中国前列，较高的消费需求拉动了北京的服装市场，而且其消费结构对中国内陆地区，尤其是东北、西北、华北等地区的服装流行趋势和消费方式有较强的示范作用。

这一时期，北京服装市场也结束了路边摊和服装大棚的时代，一座座服装批发零售大楼在北京各个城区陆续建立起来。2003年8月，地处北京南三环木樨园的天雅服装大厦开业。该市场内集合了中外600个品牌，实行全新的"店中店"经营模式、在这里批发者可以拿到品牌货，消费者可以用更低的价格买到自己喜欢的商品。天雅大厦建筑面积500余万平方米，宽敞明亮的大堂和通道连缀着地上地下共11层530个店中店。同时，天雅还在九层建造了国内首个钢玻结构服装表演大厅作为服装商户展示的舞台。2004年4月，位于北京南三环木樨园环岛西北角的"百荣世贸商城"开业，占地面积为19公顷，建筑面积46万平方米，总投资额约为22亿元人民币。包括2万平方米的巨型休闲广场、3个近2000平方米的室内中厅，大厦的内部装潢整体感觉大气、时尚，玻璃精品屋一改以往批发市场空间狭窄拥挤的感觉。200多部各式电梯，以及可以容纳3000车位的大型停车场，银行、税务、工商、餐饮娱乐、休闲健身等一应俱全的超豪华服装交易平台，同时这也是京城首家为商户接入宽带网络的商业设施。此后，不断有投资巨大、装修豪华的服装市场诞生，北京的服装批发市场因陋就简的状况发生了根本性改变。

除了大型的服装批发零售市场外，在北京还出现了专业服装商业区，把服装经营从店铺扩展到整条街道。2001年9月末，在北京东三环东侧出现了专营女性服装、化妆品的市场——北京女人街，市场开业时受到了热烈的欢迎，出现十万余人抢购于女人街的热闹场景。后来，女人街又建起外贸街、香港湾、现代城、时尚走廊、韩国街等一批街中街，使服装经营更加专门化。同样，在唐装热卖的时候，也出现了千百千"唐装一条街"。

21世纪初年以后，随着互联网技术的发达。越来越多的人选择在网上购物。服饰的地域性特点逐渐淡化，各种时尚和热点，很快就能通过网络传播到全国。例如，无论是热播影视剧，还是有影响力的公众人物，他们的服饰往往是网络服饰商人热捧的对象。一般不到几天的工夫，网上就会出现同款的服饰。人们购物习惯的改变，无形之中服装批发市场的份额被瓜分不少。党的十八大以后，伴随着北京城市功能的调整，服装市场的布局被重新规划。为了疏解非首都功能，许多北京城区内的服装市场如动物园批发市场、官园批发市场、天意市场等纷纷外迁或转型。

90年代，也是北京服装文化发展、完善的时期。随着中国改革开放的全面深入，中国与世界各国的服装文化交流变得更加频繁和深入。中外服装文化的交流催生了中国的服装会展业，为促进国际交流和商贸活动搭建了专业性的平台。1993年5月，在纺织工业部和对外经济贸易部的批准下，中国服装研究设计中心、中国纺织品进出口公司、中国国际贸易促进委员会等单位在北京的中国国际贸易中心举办了首届"中国国际服装服饰博览会"（CHIC1993）。在这次博览会上共有将近400家参展商，其中海外参展商百余家。皮尔·卡丹第18次来到中国，并亲自为专场表演设计了50套服装。来自意大利的著名国际服装设计大师瓦伦帝诺、费雷参加了博览会，并带来了亲自设计的作品。在博览会期间，主办方举办了服装表演、理论研讨、商贸洽谈等一系列活动，使中国服装与世界高级时装得以在同一舞台上演出。通过博览会中国设计师和中国公众更直接地受到了国际先进服装文化的洗礼，而世界各国也通过这一机会了解中国的时尚文化。此后，中国国际服装服饰博览会每年均在北京举行，中国服装设计师也开始举办自己的服装专场表演会，对培育中国自己的服装品牌有一定的促进作用。中国国际服装服饰博览会，不仅成为亚洲地区最具规模的服装专业贸易展，同时也成为中国服装业界公认的年度盛会，成为服装企业市场开拓、品牌推广、商贸洽谈、国际交流的最佳平台。风气所及，大连、上海等地也开始举行国际服装节，与此相互呼应。

服装人才的培养在90年代也达到了一个新的高度。由于社会对服装专业需求迅猛，北京服装学院、清华大学美术学院等院校，率先走出校门，利用中国国际时装周专业平台施展个人才华，毕业生可直接面对产业和社会，同时还吸引中国香港、法国等国家和地区的知名服装学校到北京办学，传授最新的服装理念和制作技能。此外，北京市还积极实施筑巢引凤举措，在亦庄开发区建设了200座CAD工作站，为国内外设计师提供从设计研发、打样制作到展示发布等全程工作平台。众多的纺织服装的设计研发机构、高校、专业传媒和展会，使北京成为服装纺织业各类新工艺、新技术和流行趋势等相关信息的集散地，大大提升了北京服装文化的品位和实力。

在服装产业发展和服装文化进步的同时，北京市政府作出了将北京打造为世界时装之都的决策，要把北京建设成继巴黎、米兰、纽约、东京、伦敦之后又一新兴的"时装之都"，并将此项工作作为"人文奥运"的重要体现。2004年，北京市人民政府和中国纺织工业协会联合发布《建设"时装之都"规划纲要》，标志着北京建设世界级时装之都正式启动。规划纲要确立了打造"时装之都"的总体思路，主要内容是"北京服装产业的发展，要紧紧围绕着建设现代化国际大都市的目标，以奥运为契机，以首都的文化资源和产业基础为依托，突出设计龙头，发挥品牌效应，营造时尚氛围，努力把北京建设成为引导中国服装业发展的设计研发中心、信息发布中心、流行时尚展示中心、精品名品商贸中心、特色产业集群和产业链集成中心，树立北京成为全国和世界'时装之都'的城市形象"。为了实现这一目标，北京市政府提出了具体措施，包括建立北京"时装之都"建设协调机制；强化北京时装会展中心的地位；调整优化服装商业布局，打造不同特色的品牌街区；培育北京品牌，引进国内外知名品牌；发挥人才优势，推进技术进步；等等。

实现"时装之都"的目标并非一件轻而易举的事情，北京的服装业还有相当多的工作要做。到那时，北京将不仅仅是一个世界服装工厂，也是一个世界时尚的策源地。